Zhusuan Yu Dianchao Shixun Jiaocheng

高等学校“十二五”应用型经管规划教材·财会专业

珠算与点钞实训教程

关晓云 主　编
冯　研 副主编

Zhusuan Yu Dianchao Shixun Jiaocheng

電子工業出版社
Publishing House of Electronics Industry
北京·BEIJING

内容简介

本书设两大部分，分别是珠算技术和点钞技术；共 8 章，分别为珠算概述、珠算加减法、珠算乘法、珠算除法、点钞的基本知识、手工点钞方法、机器点钞与硬币整点技术、真假人民币识别。

本书基础性、实践性较强，语言简洁流畅，文字通俗易懂，图文并茂，可读性强，既可作为高等院校财经和管理类专业的教学用书，也可作为会计人员岗位培训的教材或参考书。

图书在版编目（CIP）数据

珠算与点钞实训教程 / 关晓云主编. —北京：电子工业出版社，2013.5
高等学校“十二五”应用型经管规划教材·财会专业
ISBN 978-7-121-20051-9

Ⅰ. ①珠… Ⅱ. ①关… Ⅲ. ①珠算－高等学校－教材②银行业务－高等学校－教材 Ⅳ. ①O121.5②F830.4

中国版本图书馆 CIP 数据核字（2013）第 061659 号

责任编辑：杨洪军
印　　刷：北京七彩京通数码快印有限公司
装　　订：北京七彩京通数码快印有限公司
出版发行：电子工业出版社
　　　　　北京市海淀区万寿路 173 信箱　邮编 100036
开　　本：787×980　1/16　印张：15.5　字数：349 千字
版　　次：2013 年 5月第 1 版
印　　次：2021 年 7月第 6 次印刷
定　　价：33.00 元

凡所购买电子工业出版社图书有缺损问题，请向购买书店调换。若书店售缺，请与本社发行部联系，联系及邮购电话：（010）88254888，88258888。
质量投诉请发邮件至 zlts@phei.com.cn，盗版侵权举报请发邮件至 dbqq@phei.com.cn。
本书咨询联系方式：（010）88254199，sjb@phei.com.cn。

前言

随着社会的进步和科学技术的不断发展，现代化的计算设备和点钞设备已经非常普遍，但古老的珠算技术和传统的手工点钞技术仍有其实用价值，特别是珠算技术，除在计算工作中有其特殊的作用外，还有益智健脑、开发智力的作用。

本书根据高职高专教育的培养目标，结合高职高专财经和管理类专业对珠算和点钞技术的要求，并参照有关行业的职业技能鉴定规范及等级考核标准，突出职业教育的特点编写而成。

本书遵循“理论与实践相结合、重在技能和动手能力培养”的原则，通俗易懂地讲解珠算和点钞技术，使理论知识容易理解和掌握。珠算与点钞技术重在应用，为提高学生的应用能力，本书不仅在每章后面增加实训内容，而且根据多年的教学经验，在每种方法后均编制了大量由浅入深的技能实训题，讲练结合，以便学生牢牢掌握相应技能。此外，在相关的内容中补充了操作技巧，对容易出错的技术环节也给出了特别提示，以引起学生的注意，减少技术操作中的差错。

本书分为珠算技术和点钞技术两部分。珠算技术部分的主要内容有珠算概述、珠算加减法、珠算乘法、珠算除法。点钞技术部分的主要内容有点钞的基本知识、手工点钞方法、机器点钞与硬币整点技术、真假人民币识别。书末还附有珠算技术等级鉴定标准，以及全国珠算技术等级鉴定普通四级、普通一级和能手级试题。

本书由辽宁石油化工大学关晓云任主编，冯研任副主编。

由于编者水平所限，书中难免有不足之处，敬请广大读者批评指正，以便修订时改进。

编　者

目　录

第1部分　珠算技术

第 2 部分　点钞技术

附　　录

第 1 部分　珠算技术

第 1 章　珠算概述

本章知识技能要点与要求

※ 了解珠算的起源与发展、算盘的种类和结构；

※ 理解算盘的记数方法和打算盘的姿势；

※ 熟练掌握拨珠指法和财务数字的书写方法；

※ 结合实际操作，边学边练，在实际操作中掌握基本技能。

引导案例　陶丸与算盘

公元 1976 年，在陕西省宝鸡市岐山县发现了一座完整的建筑遗址，经鉴定，这是西周时期的宗庙建筑。随后在建筑遗址陆续出土了大量文物，为研究西周文化提供了依据。而在众多的文物中，有几十粒珠形无孔的陶丸却让考古学界无法定论它的用途。在接下来的十多年里，学者提出了各种各样的猜想。其中有一种观点认为，这是西周时期用于计算的工具——算珠。因为早期的算盘并不是我们常见的那样将珠子串起来，而是以游珠的形式存在的，所以并没有中间的孔。如果这一说法成立，那么我国运用珠算的历史便可追溯到 3 000 年前。

在我国传统的计算工具中，有一种是用各种珠子做记数元件，按照一定规则把它们排列起来，表示数字和进行各种计算，我们称之为“算盘”。算盘上所用的珠子称为“算珠”，珠算便是用算盘做工具的一种计算方法，是中国古代数学的一项重大发明。

1.1　算盘的结构及拨珠方法

1.1.1　珠算的起源与发展

算盘是我国科学文化的宝贵遗产之一。算盘作为一种计算工具，在我国有着悠久的历史。它是随着生产的发展，聚集了群众的智慧，逐步改革而形成的。但珠算究竟起源于何时，由于珠算的史料极其缺乏，史学家的说法不一。根据已有珠算史料，综合各家之言，可以得出如下发展过程。

我国远在春秋战国时期就开始用“筹”进行计算。“筹”是用竹、木等制成的小棍，也叫做算筹。汉筹长 13.8 厘米，隋筹长 8.85 厘米。记数和计算时，把算筹拼排成数码。数码拼排有纵式和横式两种（见图 1.1），纵横相间拼成多位数，用以做加、减、乘、除和开方等计算。用算筹计算的算法，叫做筹算。筹算在古代使用了 1000 多年，由于筹算运算速度慢，不能适应生产发展的需要，逐步被珠盘所取代。

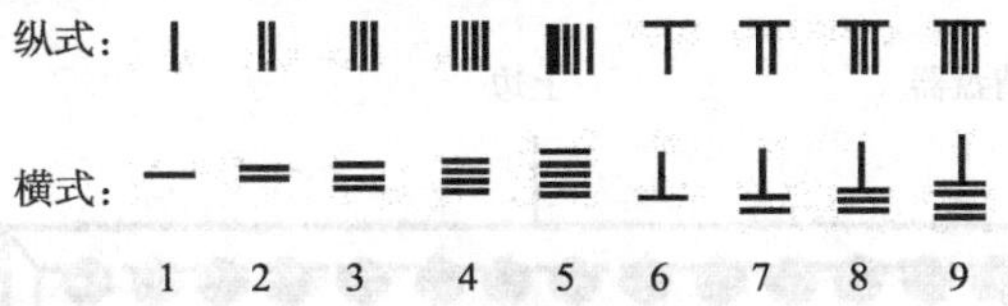

图 1.1　古代算筹的记数摆法

“珠算”一词首见于东汉徐岳著的《数术记遗》一书。书中记载了我国汉代以前的 14 种算法及算具，即“积算”、“太一”、“两仪”、“三才”、“五行”、“八卦”、“九宫”、“运筹”、“了知”、“成数”、“把头”、“龟算”、“珠算”、“计算”。其中，“太一”、“两仪”、“三才”和“珠算”均在木板上刻横竖若干道，在不同的位置放上珠就表示不同的数值，后人把这种算具叫做珠盘。

宋朝已经出现了七珠大算盘，到了元代，算盘更为盛行，明代是珠算发展的全盛时期，珠算算法达到了完善的地步，算盘已经成为必不可少的一种计算工具，在社会上广泛使用。在明代，中国的算盘和珠算书传入日本、朝鲜及东南亚诸国。日本保存了很多我国失传的珠算古籍，如《盘珠算法》、《数学通轨》和《指明算法》等。

近代，由于算法的更新，乘除计算中多不使用算盘的顶珠、底珠和悬珠，因此，传统的上二珠、下五珠的七珠大算盘也不断改变，出现了上一珠、下五珠的六珠菱珠小算盘，现在又变成五珠小算盘，并在算盘左上方加上了清盘器，可以自动清盘。

由于算盘具有结构简单、形象直观、珠动数出、使用方便、健脑益智等特点，特别是加减法的计算明显快于计算器，所以至今仍然是深受人们喜爱的一种计算工具。

阅读提高

关于“珠算”的原文如下：“珠算：控带四时，经纬三才。”注曰：“刻板为三分。其上下二分，以停游珠。中间一分，以定算位。位各五珠，上一珠与下四珠色别。其上别色之珠当五。其下四珠，珠各当一。至下四珠所领，故云控带四时。其珠游三方之中，故支经纬三才也。”意思是说，将一块木板分为三份，上下两份是用来停游珠的，中间一份是用来定算位的。每位有五珠，上面一珠和下面四珠用颜色来区别。上面的一珠当 5 来算；下面的四珠，每一珠当 1 来算。上面一珠领着下面四珠走动，每个珠都可以在三方之中游动。《数术记遗》中描述的“珠算”，由于原文过于简单，又无附图，故后人对此理解各不相同，中外出现了许多推想图，这里不再叙述。但《数术记遗》中的“珠算”，与现今算盘相比，最主要的不同点是无梁，以色别珠。而上一珠当 5，下四珠每珠当 1，与现在的算盘一致。所以这种算具就是现今算盘的前身。

1.1.2 算盘的结构和种类

1. 算盘的构造

算盘一般由六个部件构成，如图 1.2 所示。

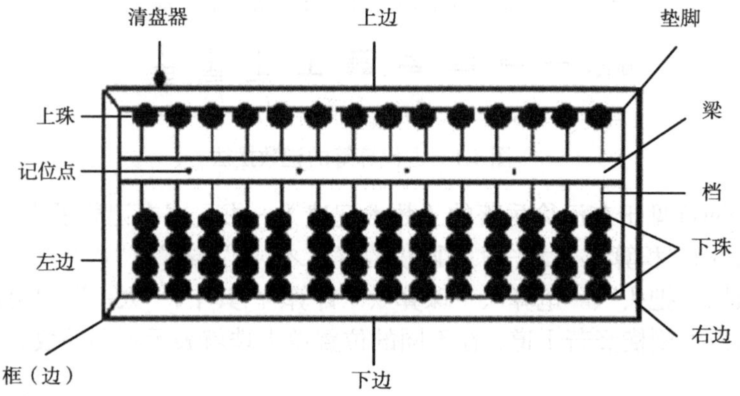

图 1.2 算盘的结构图

（1）框。框，也叫做边，指算盘的四周边框，分上边、下边、左边、右边。

（2）梁。算盘中间的那一条横条叫做梁，它把算盘分割成上、下两个区域，有的梁上有记号，连接着左右两边。

（3）档。在算盘上，从上边贯穿横梁至下边的小棒叫做档，也叫做杆。档连接上下两边，既具有穿珠的作用，又具有标明位值的作用。一般是九到十五档，每一档代表一个数位。计算时，可选定其中一档作为个位，从这一选定档向左数，依次为十位、百位、千位、万位……在个位的右边依次为十分位、百分位……

（4）珠。算盘上串在档上的珠子叫做算珠，也叫做算盘子，用来表示记数。在梁下方的算珠一般有五颗，也有四颗的。每颗下珠表示一个单位。靠近算盘底边的一颗下珠叫做底珠。在梁上方的算珠，一般有两颗，有的算盘的上珠只有一颗。每颗上珠等于同档的五颗下珠。靠近算盘上边的一颗上珠叫做顶珠。

（5）记位点。有些算盘梁上标有圆点，通常自右往左每隔三位有一标志圆点，称为记位点。它与阿拉伯数字书写时从个位向左每三位一个空格或每三位加一个分节号（，）相对应，方便认定数字。

（6）清盘器。有些算盘安装有清盘器，通常安装在算盘的左上部。按一下即可使上珠靠上边，下珠靠下边，自动清空算盘。

2. 算盘的种类

算盘的种类很多，它的大小不同，档位和算珠的多少也不一样。我国目前常用的算盘有以下三种。

（1）七珠大算盘。该种算盘算珠是圆的，上面两个珠，下面五个珠，体形较大，又称圆珠大算盘。七珠大算盘如图 1.3 所示。

图 1.3　七珠大算盘

（2）菱形中型算盘。该种算盘的算珠是菱形的，早期生产的，上面一个珠，下面五个珠；近期生产的，上面一个珠，下面四个珠。在梁上面有记位点，算盘的左上方有清盘器，是介于七珠大算盘和菱珠小算盘之间的一种算盘，比较适用。

（3）菱珠小算盘。老式的菱珠小算盘，上面一个珠，下面五个珠，梁上面有记位点，没有清盘器。新式的菱珠小算盘，上面一个珠，下面四个珠，在梁上面有记位点，算盘的左上方有清盘器。菱形小算盘如图 1.4 所示。

图 1.4　菱珠小算盘

1.1.3　算盘的记数方法

算盘以靠梁的算珠来表示数，以档来表示位。每档上的算珠表示一个数字，算珠档位不同，所表示的数字大小也不同。位数的记法和笔算相同，高位在左，低位在右。当个位不变时，数每左移一档，数值就扩大 10 倍，反之缩小 10 倍。

记数时要拨珠靠梁，拨入下珠一颗、两颗、三颗、四颗分别表示 1、2、3、4；满五升到梁上，拨入一颗上珠表示 5，叫“五升”；上珠 5 与下珠 1、2、3、4 组合，分别表示 6、7、8、9；满 10 则向前档进 1，叫“十进”。这种上下珠记数法叫“五升十进制”。上珠靠上边、下珠靠下边则表示 0，即不拨珠，以空档表示。算盘的每一档都是 0，叫空盘。

记数时，先在算盘右边选一个有记位点的档作为个位档。个位档确定后，从个位档往左依次为十位、百位、千位……从个位档往右，依次为十分位、百分位、千分位……算盘的记位是采用国际上通用的三分位节制，用横梁上的记位点表示。

一般情况下，要根据算盘的长短选右边第二个或第三个有记位点的档作为个位档比较合适。计算时尽量用算盘中间的档位，个位档确定后，不要随意变动，防止写错小数点。

将数字拨入算盘上称为“置数”，又称“布数”。例如，将数 5 218.64 拨入算盘的盘式如图 1.5 所示。

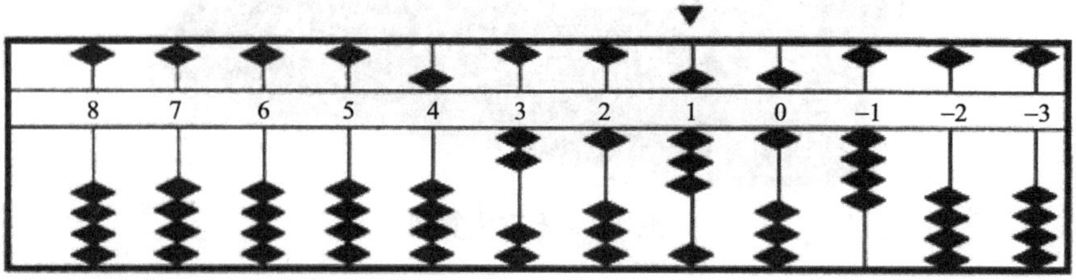

注：带“▼”的档为个位档。

图 1.5 算盘的记数档次

由上面的内容可见，珠算的记数方法可记为：

上五下一：上珠一珠当五，下珠一珠当一。

逢五升一：逢五要升一个上珠。

逢十进一：逢十要在前一档进一个下珠。

逢 0 不拨：逢到 0 不拨珠，珠算中的 0 用空档表示。

阅读提高

算盘的记位口诀

为了读写方便，可记住如下记位口诀：

个十百千万，三位分一节；

一节前千位，二节前百万；

三节前十亿，好读又好记。

另一口诀如下：

梁上记位点，三位分节段；

一节前千位，二节前百万；

三节前十亿，四节万亿前。

1.1.4 操盘的姿势

首先，打算盘的技术性很强，它是靠眼、手、脑的密切配合来完成的。拨珠姿势的正确与否，直接影响拨珠的速度和准确性。错误的姿势不但影响计算速度，还会影响身体健康。

打算盘时，身体要坐端正，腰挺直，两脚平踏地面，头稍低，两肩自然撑开，眼向下，要求视线落在算盘下边与练习题交界处，运算时靠翻动眼皮看数拨珠，不要摇头，眼睛与算盘的距离应为33厘米左右，太近或太远都容易引起眼睛的疲劳。

其次，打算盘时，左肘抬起平放在桌面上，左手手指逐一指点数据，右肘稍抬起，但不能过高，以能自由地左右运动，但肘部摆的幅度不要过大，精力要高度集中。上身不要紧靠桌子，一般与桌沿的距离约10厘米。算盘的中央部分基本上要与身体中心一致。

再次，打算盘是用右手。打算盘时，手指距离算珠的高度以 1 厘米为宜，过高手指会上下跳动，过低容易带珠，影响计算的速度和准确率。打算盘时，手指的姿势如图1.6所示。

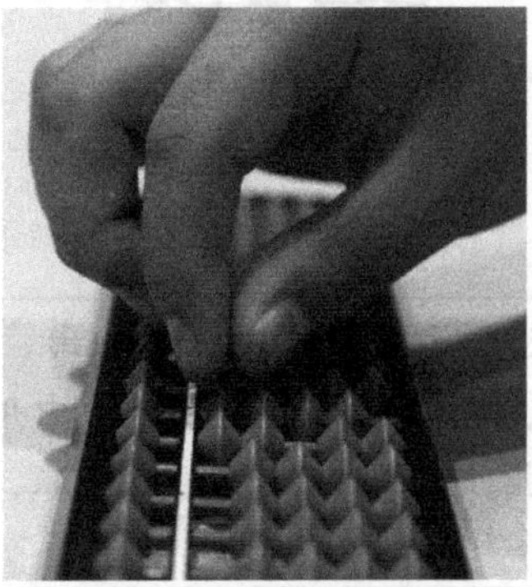

图1.6 打算盘时手指的姿势

1.1.5 清盘与执笔

1. 清盘法

在计算前或计算终了时，要将算盘上的各档靠梁的算珠全部靠框，使算盘成为空盘的动作叫清盘。

清盘的方法有自动清盘法和手动清盘法两种。

（1）自动清盘法。有清盘器的算盘，用左手的食指按下清盘器即可。

（2）手动清盘法。用右手的拇指和食指合拢，拇指在下，食指在上，沿横梁从右至左或从左至右迅速移动，使上下珠同时靠边。

2. 执笔法

打算盘时，为了节省时间，要握笔拨珠。

（1）两指握笔法，是用无名指和小指握住笔尖部分，笔身横在拇指和食指之间，使拇指、食指和中指能够灵活拨珠。运算完成书写得数时，只要用拇指和食指夹住笔，小指和无名指松开，将笔顺直按写字姿势即可书写。写完后再按上述方法将笔横握，继续运算。如图1.7所示。

（2）一指握笔法，是将笔夹在无名指和小指之间，笔尖在小指方向，用无名指和小指将笔握住，笔身横在拇指与食指之间。运算完成书写得数时，只要用拇指和食指夹住笔，无名指松开，将笔顺直按写字姿势即可书写，写完后再用无名指和小指将笔握住，继续运算。如图 1.8 所示。

（3）菱珠小算盘握笔法，是将笔横在拇指与食指间，笔头上端伸出虎口，笔尖露在食指与中指之外。运算完成书写得数时，只要将笔尖转动顺直按写字姿势即可书写，写完后再将笔尖转回去，继续运算。如图 1.9 所示。

图 1.7　两指握笔法

图 1.8　一指握笔法

图 1.9　菱珠小算盘握笔法

小提示　不要将笔尖从拇指和食指中间伸出，而尾部放在中指与食指之间，这样既影响食指拨珠，又很容易在不知不觉中用中指和拇指拨动算珠进行运算（小算盘正确的拨珠指法是用食指、拇指拨珠，用中指拨珠会影响计算速度的提高）。

实训 1

正确置数

实训要求：练习正确的清盘、握笔方法和算盘布数（置数）方法。

实训内容：

1．了解算盘的基本结构，通过练习掌握操盘的姿势和握笔的方法。

2．采用适当的握笔方式，将下列各数正确地拨入算盘，然后盯盘写数，再清盘。

（1）10.00	（2）100 000.00	（3）11 986.17
（4）608 586.18	（5）21 076.92	（6）568 206.26
（7）123 456.78	（8）204 006.12	（9）0.630 9
（10）702 000.08	（11）9 500.30	（12）506 829.04
（13）4 738.93	（14）931 526.78	（15）50 000.00

1.2　珠算拨珠指法

算盘是用手指拨动算珠进行运算的，指法的正确与否直接影响计算的准确性与速度。拨珠指法分为三指拨珠法和二指拨珠法。三指拨珠法用拇指、食指和中指拨珠，适用于大、中型算盘。二指拨珠法用拇指和食指拨珠，适用于菱形小算盘。不拨珠的手指均要弯曲在手掌心，以免带动算珠或妨碍视线。

1.2.1　三指拨珠法

1．单指独拨

（1）拇指。用姆指拨下珠靠梁，如拨 1、2、3、4 等，如图 1.10 所示。

（2）食指。用食指拨下珠离梁，如拨 4–1、4–2、4–3、4–4 等，如图 1.11 所示。

（3）中指。用中指拨上珠靠梁和离梁，如图 1.12 所示。

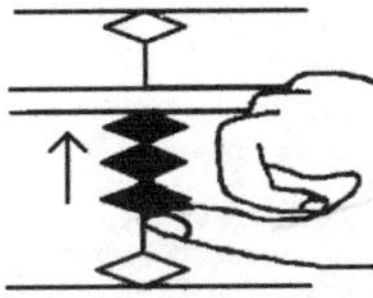

图 1.10　拇指单指独拨

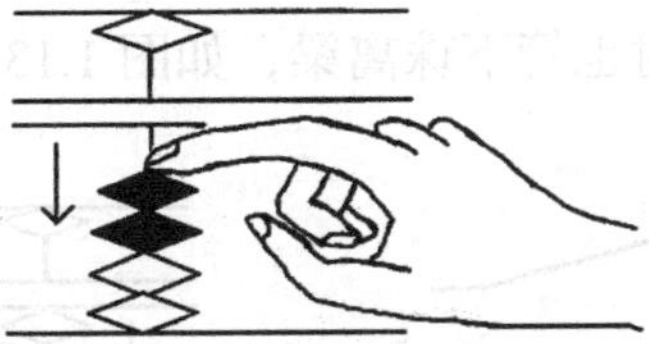

图 1.11　食指单指独拨

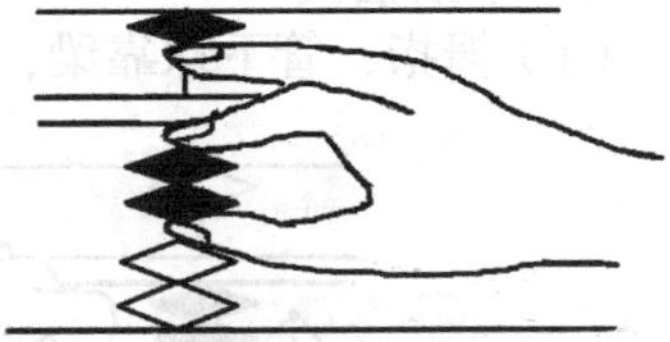

图 1.12　中指单指独拨

2．两指联拨

结合单指独拨的方式，用两指同时拨珠，可提高拨珠速度。

（1）双合。用拇指和中指同时拨上下珠靠梁，如拨 6、7、8、9 等。

（2）双分。用中指拨上珠离梁的同时，用食指拨下珠离梁，如拨 9–6、9–7、9–8、9–9 等。

（3）双上。用拇指拨下珠靠梁的同时，用中指拨上珠离梁，如拨 5–1、5–2、5–3、5–4 等。

（4）双下。用中指拨上珠靠梁的同时，用食指拨下珠离梁，如拨 4+1、4+2、4+3、4+4 等。

（5）前后合。用拇指和中指同时拨前档下珠和后档上珠靠梁，如拨 15、25、35、45 等。

（6）前后分。用食指拨前档下珠离梁的同时，用中指拨后档上珠靠梁，如拨 99–15、99–25、99–35、99–45 等。

（7）前后上。用拇指拨前档下珠靠梁的同时，用中指拨后档上珠离梁，如拨 5+5、16+5、27+5 等。

（8）前后下。用食指拨前档下珠离梁的同时，用中指拨后档上珠靠梁，如拨 33–5、

10–5、43–5 等。

（9）扭进。用食指拨本档下珠离梁的同时，用拇指拨前档下珠靠梁，如拨 1+9、2+8、3+7、4+6 等。

（10）扭退。用食指拨前档下珠离梁的同时，用拇指拨本档下珠靠梁，如拨 11–9、32–8、20–7、10–6 等。

3．三指联拨

（1）用中指和食指拨本档上下珠离梁的同时，用拇指拨前档下珠靠梁，如拨 6+4、38+4、29+2、9+1 等。

（2）用食指在前档拨一颗下珠离梁的同时，用中指和拇指在本档拨上下珠靠梁，如拨 31–4、22–3、11–2、10–1 等。

1.2.2 二指拨珠法

一般情况下使用菱珠小算盘，这里着重对二指拨珠法进行介绍。

1．单指独拨

（1）拇指，管下珠靠梁，有时也管下珠离梁，如图 1.13 所示。

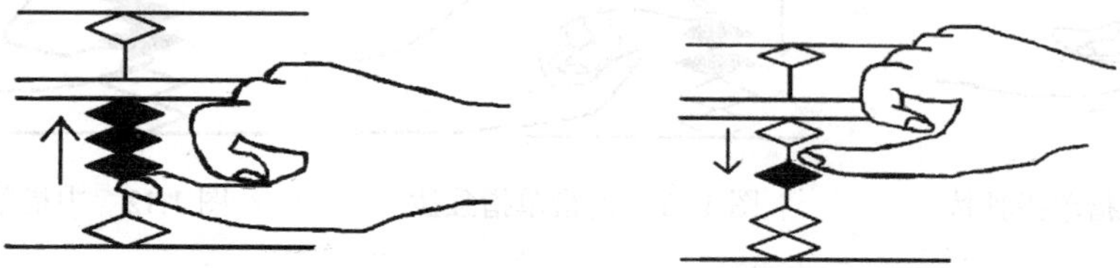

图 1.13 二指拨珠法拇指独拨

（2）食指，管上珠靠梁和离梁，也管下珠离梁，如图 1.14 所示。

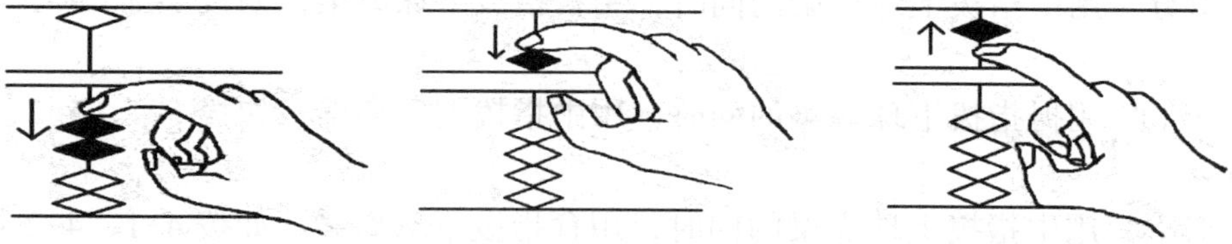

图 1.14 二指拨珠法食指独拨

2．两指联拨

（1）双合。用拇指和食指，同时拨上珠和下珠靠梁。

一是同档法。同一档上、下珠同时靠梁，如拨 6、7、8、9 或 1+7、2+6、3+6、2+7 等。

二是异档法。左档下珠和右档上珠同时靠梁，如拨 15、25、35、45 或 20+15、10+35、12+25 等。双合指法如图 1.15 所示。

图 1.15 两指联拨双合指法

（2）双分。用拇指和食指同时拨上下珠离梁。

一是同档法。用拇指和食指，挑拨上下珠离梁，如拨 9–9、8–8、7–7、6–6 或 9–8、9–7、7–6、8–7、8–6 等。

二是异档法。拇指拨左档下珠离梁，食指拨右档上珠离梁，如拨 45–45、35–35、89–35、15–15 或 45–25、45–35、96–15、25–15 等。双分指法如图 1.16 所示。

图 1.16 两指联拨双分指法

（3）双上。用拇指拨下珠靠梁，同时用食指拨上珠离梁。

一是同档法。拇指拨下珠靠梁，同时食指拨同档上珠离梁，如拨 5–1、5–2、5–3、5–4、6–1、6–2、6–3 等。

二是异档法。拇指拨左档下珠靠梁，同时食指拨右档上珠离梁，如拨 5+5、5+15、5+25、6+5、7+5、8+5、9+5 等。双上指法如图 1.17 所示。

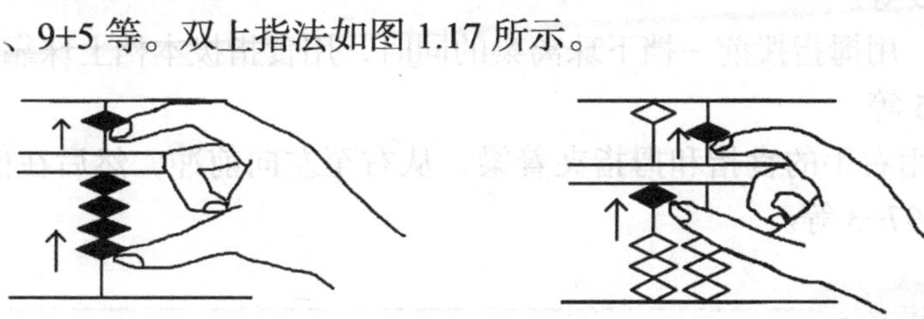

图 1.17 两指联拨双上指法

（4）双下。用食指拨下珠靠梁，同时用拇指拨下珠离梁。

一是同档法。食指拨上珠靠梁，同时拇指拨下珠离梁，如拨 1+4、2+3、3+2、4+1 或 4+4、4+3、4+2 等。

二是异档法。拇指拨左档下珠离梁，同时食指拨右档上珠靠梁，如拨 10–5、20–15、30–25、40–35 或 20–5、30–15、40–25、62–15 等。双下指法如图 1.18 所示。

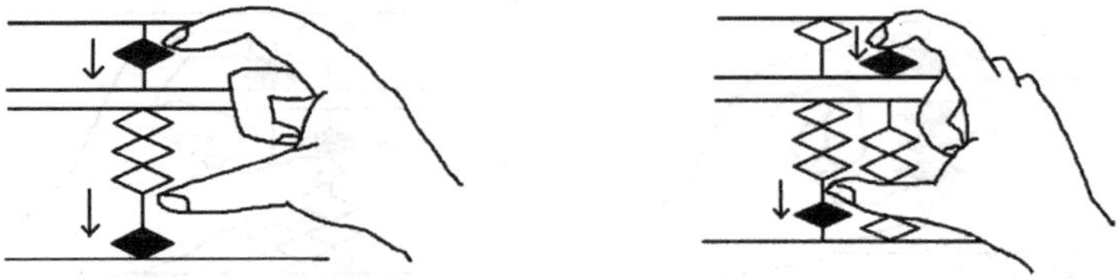

图 1.18　两指联拨双下指法

（5）扭进。用食指拨本档下珠离梁，同时用拇指拨前一档下珠靠梁，如拨 1+9、2+8、3+7、4+6、6+9、7+8 等。扭进指法如图 1.19 所示。

（6）扭退。用食指在前一档拨下珠离梁，同时用拇指拨本档下珠靠梁，如拨 10–9、10–8、10–7、10–6、20–17、32–19 等。扭退指法如图 1.20 所示。

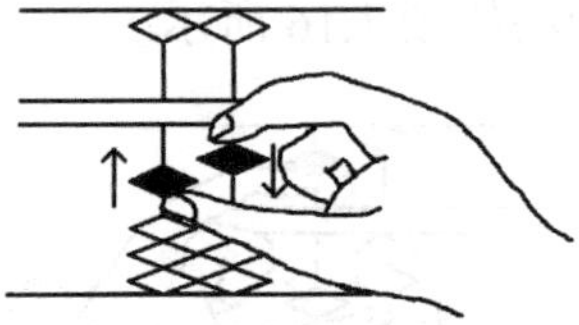

图 1.19　两指联拨扭进指法

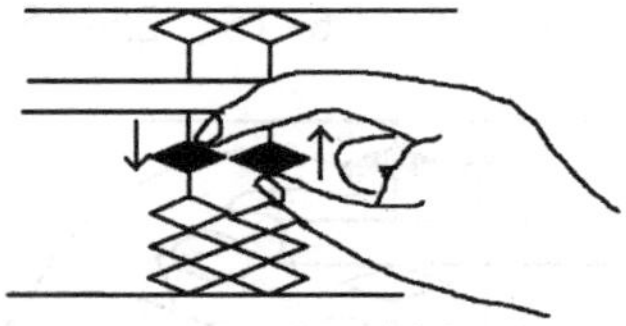

图 1.20　两指联拨扭退指法

（7）前后合。用拇指拨前一档下珠靠梁的同时，用食指拨本档上珠靠梁，如拨 15、25、35、45 等。

（8）前后分。用拇指拨前一档下珠离梁的同时，用食指拨本档上珠离梁，如拨 99–15、98–25、99–35、99–45 等。

（9）前后上。用拇指拨前一档下珠靠梁的同时，用食指拨本档上珠离梁，如拨 5+5、17+5、29+5、36+5 等。

（10）前后下。用拇指拨前一档下珠离梁的同时，用食指拨本档上珠靠梁，如拨 10–5、23–5、41–5、34–5 等。

（11）连进。用右手的食指和拇指夹着梁，从右至左向前冲，然后在前档进一，如拨 99+1、495+5、2 997+3 等。

阅读提高

拨珠的技巧

拨珠时要做到：轻盈敏捷、协调连贯、进退有序、干净利落。具体要注意以下几点：

（1）严格手指分工。上述指法是前人在拨珠实践中总结出来的，比较科学和规范，初学者一定要按上述指法拨珠。拨珠时，切忌用自己认为好用而实际上却是错误的指法拨珠，一旦养成习惯，很难改正，会影响拨珠速度的提高。

（2）用力要均匀。用力过猛算珠会被弹回，用力不足被拨的算珠不能到位，这些都会影响计算的准确性和速度。因此，手指拨珠的力度要均匀、适当。

（3）握笔拨珠。为了提高计算速度，应养成握笔拨珠的习惯，以便迅速书写答案。

（4）按数拨珠。练习拨珠时，要按数拨珠，切忌随意乱拨。

实训2

拨珠指法练习

实训要求：用正确、适当的拨珠方法拨练习题，熟练掌握各种拨珠指法。

实训内容：

1．用正确的拨珠指法拨下列各题。

（1）单指独拨。

① 1 111+1 111+1 111+1 111　　② 1 111+1 122+2 211

③ 2 222+2 222　　④ 1 230+3 214

⑤ 4 444–1 111–2 222–1 111　　⑥ 4 444–2 222–2 222

⑦ 4 444–2 211–2 233　　⑧ 4 444–1 231–3 213

（2）两指联拨。

1）双合。

一是同档法，拨入6 666、7 777、8 888、9 999、6 789、7 986、8 967。

二是异档法，拨入15、25、35、45。

① 15 000+35 000+250　　② 25 000+3 500+450

③ 35 000+2 500+150　　④ 45 000+2 500+150

2）双分。

一是本档法，拨6–6、8–8、9–8、9–7、9–6。

① 9 876–9 876　　② 9 999–6 789

③ 8 998–6 978　　④ 7 899–7 698

二是异档法，拨入15、25、35、45。

① 2 535–2 535　　② 4 515–4 515

③ 1 525–1 525　　④ 3 515–3 515

3）双上。

一是本档法，拨5–4、5–3、5–2、5–1。

① 5 555–4 234　　② 5 566–1 324

③ 5 675–2 341　　④ 6 657–3 214

二是异档法，拨15+5、25+5、35+5、45+5、8+5。

① 1 525+1 515　　② 2 535+1 505

③ 2 515+1 515　　④ 1 525+2 525

4）双下。

一是本档法，拨 1+4、2+3、3+2、4+1、4+2、3+3。

① 3 322+3 344　　② 3 344+3 214

③ 3 244+2 314　　④ 4 411+2 244

二是异档法，拨 10–5、20–15、30–25、40–35、12–5。

① 3 222–1 515　　② 4 333–2 515

③ 4 444–2 535　　④ 12 340–5 555

5）扭进。拨 1+9、2+8、3+7、4+6、12+9、13+8。

① 3 124+7 986　　② 4 321+6 789

③ 4 433+7 689　　④ 1 111+9 999

6）扭退。拨 10–9、10–8、10–7、11–9。

① 10 000–6 666　　② 10 000–7 986

③ 4 121–897　　④ 1 122–799

⑤ 3 021–687　　⑥ 8 210–978

7）连进。

① 1 234+8 766　　② 2 565+7 435

③ 5 614+4 386　　④ 6 131+1 869

⑤ 5 963+2 037　　⑥ 7 279+1 621

8）前后合。

① 7 121+1 525　　② 2 262+2 515

③ 1 051+3 535　　④ 6 150+2 545

⑤ 7 010+1 535　　⑥ 5 154+2 535

9）前后分。

① 9 999–4 535　　② 8 848–2 545

③ 3 986–1 525　　④ 7 569–2 515

⑤ 4 948–3 525　　⑥ 8 899–1 545

10）前后上。

① 6 666+5 555　　② 8 867+5 555

③ 1 525+2 505　　④ 5 555+5 155

⑤ 2 577+6 515　　⑥ 1 859+7 525

11）前后下。

① 2 234–555　　② 3 424–555

③ 4 444–1 525　　④ 3 344–2 535

⑤ 4 324–3 515　　⑥ 8 402–3 555

2．综合实训。下列各题应该用哪种指法拨珠？请试试。

（1）2 530+7 218	（2）9 897−2 675
（3）2 344+6 524	（4）3 849−2 638
（5）5 022+3 647	（6）8 479−4 517
（7）9 538−5 217	（8）2 143+2 623
（9）5 867−1 724	（10）3 051+1 836
（11）9 566−3 524	（12）7 832−5 489
（13）2 839+9 253	（14）9 121−2 345
（15）5 367+3 726	（16）3 587−1 648
（17）1 927+3 495	（18）6 073−2 485
（19）2 130+2 515	（20）4 101−2 545
（21）2 311+3 689	（22）9 227−3 456
（23）8 579+2 315	（24）9 130+4 527
（25）5 061−2 847	（26）6 237+9 634
（27）4 089+1 752	（28）6 251−3 468
（29）5 869−2 347	（30）3 141+4 826
（31）6 161−2 743	（32）8 452+3 548
（33）2 184+6 452	（34）6 332−4 923
（35）4 372+3 648	（36）3 586+1 532

1.3　财会数字的书写

在会计核算工作中，会计凭证的填制、会计账簿的登记和财务会计报表的编制等各个环节都必须利用数字加以反映，因此，财会数字书写是否清晰和规范，会直接影响会计核算资料的可靠性及有用性，影响会计工作的质量。因此，如何正确、规范和流利地书写数字，是我国会计人员应掌握的基本功。

财会数字的书写包括阿拉伯数字的书写和汉字大写数字的书写。

1.3.1　阿拉伯数字的书写

阿拉伯数字，也叫数码字或小写数字，是世界上通用的数字，应用范围较广，多在填写单、表、账、册及记录计算结果时使用。

1．阿拉伯数字的书写要求

阿拉伯数字书写要符合手写的习惯，达到规范化，数字要各自成型，大小匀称，笔顺清晰，合乎手写体习惯，流畅、自然、不刻板。其具体要求是：

（1）上端向右倾斜 60°左右。阿拉伯数字书写时一般要符合手写的特点，上端向右倾斜，以 60°左右的倾斜角为宜（数字与底线成 60°的倾斜）。一组阿拉伯数字的书写，应保持各个数字的倾斜度一致，这样才自然、美观。

（2）紧靠账表底线。阿拉伯数字的书写不能写在格子的中间，要紧靠账表底线。除“7”和“9”可以向下伸出格子约 1/4 外，其他数字一律靠在账表底线上。

（3）除 6、7、9 外，其他数字高低一致。“6”的上端可以比其他数字高出约 1/4，下端与其他数字一致。“7”和“9”的上端可以比其他数字低约 1/4，下端可以比其他数字伸出约 1/4。其他数字书写高低和大小要一致，排列整齐。

（4）高度不超过账表的 1/2。数字书写时高度不要超过账表的 1/2。过大，写错时无法更正又不美观；过小，字迹可能不清晰因而影响阅读。要灵活掌握数字的大小。账表格较小时，书写高度为账表的 1/2 为宜；账表格较大时，书写高度为账表的 1/3 或 1/4。另外，每位数字之间不要连接，也不预留间隔，以不增加数字为好。

（5）同数位对齐。在印有金额线的会计凭证、会计账簿和会计报表上，每个格子只写一个数字，不得几个数字挤在一个格子里，也不得在数字中间留有空格。如果没有账格数字位线，数字书写时要同数位对齐，即个位对个位、百位对百位书写。数字书写的整数部分，可以从小数点向左按“三位一节”用分节号（,）分开或空一个位置，以便读数和汇总计算。

（6）正确运用货币符号。如果用阿拉伯数字表示金额时，阿拉伯数字前面应当写货币符号，货币符号与阿拉伯数字之间不得留有空格；凡在阿拉伯金额数字前面写有币种符号的，数字后面不再写货币单位（如人民币“元”）。阿拉伯数字书写到分位为止，元位以下保留角、分两位小数，以下四舍五入。元和角之间要用小数点（.）隔开；没有角分时，应在小数点后角、分位写“00”或符号“—”；有角无分时，分位应写“0”，不得用符号“—”代替。如“人民币贰佰捌拾元整”，小写金额的正确写法为“¥280.00”，千万不可写成“¥280.00 元”。

除采用电子计算机处理会计业务外，会计数字应用规范的手写体书写，不适用其他字体，如图 1.21 所示。

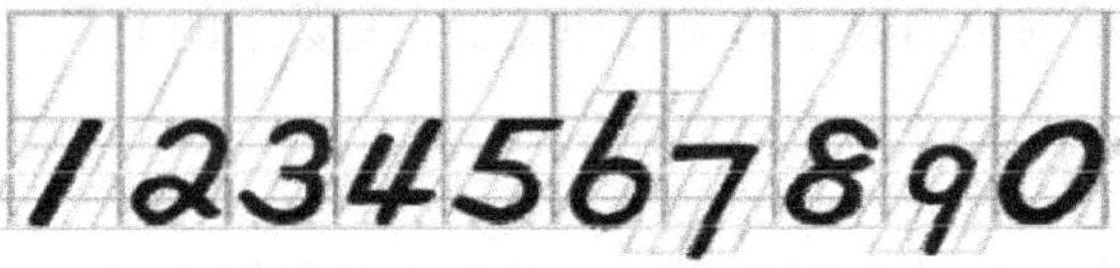

图 1.21　阿拉伯数字手写字样

注意　数字书写应从左至右、自上而下、大小一致，数字间保留一定的间隙，而且距离相等。数字上下左右对齐，数字间不能留空格。对于易混淆且笔顺相近的数字，在书写时，尽可能地按标准字体书写，区分笔顺，避免混同，以防涂改。例如：

“0”字书写时，紧贴底线，圆要闭合，不宜过小，否则易被改为“9”字。

“1”字书写时，要保持倾斜度，不能比其他数字短，否则易被改成“4”、“6”、“7”、“9”等字。

“2”字书写时，不能写“Z”，落笔应紧贴底线，否则易被改成“3”字。

“3”字书写时，拐弯处光滑流畅，起笔处至拐弯处距离稍长，不宜过短，否则易被改成“5”字。

“4”字书写时，“∠”角要死折，即竖要斜写，横要平直且长，折角不能加圆，否则易被改成“6”字。

“5”字书写时，横、钩必须明显，不可拖泥带水，否则易被改成或混淆成“8”字。

“6”字书写时，起笔处在上半格的1/4处，下圆要明显，否则易被改成“4”、“8”字。

“7”字书写时，横要平直明显（稍长），竖稍斜。

“6”、“8”、“9”、“0”都必须把圆圈笔画写顺，并一定要封口。

除4、5以外的各单数字，均一笔写成，不能人为地增加笔画。

2．阿拉伯数字书写错误的更正

在填制凭证和登记账簿等会计工作中，如果阿拉伯数字书写错误，切忌刮擦、挖补或使用涂改液更正，应当采用画线更正法进行更正。画线更正法是先用红笔在错误的数字中间画单红线，表示注销；然后重新在错误数字的上面用蓝色或黑色笔书写正确的数字，并由经办人员在画线处加盖印章，以示负责。但要注意画掉错误数字时，应将整笔数字画掉，不能只画掉其中一个或几个写错的数字，并保持被画去的字迹仍可清晰辨认。

画线更正法的示范如图1.22和图1.23所示。

图1.22　画线错误更正法示范

图 1.23　画线正确更正法示范

1.3.2　汉字大写数字的书写

在会计工作中，经常要填写发票、支票、进账单等结算凭证。填写这些凭证时，除了写小写数字外，为了防止篡改，还必须填写大写数字。因此，作为一名从事会计工作的人员，必须掌握汉字大写数字的书写方法。

1．汉字大写数字的写法

汉字大写数字是由数码和数位组成的。

数码的写法分别是：零、壹、贰、叁、肆、伍、陆、柒、捌、玖、拾。

数位的写法分别是：分、角、元、拾、佰、仟、万、亿。

2．汉字大写金额数字的书写要求

（1）汉字大写金额数字，一律用正楷或行书书写，如零、壹、贰、叁、肆、伍、陆、柒、捌、玖、拾、佰、仟、万、亿等易于辨认、不易涂改的字样，不得用○、一、二、三、四、五、六、七、八、九、十或块、毛等简化字代替，不得任意自造简化字。

（2）大写金额数字前未印有货币名称的，应当添加货币名称（如“人民币”三字），货币名称与金额数字之间不得留有空白。

（3）大写金额到“元”为止的，在“元”之后应写“整”或“正”字，如¥480.00，应写成“人民币肆佰捌拾元整”；大写金额数字到“角”为止的，可以在“角”之后写“整”或“正”字，也可以不写；大写金额数字有“分”的，“分”字后面不写“整”字。

（4）阿拉伯金额数字中间有“0”时，大写金额要写“零”字，如¥101.50 元，汉字大写金额应写成“人民币壹佰零壹元伍角整”。

阿拉伯金额数字中间连续有几个“0”时，汉字大写金额中可以只写一个“零”字，如¥1 004.56，汉字大写金额应写成“人民币壹仟零肆元伍角陆分”。

阿拉伯金额数字“元”位为“0”时，汉字大写金额可只写一个“零”字，也可不写“零”字。如¥1 680.32，应写成“人民币壹仟陆佰捌拾元叁角贰分”。又如¥1 600.32，应写成“人民币壹仟陆佰元叁角贰分”或“人民币壹仟陆佰元零叁角贰分”。

（5）当阿拉伯数字首位是“1”时，汉字大写金额前面必须写上“壹”字。例如¥16.74，应写成“人民币壹拾陆元柒角肆分”；又如¥100 000.00，应写成“人民币壹拾万元整”。

（6）为了防止作弊，银行、单位和个人填写的各种票据和结算凭证的中文大写金额一律不许涂改，一旦写错，则该凭证作废，需要重新填写。因此，会计人员在书写汉字大写数字时必须认真，以减少书写错误的发生。

3．汉字大写票据日期的书写要求

在会计工作中，经常要填写支票、汇票和本票，这些票据的出票日期必须使用汉字大写。为了防止编造票据的出票日期，在填写月时，月为壹、贰和壹拾的，应在其前面加“零”。日为壹至玖和壹拾、贰拾、叁拾的，应在其前面加“零”；日为拾壹至拾玖的，应在其前面加“壹”。例如，1 月 12 日应写成“零壹月壹拾贰日”；10 月 30 日应写成“零壹拾月零叁拾日”；2008 年 4 月 9 日应写成“贰零零捌年肆月零玖日”。

实训 3

财会数字书写练习

实训要求：通过练习，掌握正确的阿拉伯数字和汉字大写数字的书写方法。

实训内容：

1．阿拉伯数字书写实训。

（1）在表 1.1 所示账格中书写规范的阿拉伯数字。

表 1.1　阿拉伯数字书写表格

（2）对照表 1.2 中的数字，练习没有数位线的小写金额的书写。

表 1.2　小写金额书写表

¥923 637.94	¥58 219.07	¥8 306.92	¥69 218.00	¥6 835.47	¥35 284.90

（3）将表 1.3 中的汉字大写数字写成阿拉伯数字。

表 1.3　把汉字大写数字写成阿拉伯数字

人民币贰拾柒元伍角肆分	
人民币伍仟贰佰万零陆仟玖佰柒拾捌元整	
人民币叁仟万零贰拾元整	
人民币壹拾玖万零贰拾叁元整	
人民币玖角捌分	
人民币柒万肆仟伍佰零贰元捌角陆分	
人民币玖仟叁佰元零伍角整	
人民币贰拾肆万零捌佰零壹元零玖分	
人民币壹拾万元整	
人民币陆佰万元零柒分	

2．汉字大写数字书写实训。

（1）对照表 1.4 中的文字练习汉字大写数字的书写。

表 1.4　汉字大写数字书写练习

零													
壹													
贰													
叁													

续表

肆													
伍													
陆													
柒													
捌													
玖													
拾													
佰													
仟													
万													
亿													
元													
角													
分													
整													

（2）将表 1.5 中的阿拉伯数字写成对应的汉字大字数字。

表 1.5　把阿拉伯数字写成汉字大写数字

¥28 703.49	
¥160 000.00	
¥580.20	
¥3 000 070.10	
¥60 104.09	
¥109 080.80	
¥206 054.03	
¥80 001.20	
¥76 003 000.00	
¥96 274.58	

第 2 章　珠算加减法

本章知识技能要点与要求

※ 熟练掌握珠算口诀加减法或无诀加减法的运算方法；

※ 理解简捷加减法运算方法；

※ 了解传票算和账表算；

※ 掌握常用的差错查找方法；

※ 结合实际操作，边学边练，在实训中熟练掌握加减法的操作技巧，能快速、准确地进行加减法运算。

引导案例　算盘 PK 计算器

算盘是中国古代的一项重要发明，是现代计算工具的鼻祖。英国《独立报告》评选出的 101 项改变世界的小发明中，自行车、纽扣、电池等发明位列其中，而名列第一的就是中国的算盘。算盘的计算速度比计算器还要快。算盘一般用两或三个手指同时输入，所以输入速度快；而计算器用一个手指头输入，速度自然不快。算盘是边输入边计算，输入完就算出结果，而计算器则输入一个数，再输入加号或减号，然后输入另一个数，输入等号后才出结果，多输入两个符号，速度自然慢。所以，专业会计一般同时使用算盘和计算器，计算器算乘除法，算盘做加减法汇总。

2.1　珠算基本加减法

珠算加减法是实际计算工作中用途最广的计算方法，占计算总量的 80%以上。加法是一切计算方法的基础，减法是加法的逆运算，它们集中了珠算的特点和基础知识。加减法用算盘运算较之笔算、计算器运算更准确而迅速，最能显示珠算的优点。

珠算加减法的运算顺序与笔算加减法相反，是由高位开始，从左至右进行运算。在运算时，首先要确定个位档，然后对齐数位，顺序进行同位加减。运算过程中，按照“五升十进”的原则，即满五用一颗上珠，满十向左边进一。

我国传统珠算加减法是利用珠算口诀进行运算的。珠算口诀是人们在长期的珠算实践过程中总结出来的拨珠顺序和运算方法。用口诀进行加减法运算，既指导了拨珠顺序，又使初学者掌握运算方法，因此，首先应学习珠算口诀加减法。

2.1.1 口诀加减法

口诀加减法共有四种类型，分别是直接加法和直接减法、满五加法和破五减法、进位（十）加法和退位（十）减法、破五进位加法和退位补五减法。

1．直接加法和直接减法

（1）直接加法。当拨入被加数时，能直接拨珠靠梁即可完成的计算叫做直接加法。直接加法是最简单的加法，运用口诀“几上几”进行运算。其中，第一个“几”代表的数字是指要加的数，后面的文字代表拨几靠梁的拨珠动作，如“2 上二”、“7 上七”等。例如，2+2=4 的演示过程如图 2.1 所示。

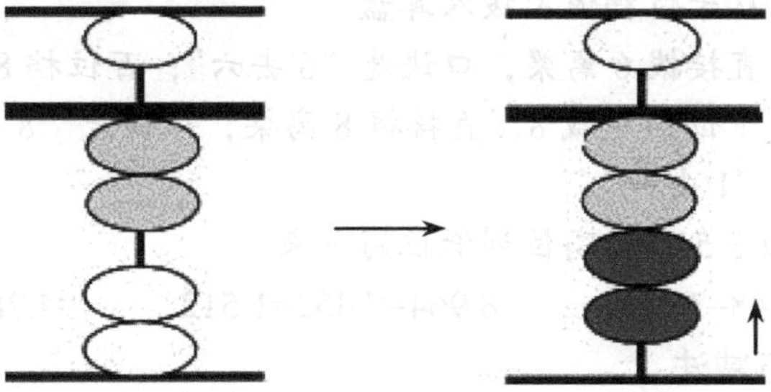

图 2.1 直接加法图示

【例 2.1】 计算 1 502+6 382=7 884。

运算过程如下：

1)选一个有记位点的档作为个位档固定不变。此个位档也是以后加减法运算的个位档，以后不再重复。

2）将被加数 1 502 从千位档依次拨入算盘。

3）将千位档 1 加 6，直接拨 6 靠梁，口诀是“6 上六”；百位档 5 加 3，直接拨 3 靠梁，口诀是“3 上三”；十位档 0 加 8，直接拨 8 靠梁，口诀是“8 上八”；个位档 2 加 2，直接拨 2 靠梁，口诀是“2 上二”。

4）将算盘上的得数 7 884 从高位到低位写下来。

练习：2+6=8　　2+51=53　　2 164+6 825=8 989　　5 371.84+1 526.15=6 897.99

（2）直接减法。当拨去被减数时，能直接拨珠离梁即可完成的计算叫直接减法。直接减法是减法中最简单的一种，它无须分解上珠，也不用在前一档借 1。运用减法口诀“几去几”，第一个“几”代表的数字是被减数，“去几”是指拨几离梁的拨珠动作，如“3 去三”、“6 去六”等。例如，9–6=3 的演示过程如图 2.2 所示。

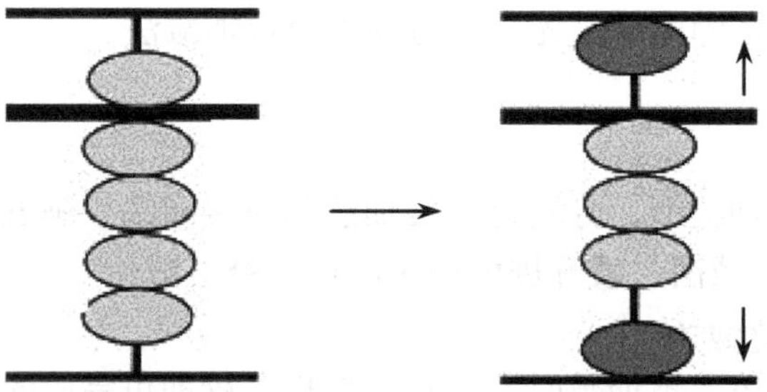

图 2.2　直接减法图示

【例 2.2】 计算 9 897–6 381=3 516。

运算过程如下：

1）将被减数 9 897 从千位档依次拨入算盘。

2）千位档 9 减 6，直接拨 6 离梁，口诀是“6 去六”；百位档 8 减 3，直接拨下珠 3 离梁，口诀是“3 去三”；十位档 9 减 8，直接拨 8 离梁，口诀是“8 去八”；个位档 7 减 1，直接拨 1 离梁，口诀是“1 去一”。

3）将算盘上的得数 3 516 从高位到低位写下来。

练习：8–6=2　　48–36=12　　8 964–7 452=1 512　　94.783–74.531=20.252

2．满五加法和破五减法

（1）满五加法。满五加法，也称补五加法，指的是在同一档上两个小于 5 的数相加，其和满五而不超过十，下珠不够加，需将上珠拨下靠梁，并同时拨去相应的几颗下珠的加法。运用的口诀是“几下五去几”，其中第一个数字是指加数，“下五”指拨上珠 5 靠梁，后面的“去几”是指从下珠中拨几离梁。如“2 下五去三”，指加数是 2 时，拨上珠 5 靠梁，同时拨 3 个下珠离梁。例如，4+4=8 的演示过程如图 2.3 所示。

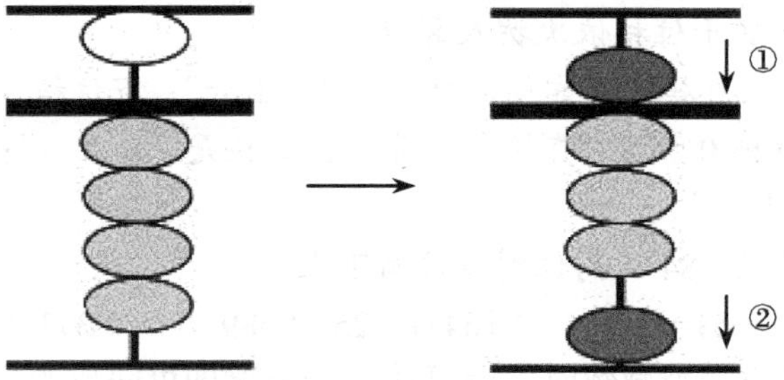

图 2.3　满五加法图示

【例 2.3】 计算 4 443+1 243=5 686。

运算过程如下：

1）被加数 4 443 从千位档依次拨算盘。

2）加 1，下珠不够，所以拨上珠 5 靠梁，同时在下珠中拨多加的 4 离梁，口诀是“1 下五去四”；百位档 4 加 2，下珠不够，拨上珠 5 靠梁，同时在下珠中拨多加的 3 离梁，口诀是“2 下五去三”；十位档 4 加 4，下珠不够，拨上珠 5 靠梁，同时在下珠中拨多加的 1 离梁，口诀是“4 下五去一”；个位档 3 加 3，下珠不够，拨上珠 5 靠梁，同时在下珠中拨多加的 2 离梁，口诀是“3 下五去二”。

3）将算盘上的得数 5 686 从高位到低位写下来。

练习：2+4=6　　3 144+3 412=6 556　　3 142+2 434=5 576

（2）破五减法。破五减法指的是本档上珠 5 已靠梁，在减去小于 5 的减数时，本档下珠不够减，需拨去上珠 5，同时拨入相应的下珠的减法。运用的口诀是“几上几去五”，第一个“几”代表的数字是指减数，“上几”是指拨上对应的几颗下珠靠梁，“去五”指拨上珠 5 离梁。如“3 上二去五”，指减数是 3 时，拨上 2 颗下珠靠梁，同时拨上珠 5 离梁。例如，7–3=4 的演示过程如图 2.4 所示。

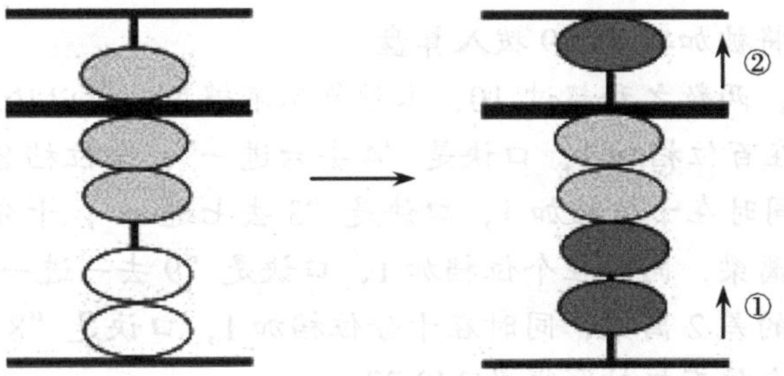

图 2.4　破五减法图示

【例 2.4】 计算 5 677–1 243=4 434。

运算过程如下：

1）将被减数 5 677 从千位档依次拨入算盘。

2）千位档 5 减 1，下珠不够，拨下珠 4 靠梁，同时拨上珠 5 离梁，口诀是“1 上四去五”；百位档 6 减 2，下珠不够，拨下珠 3 靠梁，同时拨上珠 5 离梁，口诀是“2 上三去五”；十位档 7 减 4，下珠不够，拨下珠 1 靠梁，同时拨上珠 5 离梁，口诀是“4 上一去五”；个位档 7 减 3，下珠不够，拨下珠 2 靠梁，同时拨上珠 5 离梁，口诀是“3 上二去五”。

3）按照算盘上的个位直接写得数 4 434。

练习：6–4=2　　6 756–2 413=4 343　　7 568–3 124=4 444

3．进位（十）加法和退位（十）减法

（1）进位（十）加法。进位（十）加法是指本档两数相加，和数满十或超过十，本档算珠不够用，需向前（左）进位，并在本档减去相应的算珠。进位加法的口诀是“几去几进一（十）”，第一个“几”代表的数字是加数，“去几”是指在本档拨对应的几个算珠离梁，

“进一”是指在前一档拨 1 靠梁。如“4 去六进一”，是指当加数是 4 时，在本档上拨 6 个算珠离梁，同时在前（左）一档拨 1 个算珠靠梁。例如，8+7=15 的演示过程如图 2.5 所示。

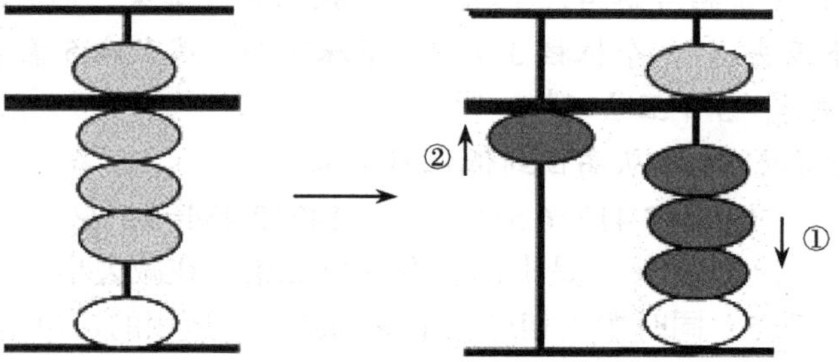

图 2.5　进位（十）加法图示

【例 2.5】 计算 98.79+43.98=142.77。

运算过程如下：

1）从十位档依次将被加数 98.79 拨入算盘。

2）十位档 9 加 4，两数之和超过 10，本档算珠不够用，所以从本档 9 里拨加数 4 与 10 的差 6 离梁，同时在百位档加 1，口诀是“4 去六进一”；个位档 8 加 3，从 8 里拨加数 3 与 10 的差 7 离梁，同时在十位档加 1，口诀是“3 去七进一”；十分位档 7 加 9，从 7 里拨加数 9 与 10 的差 1 离梁，同时在个位档加 1，口诀是“9 去一进一”；百分位档 9 加 8，从 9 里拨加数 8 与 10 的差 2 离梁，同时在十分位档加 1，口诀是“8 去二进一”。

3）按照算盘上的个位直接抄写得数 142.77。

练习：8+4=12　　8 698+3 927=12 625　　365.49+895.72=1 261.21

（2）退位（十）减法。退位（十）减法是指在本档被减数小于减数，不够减时，必须向前档（左一档）借一档十，同时其差能在本档直接加上的减法。退位减法的口诀是“几退十还几”，第一个“几”代表的数字是减数，“退十”是指从前一档拨一离梁，“还几”是指将十与减数的差加在本档上。如“6 退十还四”，指当减数是 6 时，从前一档拨 1 离梁，同时在本档上拨 4 个算珠靠梁。例如，12−8=4 的演示过程如图 2.6 所示。

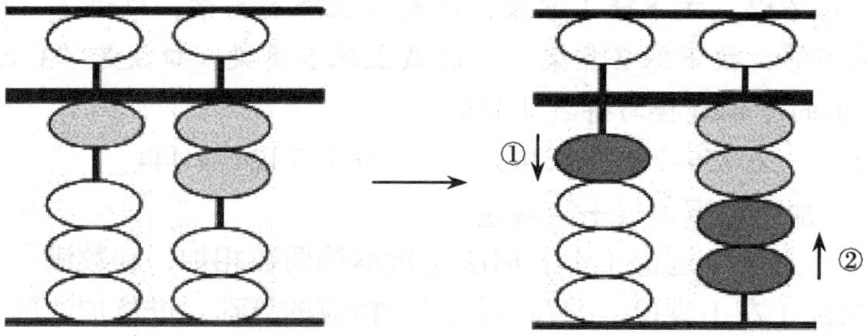

图 2.6　退位（十）减法图示

【例 2.6】 计算 321.05–43.89=277.16。

运算过程如下：

1）从百位档依次将被减数 321.05 拨入算盘。

2）十位档 2 减 4，不够减，在百位档 3 上拨 1 颗下珠离梁，即借一，本档当 10 减去 4 后还剩 6 直接加在本档 2 上，口诀是“4 退十还六”；个位档 1 减 3 不够减，在十位档拨 1 离梁，在本档 1 上直接加 7，口诀是“3 退十还七”；十分位档 0 减 8 不够减，在个位档拨 1 离梁，本档直接加 2，口诀是“8 退十还二”；百分位档 5 减 9 不够减，在十分位档拨 1 离梁，在本档 5 上直接加 1，口诀是“9 退十还一”。

3）按照算盘上的个位直接写得数 277.16。

练习：13–9=4　　8 925–2 746=6 179　　354.62–75.84=278.78

小提示 拨珠时，要先从前一档借 1，后在本档加 10 与减数的差，这样手指拨珠顺序是从高位依次到低位。如果先在本档加 10 与减数的差，后从前档借 1，手指拨珠就会后档、前档、再后档、再前档，不仅容易串档，还影响计算速度。

4．破五进位加法和退位补五减法

思考：算盘已有 5 或 5 以上的数，当加 6、7、8、9 时，要在本档分别减去 4、3、2、1，然后再向前一档进一。如果本档下珠不够减 4、3、2、1，该怎么办？这时可以把上珠 5 分解，在 5 里面减 4、3、2、1，这就是第四种加法。

（1）破五进位加法。破五进位加法是指相加的两数都大于或等于 5，其和大于 10，需向前（左）一档进 1，同时减去多加的数，但是本档下珠不够减，就要先拨去上珠 5，再拨上多减的下珠靠梁。破五进位加法实际是“进位加法”和“破五减法”两种运算的混合运算，使用的口诀是“几上几去五进一”。口诀中第一个“几”代表的数字是加数，“上几”是指在本档拨对应的多减的几个算珠靠梁，“去五”是指在本档拨上珠 5 离梁，“进一”是指在前（左）一档拨 1 靠梁。如“8 上三去五进一”，指的是加数是 8 时，在本档拨上珠 5 离梁，同时拨 3 个下珠靠梁，并在前（左）一档拨 1 靠梁。例如，7+6=13 的演示过程如图 2.7 所示。

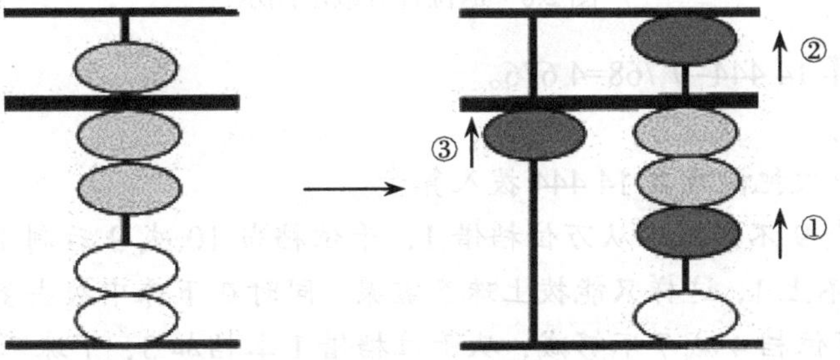

图 2.7　破五进位加法图示

【例 2.7】 计算 5 675+9 768=15 443。

运算过程如下：

1）从千位档依次把 5 675 拨入算盘。

2）千位档 5 加 9，已超过 10，下珠不够减加数 9 与 10 的差 1，所以在上珠 5 里减去 1，然后向万位档进 1，口诀是“9 上四去五进一”；百位档 6 加 7，下珠不够减加数 7 与 10 的差 3，所以在上珠 5 里减去 3，然后向千位档进 1，口诀是“7 上二去五进一”；十位档 7 加 6，下珠不够减加数 6 与 10 的差 4，所以在上珠 5 里减去 4，然后向百位档进上，口诀是“6 上一去五进一”；个位档 5 加 8，下珠不够减加数 8 与 10 的差 2，所以在上珠 5 里减去 2，然后向十位档进 1，口诀是“8 上三去五进一”。

3）写下得数 15 443。

练习：5+9=14　　6 857+8 697=15 554　　5 768+9 676=15 444

（2）退位补五减法。退位补五减法是指当本档被减数小于 5，减数为 6、7、8、9 时，显然不够减，需向前（左）一档借一，并把多减的数还上；这时两数相加的和满五，须将上珠靠梁，同时减去相应的几个下珠。退位补五减法，实际上是“退位减法”和“满五加法”两种运算的混合运算，运用口诀“几退十还五去几”。口诀中的第一个“几”代表的数字是减数，“退十”指从前（左）一档拨 1 个算珠离梁，“还五”指的是本档拨上珠 5 靠梁，“去几”指的是在本档上拨对应的多加的几个算珠离梁。如“6 退十还五去一”，指的是当减数是 6 时，从前（左）一档借一，即拨 1 个算珠离梁，在本档上拨上珠 5 靠梁，同时拨 1 个下珠离梁。例如，13–7=6 的演示过程如图 2.8 所示。

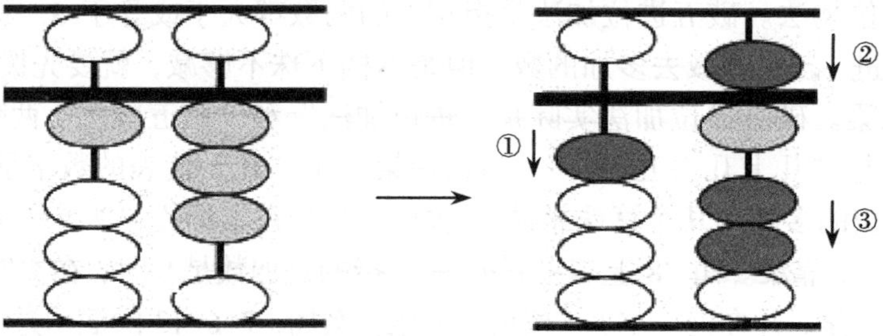

图 2.8　退位补五减法图示

【例 2.8】 计算 14 444–9 768=4 676。

运算过程如下：

1）从万位档依次把被减数 14 444 拨入算盘。

2）千位档 4 减 9 不够减，从万位档借 1，千位档当 10 减 9 后剩 1 需加在千位档的 4 上面，由于下珠加不上 1，这样只能拨上珠 5 靠梁，同时在下珠中拨去多加的 4，口诀是“9 退十还五去四”；百位档 4 减 7 不够减，从千位档借 1 本档加 3，下珠不够加，需加上珠 5，口诀是“7 退十还五去二”；十位档 4 减 6 不够减，从百位档借 1 本档加 4，下珠不够加，需加上珠 5，口诀是“6 退十还五去一”；个位档 4 减 8 不够减，从十位档借 1 本档加 2，下珠不够加，需加上珠 5，口诀是“8 退十还五去三”。

3）写下得数 4 676。

练习：23–7=16　　82 324–6 879=75 445　　1 324–769=555

思考：前面我们已经学会了当被减数不够减时，可以从前一档借一来减，可如果前一档是“0”，前几档才有数，又该怎样计算呢？

阅读提高

隔档退位减法

在算盘上减 1～9 各数时，本档不够减，需从前一档借 1，可前一档是 0，需要从前几档借 1 计算的减法，称为隔档退位减法。其处理方法为：隔几档退位，就在空档上加上几个 9，在本档加上 10 与减数的差。

【例 2.9】 计算 303–9=294。

运算过程如下：

1）定好个位档，将被减数 303 按对应个位档拨入算盘。

2）在个位的 3 上减去 9，不够减，应由十位档退一，但十位档是 0，必须再由百位档退位，即在百位档退一，隔一档退位，还一个 9，本档加上 9 的补数 1，答数为 294。

练习：5 001–7=4 994　　50 017–48=49 969

小提示 隔几档借 1，就在空档加几个 9，在减数的本档直接加减数与 10 的差，千万不要从减数前一档的 9 上继续借 1，这样就借两次了，所以减数前面的空档必须是 9。

5. 口诀加减法口诀

综上所述，珠算加减口诀各有 26 句，分四个类型，表 2.1 是加法口诀，表 2.2 是减法口诀。

表 2.1 加法口诀

类型 / 加数	不进位加法		进位加法	
	直接加法	满五加法	进位加法	破五进位加法
1	1 上一	1 下五去四	1 去九进一	
2	2 上二	2 下五去三	2 去八进一	
3	3 上三	3 下五去二	3 去七进一	
4	4 上四	4 下五去一	4 去六进一	

续表

类型 / 加数	不进位加法		进位加法	
	直接加法	满五加法	进位加法	破五进位加法
5	5 上五		5 去五进一	
6	6 上六		6 去四进一	6 上一去五进一
7	7 上七		7 去三进一	7 上二去五进一
8	8 上八		8 去二进一	8 上三去五进一
9	9 上九		9 去一进一	9 上四去五进一

表 2.2　减法口诀

类型 / 减数	不退位减法		退位减法	
	直接减法	破五减法	退位减法	退位补五减法
1	1 去一	1 上四去五	1 退十还九	
2	2 去二	2 上三去五	2 退十还八	
3	3 去三	3 上二去五	3 退十还七	
4	4 去四	4 上一去五	4 退十还六	
5	5 去五		5 退十还五	
6	6 去六		6 退十还四	6 退十还五去一
7	7 去七		7 退十还三	7 退十还五去二
8	8 去八		8 退十还二	8 退十还五去三
9	9 去九		9 退十还一	9 退十还五去四

口诀中第一个数字是指要加或要减的数，后面的文字是表示拨珠的动作。

要掌握加减法的运算方法，必须通过实训，反复动手操作。对于珠算加减法口诀不要死记硬背，要结合 5 与 10 的分解和组合，通过理解来记忆和掌握。口诀只是学习珠算加减法的一种手段，当掌握加减法的计算方法后，要逐步忘掉口诀，摆脱口诀，最后形成条件反射，见数手指自然拨珠，这样才能逐步提高运算速度。练习时要注意拨珠指法是否正确，只有运用正确的拨珠指法，才能越练越快。

实训 4

传统加减法练习

实训要求：通过练习，熟悉并掌握珠算口诀加减法。

实训内容：

1. 传统加减法练习题。

（1）打百子。从 1 依次加 2、3、4……一直加到 100，即 1+2+3+…+100，和数为 5 050。

再由 5 050 依次减去 1、2、3……一直减完 100，即 5 050–1–2–3–…–100，其结果是 0。

（2）三盘清（成）。先拨上 123 456 789，照算盘上的数连加 3 次（见几加几），最后在末档上加 9，得到 987 654 321。

（3）打 625。连加 16 次 625，得 10 000；再连续减 16 次 625 恰好减完。

（4）十盘清（成）。123 456 789 连加十次，得数 1 234 567 890；再用 1 234 567 890 连减十次 123 456 789。

（5）三朵梅。先在算盘上拨上 106 885 688 569，然后见几加几，连加四次得数为 1 710 171 017 104。在算盘上的形式好像三朵梅花。也可以先在算盘上拨入 73 627 362 726，再连续减六次 17 101 710 171，得到得数为 1 710 171 010，形式也好似梅花。

（6）三孔桥。先拨上 76 767 672，然后连续减七次 9 595 959，得数为 9 595 959。形式好似三孔桥。

2．用口诀加法计算下列各题。

（1）直接加法和直接减法练习。

2 356	6 017	2 103	23.61	43.25	23.51
1 523	3 461	6 786	76.28	51.73	65.37

3 521	3 655	9 683	4 768	2 496	7 898
1 365	5 213	–2 562	–2 653	–1 051	–6 854

4 768	79.38	94.62	23.87
–3 257	–59.16	–59.16	–12.67

（2）满五加法和破五减法练习。

3 143	4 323	32.44	43.44	23.43	1 483
3 434	1 324	43.21	12.43	42.34	4 302

4 123	4 444	7 467	8 657	5 867	9 675
1 432	2 431	–3 124	–4 213	–1 423	–7 432

7 856	85.76	56.86	67.55
–4 423	–41.32	–33.42	–23.41

（3）进位（十）加法和退位（十）减法练习。

4 358	3 898	4 963	9 476	9 988	3 434
8 453	9 538	6 548	2 749	2 345	9 796

74.29	38.74	25 635	41 027	4 102	10 326
47.83	85.47	–9 856	–2 538	–2 538	–1 497

18 254	541.03	171.53	212.13
−9 475	−52.19	−89.69	−23.35

（4）破五进位加法和退十补五减法练习。

9 655	6 756	9 656	5 766	5 765	5 566
6 789	8 697	6 897	8 697	7 689	9 687
68.77	65.76	12 345	43 634	24 243	61 246
86.67	79.68	−9 782	−7 968	−8 697	−6 874
34 442	344.42	242.13	434.23		
−8 967	−68.76	−87.68	−79.68		

（5）隔档退位减法练习。

30 042	50 000	40 034	300.32	740.61	600.23
−987	−83	−62	−0.76	−40.68	−9.47

（6）口诀加减法综合练习。

4 538	4 386	7 188	8 983	77.68	12.47
2 642	9 687	3 246	3 745	59.13	42.76
32.85	35.94	64.35	31.96	84.32	94.35
97.63	26.81	72.69	63.57	26.97	27.48
632.45	344.21	384.62	567.58	437.64	546.37
316.52	212.34	837.59	976.86	792.46	618.47
647.38	468.72				
521.76	647.52				
684.37	836.27	356.74	435.79	834.21	348.92
−526.17	−698.49	−213.46	−284.65	−576.78	−168.45
537.02	734.62	7 568	6 689	2 239	7 652
−347.68	−684.39	−5 829	−4 726	−1 846	−3 824
5 637	8 987	5 632.78	9 878.67	7 012.56	33 434.23
−1 854	−6 714	−1 891.36	−5 379.68	−3 849.67	−15 436.42

2.1.2 无诀加减法

口诀加减法是根据口诀进行拨珠运算的。运算时，必须熟记口诀，熟记这套加减口诀，需要花不少时间，而到了熟练掌握加减运算，达到“条件反射”的程度时，口诀自然被抛弃。而在实际计算时，如果掌握了“五升十进制”原理，通过对5和10两个数的分解和组合，利用“凑数”和“补数”的概念，不用口诀也可以进行加减法运算，这就是无诀加减法，又称“凑五补十加减法”。在学习无诀加减法之前需要理解和掌握如下两个概念：

（1）凑数。如果两数之和等于5时，这两个数互为凑数，其中一个数是另一个数的凑数（$A+B=5$，A 和 B 互为凑数）。例如，1和4、2和3都互为凑数。

（2）补数。如果两数之和等于10时，这两个数互为补数，其中一个数是另一个数的补数（$A+B=10$，A 和 B 互为补数）。例如，1和9、2和8、3和7、4和6、5和5都互为补数。

无诀加减法分为直接加法和直接减法、凑五（补五）加法和破五减法、减补进位加法和退位加补减法、破五进位加法和退位补五减法四个类别。

1．直接加法和直接减法

（1）直接加法。拨入加数后、按照“由高到低、同位相加”的原则，能直接拨入加数，求得和数，如图2.1所示。

运算规则：加看框珠，够加直加。

【例2.10】 计算2 105+6 271=8 376。

运算过程如下：

1)选一个有记位点的档作为个位档固定不变。此个位档也是以后加减法运算的个位档，以后不再重复。

2）将被加数2 105从千位档依次拨入算盘。

3）将千位档2加6，靠框的算珠够加，直接拨6靠梁；百位档1加2，靠框算珠够加，直接拨2靠梁；十位档0加7，靠框算珠够加，直接拨7靠梁；个位档5加1，靠框算珠够加，直接拨1靠梁。

4）将算盘上的得数8 376从高位到低位写下来。

练习：1 632+7 152=8 784　　5 803+4 081=9 884　　7 253+1 546=8 799

（2）直接减法。拨入被减数后，按照“由高到低、同位相减”的原则，能直接拨去减数，求得差数，如图2.2所示。

运算规则：减看梁珠，够减直减。

【例2.11】 计算8 978−6 352=2 626。

运算过程如下：

1）将被减数8 978从千位档依次拨入算盘。

2）千位档8减6，靠梁的算珠够减，直接拨6离梁；百位档9减3，靠梁算珠够减，直接拨下珠3离梁；十位档7减5，靠梁算珠够减，直接拨8离梁；个位档8减2，靠梁算珠够减，直接拨1离梁。

3）将算盘上的得数 2 626 从高位到低位写下来。

练习：6 394–5 163=1 231　　4 827–2 516=2 311　　3 748–1 526=2 222

2．凑五（补五）加法和破五减法

（1）凑五（补五）加法。这是指两小于 5 的数相加之和等于 5 或大于 5 的运算（$A+B \geqslant 5$，$A<5$，$B<5$）。此时，下珠不够用，需将上珠靠梁，同时，把多加的数从下珠中拨去，即“下五减凑”。

运算规则是“下（珠）加不够，加五减凑”，即先拨上珠靠梁（加五），再减去下珠加数 5 的凑数，即减凑，如 4+4=4+5–1，如图 2.3 所示。

【例 2.12】 计算 3 443+4 213=7 656。

运算过程如下：

1）将被加数 3 443 从千位档依次拨入算盘。

2）千位 3 加 4，下珠不够，所以拨上珠 5 靠梁，同时在下珠中拨多加的 1 离梁（减凑）；百位档 4 加 2，下珠不够，拨上珠 5 靠梁，同时在下珠中“减凑”，拨 3 离梁；十位档 4 加 1，下珠不够，拨上珠 5 靠梁，同时“减凑”，拨下珠 4 离梁；个位档 3 加 3，下珠不够，拨上珠 5 靠梁，同时“减凑”，下珠中拨 2 离梁。

3）将算盘上的得数 7 656 从高位到低位写下来。

练习：432+243=675　　4 243+2 413=6 656　　3 214+3 441=6 655

（2）破五减法。当被减数大于或等于 5 而小于 9 时，本档 5 已靠梁，在减去小于 5 的数时，下珠不够减，需要拨上珠 5 离梁，同时把多减的数在下珠加上（$A-B$，$5 \leqslant A<9$，$B<5$），即“去五加凑”。

运算规则是“下（珠）减不够，加凑减五”，即先加上（下珠）减数“5 的凑数”，即加凑，再减去五（上珠离梁），如 7–3=7+2–5，如图 2.4 所示。

【例 2.13】 计算 5 586–2 143=3 443。

运算过程如下：

1）将被减数 5 586 从千位档依次拨入算盘。

2）千位档 5 减 2，下珠不够减，拨下珠 3 靠梁，即“加凑”，同时拨上珠 5 离梁；百位档 5 减 1，下珠不够减，“加凑”拨下珠 4 靠梁，同时拨上珠 5 离梁；十位档 8 减 4，下珠不够减，拨下珠 1 靠梁，同时拨上珠 5 离梁；个位档 6 减 3，下珠不够，拨下珠 2 靠梁，同时拨上珠 5 离梁。

3）按照算盘上的个位直接定得数 3 443。

练习：657–314=434　　7 567–3 124=4 443　　5 987–1 443=4 544

小提示 这里加法中的“加五”和减法中的“减五”是一处条件反射，是不会弄错的；但加法中的“减凑”和减法中的“加凑”要考虑凑数是多少，并准确无误地减去或加上这个数，所以，加法中的“减凑”和减法中的“加凑”是运算的重点，是容易弄错的数。

3. 减补进位加法和退位加补减法

（1）减补进位加法。两数之和大于或等于 10，需向前一档进一，同时能在本档上直接减去多加的数（$A+B \geqslant 10$），即“进一减补”。

运算规则是“本档满十，减补进一”，即先减去加数对“10 的补数”，即减补，再向前一档进一，如 8+7=8−3+10，如图 2.5 所示。

【例 2.14】 计算 83.69+47.92=131.61。

运算过程如下：

1）从十位档依次将被加数 83.69 拨入算盘。

2）十位档 8 加 4，两数之和超过 10，本档算珠不够用，所以从本档 8 里拨加数 4 与 10 的差 6 离梁，即“减补”，同时在百位档加 1；个位档 3 加上 7，从 3 里拨加数 7 的补数 3 离梁，同时在十位档加 1；十分位档 6 加 9，从 6 里拨加数 9 的补数 1 离梁，同时在个位档加 1；百分位档 9 加 2，从 9 里拨加数 2 的补数 8 离梁，同时在十分位档加 1。

3）按照算盘上的个位直接抄写得数 131.61。

练习：3 729+8 492=12 221　　9 836+7 295=17 131　　1 864+9 348=11 212

（2）退位（十）加补减法。同档两数相减，被减数小于减数，本档不够减时，需向前档借一，也就是退十，同时本档加上减数的补数（$A-B$，$A < B$），即“退十加补”。

运算规则是“本档不够（减），退十加补”，即先向前一档退一当十，再在本档上加上减数对应的“10 的补数”，即加补，如图 2.6 所示。

【例 2.15】 计算 411.58−23.69=387.89。

运算过程如下：

1）从百位档依次将被减数 411.58 拨入算盘。

2）十位档 1 减 2，不够减，在百位档 4 上拨 1 颗下珠离梁，即退十，本档当 10 减去 2 后还剩 8 直接加在本档 1 上，即“加补”；个位档 1 减 3 不够减，在十位档拨 1 离梁，在本档 1 上直接加 3 的补数 7；十分位档 5 减 6 不够减，在个位档拨 1 离梁，本档直接加 6 的补数 4；百分位档 8 减 9 不够减，在十分位档拨 1 离梁，在本档 8 上直接加 9 的实数。

3）按照算盘上的个位直接写得数 387.89。

练习：31 527−4 639=26 888　　46 351−8 962=37 389　　23 601−4 713=18 888

小提示 这里加法中的“进位”和减法中的“退位”是一处条件反射，是不会弄错的；但加法中的“减补”和减法中的“加补”要考虑补数是多少，并准确无误地减去或加上这个数，所以，加法中的“减补”和减法中的“加补”是运算的重点。

4. 破五进位加法和退位补五减法

（1）破五进位加法。当本档被加数大于或等于 5，加数分别是 6、7、8、9，两数之和大于 10 时，本档下珠不够减去加数的补数，这时需向前一档进十；而本档减去加数对应的“10 的补数”，只能用“破五减法”去减，即拨去上珠 5，加上对应的补数的凑数（$A+B$，$A\geqslant5$，$B>5$）。

运算规则是“本档满十，加凑减五进一”，即先在下珠加上加数的补数的凑数，接着减去上珠 5，再向前一档进一，如 7+6=7+1−5+10、5+9=5+4−5+10，如图 2.7 所示。

【例 2.16】 计算 56.75+97.68=154.43。

运算过程如下：

1）从十位档依次把 56.75 拨入算盘。

2）十位档 5 加 9，本档满 10，下珠不够减加数 9 的补数 1，所以在上珠 5 里减去 1，这就需要在本档加上 1 的凑数 4，同时减去 5，即“加凑减五”，然后向百位档进 1；个位档 6 加 7，本档满 10，下珠不够减加数 7 的补数 3，所以在上珠 5 里减去 3，即本档加 2 减 5，然后向十位档进 1；十分位档 7 加 6，本档满 10，下珠不够减加数 6 的补数 4，所以加 1 减 5，然后向百位档进 1；百分位档 5 加 8，本档满 10，下珠不够减加数 8 的补数 2，所以加 3 减 5 进 1。

3）写下得数 154.43。

练习：8 657+6 897=15 554　　5 867+9 687=15 554　　7 565+6 978=14 543

（2）退位补五减法。本档被减数小于 5，减数分别是 6、7、8、9，不够减，要从前一档上减 1，借到本档作 10 减，多减的数只能用“补五的加”加上，即先加上 5，再减去补数的凑数（$A-B$，$A<5$，$B>5$）。

运算规则是“本档不够（减），退十加五减凑”，即先向前一档退一当十，接着加上珠 5，再在下珠减去减数的补数的凑数。如 14−6=14−10（退十）+5（加五）−1（6 的补数 4 的凑数），如 13−7=13−10+5−2、14−9=14−10+5−4，如图 2.8 所示。

【例 2.17】 计算 13 434−7 689=5 745。

运算过程如下：

1）从万位档依次把被减数 13 434 拨入算盘。

2）千位档 3 减 7 不够减，本档不够，从万位档借 1，千位档加减数 7 的补数 3，由于下珠加不上 3，需拨上珠 5 靠梁，同时在下珠中拨去补数 3 的凑数 2，即“加五减凑”；百位档 4 减 6 不够减，从千位档借 1 本档加 3，下珠不够加，需加上珠 5 同时减去补数 4 的凑数 1；十位档 3 减 8 不够减，从百位档借 1 本档加 2，下珠不够加，需加上珠 5 减去补数 2 的凑数 3；个位档 4 减 9 不够减，从十位档借 1 本档加 1，下珠不够加，需加上珠 5 同时减去补数 1 的凑数 4。

3）写下得数 5 745。

练习：64 234−8 679=55 555　　34 124−9 679=24 445　　43 142−8 576=34 566

> **小提示** 这里加法中的“减五进一”和减法中“退十加五”是这种加法和减法算法的共同之处，一般是不会弄错的；而加法中的“加凑”，加上的是加数补数的凑数，是随加数而变化的，是运算的重点；而减法中的“减凑”，减去的是减数补数的凑数，是随减数而变化的，是运算的重点。

无诀加减法的学习和提高：主要通过透彻理解运算原理，正确掌握运算方法，进行大量的练习，加快拨珠频率，扎实地掌握加减法运算的基本功，来提高计算水平。

衡量珠算水平，要看准和快两个方面。只准不快，是低效计算；只快不准，是无效计算；要求达到既准又快。初学者应把运算准确度放在首位。有了运算的一般基础，再采取准、快并举，接着侧重快，最终还是采取准、快并举。

实训 5

基本加减法练习

实训要求：通过下面各题的练习，熟练掌握珠算基本加减法。

实训内容：

1．无诀加减法练习。

（1）直接加法和直接减法。

5 155	5 016	2 147	20.61	12.05	21.50
4 723	2 863	7 851	69.17	56.84	67.32

9 896	9 788	9 988	89.48	98.57	84.97
–2 745	–7 651	–5 832	–29.36	–82.56	–13.67

（2）凑五（补五）加法和破五减法。

4 434	2 344	4 344	32.44	43.34	14.43
3 241	3 424	2 421	34.12	13.42	42.13

5 565	6 566	7 655	55.75	56.56	66.55
–2 134	–3 124	–4 213	–12.43	–24.13	–43.21

（3）减补进位加法和退位加补减法。

9 887	8 769	9 998	44.39	58.76	93.99
9 385	8 496	4 123	67.89	53.49	19.85

15 041	12 204	45 120	341.21	151.01	214.21
–8 657	–5 965	–7 896	–54.38	–78.69	–45.37

（4）破五进位加法和退位补五减法。

5 765	5 566	7 655	65.57	56.56	75.65
9 678	9 867	6 798	76.97	87.96	69.78

33 444	14 434	14 244	344.34	144.23	434.14
−8 657	−9 876	−8 697	−69.87	−97.87	−78.69

（5）无诀加减法综合练习。

4 935	2 391	27.46	7 267	62.85	23.94
3 648	6 894	94.23	5 951	47.91	67.48

25.87	14.89	30.98	7 638	85.12	4 637
37.64	32.67	94.63	4 566	96.43	3 961

7 518	6 581	2 035	7 159	5 236	8 095
−4 839	−3 791	−1 986	−6 848	−3 897	−6 983

5 731.98	6 971.37	6 052.96	37 464.03	61 528.48
−3 869.31	−5 273.69	−4 879.87	−16 495.72	−34 375.96

2．基本加减法综合练习。

62.81	12.87	267.85	423.49	954.18	27.38
49.03	967.25	59.17	16.38	36.56	815.24
378.52	45.63	648.28	38.46	514.37	237.91
53.67	278.15	29.56	629.05	78.46	53.47

993.65	665.24	794.39	906.38	892.38	978.49
−139.54	−81.62	−162.52	−384.62	−215.59	−321.58
−84.21	−293.08	−35.18	−63.93	−157.04	−95.82
−58.39	−68.15	−356.74	−145.87	−235.72	−430.36

753	498	364	2 649	184	2 305
2 436	6 135	9 127	751	4 921	691
923	2 971	643	7 293	162	8 512
6 785	127	1 805	349	9 805	367
307	609	236	3 285	612	4 391
2 496	5 762	4 197	516	1 075	618

8 043.28	6 890.31	5 021.26	7 320.84	5 409.23	9 028.17
−60.95	−92.64	−438.39	−98.62	−831.48	−459.35
−43.83	−63.18	−69.58	−839.56	−967.25	−268.72
−7.63	−7.27	−927.26	−395.07	−140.34	−97.25
−28.59	−259.46	−314.02	−524.35	−635.56	−584.96
−913.74	−85.81	−23.47	−614.08	−276.89	−652.41

191.47	78.24	4.69	64.08	32.08
764.83	134.52	25.16	−56.34	6.72
−9.72	−6.78	−8.27	39.29	−12.34
21.34	76.39	94.35	4.64	9.65
−8.56	527.67	−7.94	−3.27	32.78
37.29	−36.71	61.35	6.78	−8.23
54.68	1.84	8.15	57.63	43.67
−9.75	156.72	261.54	−4.82	9.78
78.96	−4.58	−9.25	236.54	−56.37

426.93	834.16	16.42	46.29	32.45
−57.64	76.32	79.06	−18.73	3.96
91.35	−52.46	−8.97	53.26	45.79
103.86	60.91	62.78	347.82	−12.34
−61.47	32.83	256.19	−62.94	85.67
826.19	963.18	−73.84	7.68	−27.35
−57.92	−81.49	456.26	591.27	561.27
721.34	−49.82	−51.31	43.06	4.64
−68.53	93.67	82.64	−231.67	−36.52

7.69	61.24	19.45	94.27	45.36
41.03	45.67	52.86	−38.61	53.08
−5.84	−23.64	−43.92	7.84	−9.37
3.96	8.43	174.28	16.39	124.53
92.35	25.96	3.79	−46.52	−71.64
−45.63	−6.07	−8.96	28.14	89.27
3.78	4.39	19.34	97.65	4.86
52.03	82.34	20.15	−26.41	−9.56
−4.39	−17.85	−63.92	35.62	34.09

2.2 简捷加减法

珠算基本加减法只能通过加快拨珠的频率（速度）来提高计算水平。但速度提高到一定程度，就会难以再提高。而简捷加减法，根据不同特点的算题，利用转化运算方式，简化运算过程，减少拨珠次数，可实现准确、快速计算的目的。虽然，简捷加减法只能适用于具有某种特点的算题，带有局限性，但只要我们稍加注意，计算时，有很多算题可以分别采用不同的简捷算法，将之综合应用，就能取得理想的计算结果，因此，必须予以重视，灵活使用。

2.2.1 穿梭运算法

在竖行加减法的运算中，为避免始终从高位到低位运算时，“空手移动”及“视线空移”所造成的浪费时间的缺点，可以采用从高位（左）向低位（右），接着从低位（右）到高位（左），又从高位（左）到低位（右）……如此循环往返的办法进行运算。这种算法称为穿梭运算法，又称来回运算法。

【例 2.18】

算题	运算方向
48 506.07 →	从高位到低位
5 923.84 ←	从低位到高位
471.60 →	从高位到低位
−84.59 ←	从低位到高位
3 067.84 →	从高位到低位
17 265.08 ←	从低位到高位
75 149.84	

> **小提示** 在计算加减混合运算时，从低位到高位运算时，要看清楚左边是否有减号，否则就会发生减法当成加法的错误。

练习：

789 462.35 →
24 581.63 ←
68 294.07 →
19 735.82 ←
31 278.60 →
933 352.47

穿梭运算法适合位数较多的算题，它节省了手在算盘上来回找位的时间，从而提高了计算速度。

阅读提高

从低位到高位运算时，如果后位之和满十，进十应与前位数合加，以减少拨珠次数。如例 2.17 中第一行与第二行相加，末位 7+4=11，进十位前位 8 合加（1+8=9），所以前位应加上 9。

2.2.2 借（倒）减法

在多笔珠算加减法混合运算过程中，有时会遇到被减数小于减数、中途不够减的情况，如果把被减数和减数颠倒过来重新计算，这样既不方便又浪费时间。一般可采用向前位虚借 1 加大被减数，然后用一般减法继续运算。这种算法称为借减法或倒减法。借减法有如下两种情况。

1．有借有还

在加减法混合运算中，减数大于被减数向前虚借 1 后，在后面的运算中，当能归还虚借的 1，也就是当虚借 1 的那一档有余数（≥1）时，要及时还掉先前虚借的 1，归还后，盘上的数就是得数。

【例 2.19】 计算 284.37–612.59+461.03=132.81。

运算过程如下：

1）将被减数 284.37 从百位依次拨入算盘。

2）百位档 2 减去 6，不够减，需从千位虚借 1，把被减数看成 1 284.37，继续按一般减法运算方法减去 612.59，得 671.78。

3）用得数 671.78 加上 461.03，百位相加后向前进一位，这时及时归还千位上虚借的 1，即进位一要从千位档拨去，然后再继续按一般加法方法运算，得数为 132.81。

练习：68 425–87 396+27 905–1 623=7 311　　　4 758–6 205+2 849+583=1 985

2．有借无还

在加减法和加减法混合运算中，减数大于被减数向前虚借 1 后，如果在后面计算完之后，仍不够归还虚借的 1 时，也就是没能在虚借 1 的那一档有加数，这种情况称为有借无还。这时，运算结束后，算盘上靠梁的数的补数（外盘靠边框的珠数）取负数，才是所求的答案。

【例 2.20】 计算 432.95–591.67–28.53=–187.25。

运算过程如下：

1）将被减数 432.95 从百位依次拨入算盘。

2）减去 591.67，不够减，需从千位虚借 1，把被减数看成 1 432.95，继续按一般减法运算方法减去 591.67，得 841.28。

3）再减去 28.53，得到 812.75。

4）因从千位虚借的 1 一直未归还，算盘上的数不是真实答案，而是它的补数，且是负值，即真正的答案为–187.25。

小提示 求补数的规则是“前位凑九，末位凑十”。

规则的含义是：运算结束后盘面得数的个位档，是求其补数，得数前面的档位求与其相加为 9 的数，即各档位靠在边框上的算珠数。例如，306 927 的补数是 693 073。如果在运算结束后盘面数为 2 906，而还未能归还虚借的 1，则答案是–7 094。

进行借减法运算时，一定要记住虚借 1 的档位，算到够还时，立即还借 1，以免忘记归还。

练习：5 964–8 327+2 194–4 692=–4 861　　3 862–7 318+2 639=–817

阅读提高

在加减混合运算过程中，当第一次虚借 1 没有归还，又遇上不够减时，就要再虚借 1；第二次虚借 1 时不能从原先虚借 1 的同档上再借，而必须在第一虚借 1 的前一档上虚借 1；前次借数小，后次借数大，借大数的同时需要及时归还前次所虚借的 1，保证只虚借 1，即“借大还小”。

例如，3 567–8 192–27 405+615 284=583 254。

运算过程如下：

1）将被减数 3 567 千位档拨入算盘，减去 8 192，不够减，从万位上虚借 1，把被告减数看成 13 567。

2）减去 8 192，得 5 375。

3）减去 27 405，又出现不够减的情况，只能从十万位上再虚借 1，同时归还万位上虚借的 1，即借大还小，盘面得 95 375。

4）减去 27 405，得 67 970。

5）加上 615 284，及时归还十万位上虚借的 1，得 583 254。

进行借减法运算时，一定要记住虚借 1 的档位。其运算要点是：在减算不够减的前档虚借 1，随借随还，借大还小，还清得正，未还得负。

2.2.3 补数加减法

在加减法运算中，当加数或减数接近某整数，运用补数原理进行简化运算，可以先直接将这个整数加上或减去，然后再减去或加上该数的补数，以减少其运算位数。加法运算方法是“加整减补”，减法运算方法是“减整加补”。

【例 2.21】 计算 274+699=274+（700–1）=974–1=973。

运算过程如下：

1）先确定个位档，将 274 从百位档拨入算盘。

2）加数 699 接近 700，加上整数 700。

3）减去加数对 700 的补数 1，得 973。

练习：4 482+2 998=4 482+（3 000–2）=7 482–2=7 480　　3 651–1 986=3 651–（2 000–14）=1 651+14=1 665

2.2.4　分节运算法

分节运算法是对加减题进行分节运算。当数字的位数较长，为了便于看数、记数，防止错位，简化运算，可将数字按三位为一节分节运算。

具体算法：先把多位数按分节点和小数点为界分成若干节，然后从左至右，各节由上而下运算，并将各节的和数叠加在盘上，直到各节打完，即得出总数。

【例 2.22】	
24 507 631.89	本例分四步运算：
8 906.54	第一步：24+90+6+83=203
90 658 231.74	第二步：507+8+658+312+79+240+51+5=1 860
312 605.98	第三步：631+906+231+605+326+715+927+149=4 490
79 326.45	第四步：89+54+74+98+45+83+46+23=512
6 240 715.83	
83 051 927.46	
5 149.23	
204 864 495.12	

> **小提示**　分节运算在计算加减混合题的第二步、第三步……时，容易忽略减号，应特别引起注意，避免将减数拨打成加数，造成运算错误。

2.2.5　一目多行运算法

在进行加减运算时，为了减少拨珠动作，提高运算速度，可采用一目多行运算法。一目多行运算法是珠算与心算相结合，将多行同位上的数字求和（或差）一次拨珠上盘的方法。常见的有“一目二行”、“一目三行”、“一目五行”。常用的方法有直加法、加减抵消法等。

1. 一目多行直加法

直加法是逐位心算出多行同位上的数字之和，同时将此和拨入盘中对应档上的方法。在运算时一目几行，要根据心算能力而定。一般由易到难，从二行练起，逐步增加行数，在熟练掌握一目三行的基础上，再向一目五行发展。

（1）一目二行直加法。将两行数从高位到低位（或从低位到高位）逐位竖看，心算出同位数位上两个数字之和，并将和数拨入算盘相应的档位上，这种求和方法称为一目二行直加法。

【例 2.23】 49 367

+ 73 658

11 ----------------------从十万位档起拨入盘

12 ---------------------从万位档起拨入盘

09 -------------------从千位档起拨入盘

11 ------------------从百位档起拨入盘

15 ----------------从十位档起拨入盘

123 025 ----------------盘上得数

练习：

7 281	35 874
8 693	2 583
15 974	38 457

小提示　运算技巧

在进行多行运算时，将算盘放在二行数字的下面，计算完二行数字后，左手将算盘下移二行继续计算，直到把题算完，眼睛始终看算盘上面的二行。书写得数时，可将算盘轻轻移到计算资料的上面或左边，抄写得数。为了防止重行、漏行，左手移盘很关键，眼睛一定看准，每次只移动二行。

（2）一目三行直加法。将三行数从高位到低位（或从低位到高位）逐位竖看，心算出同数位上三个数字之和，并将和数拨入算盘对应的档位上，这种求和方法称为一目三行直加法。

【例 2.24】 3 572

4 956

+ 8 394

15 ---------------------从万位档起拨入盘

17 --------------------从千位档起拨入盘

21 ------------------从百位档起拨入盘

12 ----------------从十位档起拨入盘

16 922 -----------------盘上得数

练习：

4 659	5 169
81 372	4 963
7 935	62 078
93 966	72 210

（3）三数之和的心算技巧。要熟练掌握一目三行直加法，关键是要提高三数之和的心算速度。三数之和要算得既快又准，必须加强心算训练，同时掌握一定的计算技巧。

1）相同数。当三个加数相同时，可以利用乘法是加法的简捷算法的原理，将加法变成乘法，这样能迅速求得和数。例如，8+8+8=3×8=24，6+6+6=6×3=18。

2）等差数。三个数从小到大依次相差一个相同的数，可用中间的数字乘以 3 求得和数。例如，5+6+7=3×6=18，5+7+9=3×7=21。实际计算中，三个等差数的排列可能颠倒，要迅速判断是等差数。例如，7+9+8=3×8=24 等。

3）凑十数。三个数相加，先看其中有没有能够凑成 10 的数，如果有，就先将这两个数凑成 10，然后加上另一个数。例如，4+9+6=10+9=19，7+8+2=7+10=17 等。

4）凑倍数。三个数相加，其中两个数之和等于另一个数，可以用另一个数乘以 2 求得和数。例如，8+3+5=8×2=16，4+9+5=2×9=18 等。

5）近似相同数。三个数中有两个数相同，只是其中一个数差 1 或 2，计算时用相同的两个数中的一个乘以 3，然后加减 1 或 2。例如，8+8+7=3×8–1=23，9+7+7=3×7+2=23 等。

6）某数二倍加另一个数。三个数中有两个数相同，计算时用相同的数乘以 2 再加另一个数。例如，3+8+8=2×8+3=19，9+9+5=2×9+5=23 等。

除上述之外，还有一些不规则的组合，但任何不规则的数，都可以用心算将其中一个数分解为上述规则数字的组合进行运算。要熟练掌握一目三行直加法，空余时间必须加强三个数组合的心算练习，方可熟能生巧。

阅读提高

一目三行弃九法

为了减少加法运算的拨珠次数，可以采用提前进位来进行运算，这样能使重复拨珠动作大大减少，从而提高运算速度。一目三行弃九法就是一种较理想的提前进位方法。

运算规则：首位加一，中位弃九，末位弃十，够弃加余，欠弃减差。

“首位加一”：从高位起第一个满九档的前一档，该档三个数字之和加一。

“中位弃九”：从首位至末位的中间各档，各档三个数字之和减去九。

“末位弃十”：最末位三个数字之和减去十。

“超弃加余”：中位弃掉九和末位弃掉十后，余多少加多少。

“欠弃减差”：三个数字和不满九和十时，差多少本档减多少。本档不够减前档借一减。

2. 一目多行加减抵消法

（1）一目二行加减抵消法。在运算时，逐位将同数位上的二行加减数字心算抵消求得得数，其得数为正则加，得数为负则减。

【例 2.25】 58 261

−7 619

−9 483

83 724

124 883

运算过程如下：

58 261

−7 619

5-----------拨入万位档

1---------8−7=1 拨入千位档

−4-------2−6=−4 拨入百位档

5------6−1=5 拨入十位档

−8----1−9=−8 拨入个位档

50 642----盘上得数

−9 483

83 724

8---------拨入万位档（得 130 642）

−6--------3−9=−6 拨入千位档（得 124 642）

3------7−4=3 拨入百位档（得 124 942）

−6----2−8=−6 拨入十位档（得 124 882）

1---4−3=1 拨入个位档

124 883---盘上得数

（2）一目三行加减抵消法。一目三行加减混合算题，可采用正负数抵消的方法，即每三行数字加减心算抵消后，将其结果拨在算盘相应的档位上，余数为正则加，余数为负则减。

【例 2.26】 68 372

−7 901

2 538

6--------------拨入万位档

3------------8−7+2=3 拨入千位档

−1-----------3−9+5=−1 从百位档减去

10--------7+3=10 从百位档拨入

9-------2−1+8=9 拨入个位档

63 009------盘上得数

练习：

52 391

−6 874

7 152

52 669

3 694

91 582

−7 328

87 948

实训 6

简捷加减法练习

实训要求：在基本加减法基础上，练习使用简捷加减法，加快加减法运算速度。

实训内容：

1．穿梭运算法练习。

68 514	415.68	5 982 641	13 567.84
523 870	32.90	−130 758	410 289.56
9 246	8 579.16	60 492	−739.20
83 507	253.81	13 986 745	48.15
162 940	2.46	2 073	−2 397.06
819 564	38 756.94	−185 946	54 862.84
20 738	3 875.20	32 870	78.53
6 415	92.46	7 294 156	−694.21
2 085 973	738.05	−3 274	8 541.96

2．借（倒）减法练习。

5 862	3 802	7 534	6 214	3 785
−2 357	−6 218	−6 473	2 043	−5 249
−3 869	4 735	−2 657	−7 365	6 948
1 434	−2 486	3 241	−2 548	−4 275

3．补数加减法练习。

486+195=　　478+498=　　2 715+992=　　7 426−398=

3 061−593=　　5 273−994=　　3 748−2 997+796=

4 685−4 998+996=　　6 583−3 994−298=

5 643+1 990+998=　　6 371−3 008+993=

4．分节运算法练习。

698 547	1 671 643	4 086 152
4 370 128	52 340 678	328 793
63 752	39 187	−2 720 684
5 702 491	6 843 920	1 064 295
930 845	924 807	−342 971
147 236	70 168 437	−57 698

5．一目多行运算法练习。

6 358	368.48	81 623	56 801
3 847	957.12	−53 076	−31 694

8 629	47 851	63 108	921.03
543	−9 574	9 724	−683.47
7 361	−3 062	7 516	32.62

6．使用适当的方法计算下列各题。

798	526	981	768	546	435
236	681	237	5 614	382	–253
5 149	–364	–649	–983	9 561	6 059
–607	–418	4 976	275	–475	806
896	4 296	–802	–586	264	–364
2 054	357	678	458	398	1 283
–746	–528	–1 896	8 621	–163	–952
–652	7 209	514	385	4 572	513
937	617	472	–653	–564	628

657	963	196	879	704	963
–328	672	2 358	–462	385	507
8 529	3 524	–547	194	6 130	–836
195	–718	852	3 671	–957	2 709
–682	653	–934	–728	698	–354
–756	–907	4 895	439	4 632	902
5 609	7 518	–561	–684	–749	481
–524	–307	–189	2 463	687	9 037
726	916	863	152	–936	–541

4 834	485	5 958	3 654	3 191	763
271	5 296	709	237	764	–351
2 549	324	236	9 845	4 235	6 834
628	7 918	7 615	708	–1 983	2 768
137	2 675	578	–5 932	417	424
1 725	316	3 126	634	862	861
693	493	465	–361	7 319	–1 329
502	208	814	487	–364	258
927	2 305	5 769	924	583	5 628
4 861	472	317	–2 861	–3 267	–147
1 209	6 915	3 876	–1 748	483	–3 953
627	354	1 237	315	6 475	812
9 795	5 361	762	5 906	–162	9 627
412	592	285	–147	915	–735
4 568	2 457	3 562	–538	3 648	–3 604

578	3 264	659	8 936	295	4 356
806	507	7 012	248	6 179	365
6 321	456	548	673	5 803	9 827
365	7 021	607	7 104	471	623
718	845	9 041	456	769	523
2 153	178	395	582	217	–3 247
689	4 213	426	9 051	3 376	683
7 502	629	813	234	5 643	475
234	582	6 258	307	762	–365
327	8 104	169	5 016	285	915
8 015	793	502	198	628	–8 567
983	438	8 674	275	539	435
394	6 015	713	1 026	3 954	7 218
602	276	4 038	954	821	604
1 238	903	257	472	8 519	–2 139

2.3 加减法差错查找及纠正方法

初学者应把计算的准确率放在首位。对每题答数，有必要进行验算。如果发现差错，应及时查找原因，有针对性地加强防错练习，以提高计算的准确度。

2.3.1 加减法差错查找方法

1．复核法

按照原题的运算方法和运算顺序再重新计算一次，如果两次运算结果相同，或三次计算有两次结果相同，则视相同的答数为正确的。

2．逆算法

（1）可按照与原题相反的顺序，如原来是从上往下运算，那么从下往上再计算一次。

（2）可根据加减法互为逆运算的原理，在上次计算结果的基础上变号再计算一次。加法采用“和数–加数=被加数”，减法采用“差+减数=被减数”分别进行验算。

3．截位验算

某位答数或某几位答数对不上，只需运算这些位数的数字即可。例如，第一次答数是 72 486.07，第二次答数是 72 686.07，只需验算百位、十位、个位上的数。又如，第一次答数和第二次答数只有末一位（或末二位）数不同，那就可以只验算末一位（或末二位）上的数。

2.3.2 差错产生的原因

1. 用力不当

因拨珠用力过大或用力不足，算珠反弹或未能到位，难以辨别算珠是否靠梁或离梁，而发生差错。所以必须做到正确掌握拨珠指法，用力适中。

2. 带珠

因指法基本功不扎实，或注意力欠集中，或小指和无名指未握向掌心，而发生差错。所以必须正确掌握拨珠指法，养成握笔运算的习惯。这类差错采用“哪错查哪”的部分检查方法，不必全部重新计算。

3. 错位

运算时会出现数字拨错档，或因看错数位而拨错的情况，如把百位数误为千位数或把千位数误为百位数而形成差错。这种差错的计算结果和验算结果的差必定能被 9 除尽，所得商一定是算题中的某数或某数的 10 倍或十分之一。说明在计算时将该数拨错位了。例如，把 2 685 拨成 26 850，使得数多了 24 165，而 24 165÷9=2 685，这说明在计算时把 2 685 误拨为 26 850 了。

为了避免这种情况出现，看数和记数时，每次停顿的位数应在分节点或小数点上；并利用算盘上的记位点，将数位对齐。

4. 颠倒数位

因将相邻的两个数字看颠倒（或拨颠倒）而发生差错。例如，将 468 看成或拨成 648，计算结果和验算结果之差肯定能被 9 整除。当差数除 9，商是一位数时，说明个位与十位数颠倒；商是二位数时，说明是十位与百位数颠倒；商是三位数时，说明百位与十位数颠倒；依次类推。例如，468 误拨成 648，648–468=180，180÷9=20，可见是十位与百位数颠倒了，且两数差为 2（6–4）。

【例 2.27】 计算 624+971+852=2 448。

假设本题目第一次算的结果是 2 448，第二次算的结果是 2 394，两得数差是 54，而且 54÷9=6，说明可能是将某数个位与十位颠倒了，且两数差 6，经查加数 971 的末两位数相差 6，说明在计算过程中将 971 误拨成 917，因此第一次得数 2 448 是正确的。

所以要求在看数和拨珠时要细心。

5. 正负号看错

在多笔加减法混合运算中，会因把加减符号看错，加号看成减号，减号看成加号而发生差错。这样就形成了两倍于该数的差错，则两个得数的差必然能被 2 除尽。例如，5 761+3 085–2 473–928，得数应该是 5 445，假如把–928 打成+928，得数就成了 7 301。它们的差数是 7 301–5 445=1 856，刚好是 928 的两倍。这说明该减去的反而加上了。

所以看数时，必须注意辨别加减符号。

6. 漏算或重复

在多笔运算中，会因看数或拨珠疏忽，漏算或重复了某一笔数字而发生差错。这种差错的计算结果和验算结果的差正好是算题中的某笔数字。例如，743+681–369+214，得数应该是 1 269，假如漏掉了数字 214，得数就是 1 055，它们的差数是 1 269–1 055=214，刚好是算题中的一笔数字。分析后说明是漏算了 214。

所以为了避免漏算或重复计算某笔数字，要求在计算时，用左手食指指着所计算数字下边，算到哪里手便指到哪里。

7. 抄写错误

有时也会因为抄写答数时，看错盘面的算珠而发生差错。例如，将“7”看成“2”，“5”看成“1”，“9”看成“4”等。所以看盘抄数时，一定要把视力主要集中在盘面上，看清盘面数。

除了上述原因引起的差错外，也要注意因运算原理模糊、运算方法不正确所造成的运算上的差错。因此，要弄清运算原理，正确掌握运算方法，从而减少差错的出现。

2.4 账表算与传票算

在经济业务中，企业部门的会计核算、统计报表、财务分析、计划检查等业务活动，其报表资料的数字来源都是通过会计凭证的计算汇总而获得的。这些会计凭证的汇总即传票运算，其运算速度及结果准确与否，将直接影响各个项目业务活动数据的可靠性和及时性；而报表、汇总表均属于表格计算，通过这些报表汇总运算，取得有效数字，从而为有关部门制定政策提供数字依据。可见，账表算和传票算是财会工作者日常工作中一项很重要的基本功。

另外，随着计算机的广泛使用，传票算的小键盘形式也日益成为各工商企业（收银员）、金融企业（储蓄员）处理日常业务的基本方式，小键盘数字录入的快速与准确，也成为评判从业者业务素质高低的标准之一。

2.4.1 账表算

账表算，又称表格算或表册算，是日常经济工作中最常见的加减运算形式，如会计报表的合计、分组算、汇总运算和计算账簿余额等。账表算有纵向运算和横向运算两种方式。

1. 账表算的形式

账表算的一张表格由 5 列 20 行组成，为纯加和加减混合。每张表纵向 5 个算题，每题 20 笔数，这 20 个数码，由 4～8 位数各 4 行组成；横向 20 个算题，每题 30 个数码，由 4～8 位数各一行组成。每笔数字均为整数，不带小数。每道题均衡排列，纵向题的四、五题各有两笔减数，分别排列在横向 4 个题中。账表算的形式如表 2.3 所示。

表 2.3 账表算的形式

序号	（一）	（二）	（三）	（四）	（五）	合计
1	9 450 286	519 763	10 593 842	29 831	2 579	
2	6 702	96 783 251	64 751	4 657 109	598 703	
3	74 318	7 492	872 964	87 901 462	320 874	
4	584 269	10 385	2 154 039	2 378	69 083 712	
5	4 792 310	358 647	31 496 805	10 837	2 047	
6	37 189 465	6 072 958	5 061	753 419	56 829	
7	15 392	8 102	103 247	12 409 563	–4 805 316	
8	2 583	25 710 496	76 508	–9 785 431	289 503	
9	64 718 329	4 932 678	3 692	837 654	76 380	
10	876 905	13 926	9 326 807	1 308	10 258 796	
11	97 342	8 304	489 710	27 153 096	8 135 642	
12	5 691	43 056 823	65 408	9 546 281	407 369	
13	1 609 384	210 469	78 196 532	13 862	5 184	
14	530 217	34 701	5 672 384	2 756	93 740 615	
15	83 705	7 195	103 725	–64 253 910	–6 491 238	
16	80 761 432	5 843 027	6 139	740 698	13 587	
17	8 014	64 578 391	40 713	2 456 079	809 641	
18	7 809 546	146 082	38 961 457	20 854	7 216	
19	41 736 205	7 803 915	4 928	–384 506	92 574	
20	620 459	40 526	9 805 276	9 072	24 516 903	
合计						

2．账表算的运算方式

（1）纵向运算方式。账表中的纵向题与珠算等级练习题相同，可采用一目多行的简捷算法，把账表放在算盘下面，左手指数，并随着计算把题单向上推，使其计算的行数尽量与盘面的距离接近，以便看数、拨珠、抄写答数能快速进行。

（2）横向运算方式。账表算中的横向算题因平时练习较少，较好的打法是穿梭运算法，即第一题→（从高位往低位打）、第二题←（从低位往高位打）、第三题→、第四题←、第五题→。左手小拇指指第一组数，无名指指第二组数，中指指第三组数，第四组、第五组数不用手指，直接眼看入盘。

3．账表算的计分方法

每张账表纵向 5 个题目，每个题目 14 分，计 70 分；横各 20 个题目，每题目 4 分，计

80 分，纵横都计算准确计 150 分，纵横轧平再加 50 分，则算平一张表共计 200 分。要求前表不计算完，后表不计分，即使计算正确也不得分。

小提示 横向或纵向任错一题，即使轧平数是正确的，仍然不得分。

2.4.2 传票算

传票算，也称凭证汇总算，是对各种单据、发票和记账凭证进行汇总计算的一种方法，也是加减运算中的一种常用方式。它的计算为会计核算、统计报表等提供了必不可少的数字来源，是经济核算中常用的运算方法，并被列入全国珠算比赛正式项目。

传票按是否装订，可分为订本式传票和活页式传票两种。这里介绍订本式传票。订本式传票算题如图 2.9 所示。

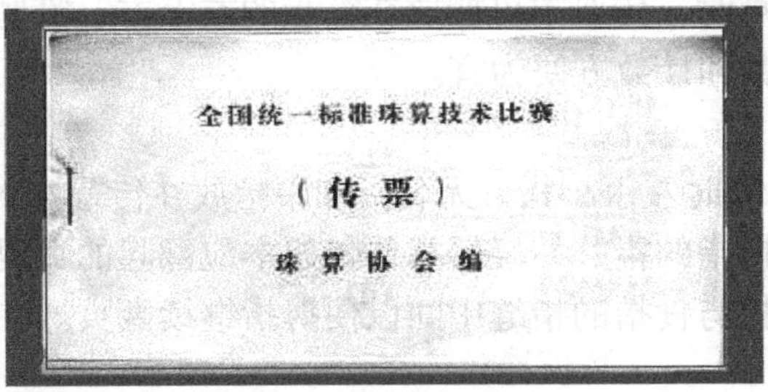

图 2.9 订本式传票算题

1. 传票算的样式

日常练习中，传票本是练习传票算的依据。订本式传票本一般每本为 100 页，每页的右上角印有阿拉伯数字表示页码，每页传票上有五笔（行）数字，每行数字前自上而下依次印有（一）、（二）、（三）、（四）、（五）的标志，"（一）" 表示第一行数，"（二）" 表示第二行数，以此类推。每行最高位数有七位数字，最低位数有四位数字。传票练习题型如图 2.10 所示。

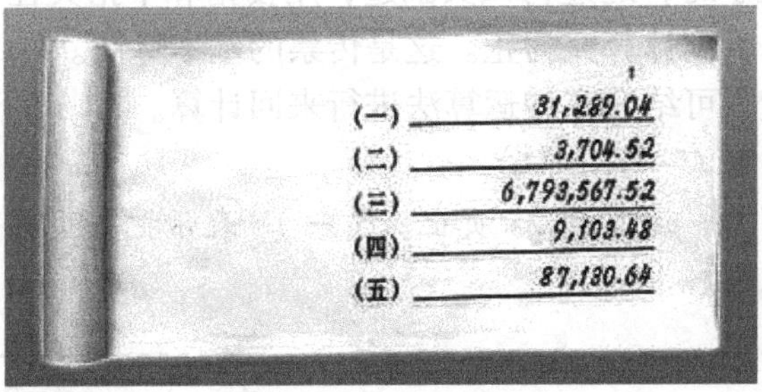

图 2.10 传票算题型

根据传票算的运算特点，计算时除用算盘或小键盘外，另需一张传票算试题答案纸，传票算每 20 页为一题。

2．传票算的具体运算步骤与方法

（1）准备。传票运算时左手要翻页（打一页翻一页）。为了提高运算速度，加快翻页的动作，在进行传票算之前，要对传票进行检查，看有无少页、重页、数字不清晰等问题。为了便于翻页，还需要将传票本捻成扇面形状，使各张传票都松散开，用夹子使扇面固定住。

将传票捻成扇面的方法是：左手握住传票的左下角，拇指放在传票封面的上部，其余四指放在传票本背面；右手握住传票的右上角，拇指放在传票封面的上部，其余四指放在传票背面，左右手向里捻动，形成扇形后，用票夹将传票本左上角夹住，以固定扇面。扇面形状的大小依需要而定。

使用算盘计算传票算时，传票本可摆放在算盘的左上方，答题纸放在算盘的右下方，传票本摆放的位置以看数和计数方便为宜。

（2）翻页。

1）翻页的方法。计算时左手小指、无名指和中指放在传票本封面左下方，食指、拇指放在每题的起始页，用拇指的指肚处轻轻靠住传票本应翻起的页码，翻上来后食指配合拇指把翻过的页码夹在中指与食指的指缝中间以便拇指继续翻页。在左手翻页的同时，右手迅速将数字拨入盘中。

2）找页的方法。找页是传票算的基本功之一。由于传票试题在拟题时并不按自然顺序，而是相互交叉，这就需要在运算过程中前后找页（顺找页、倒找页）。

3）记页的方法。传票算除翻页外还需要记页，传票计算每题由 20 页组成，为避免在计算中发生超页或打不够页的现象，必须在计算过程中默记打了多少，记到第 20 次时核对该题的起止页，立即书写答数。

（3）打法。

1）一次一页的翻打法。一次一页的翻打法是左手翻起一页，右手迅速将数字拨加在算盘上，在拨最后两个数字时，迅速将该页翻过，用食指和中指夹住一页，拇指继续翻起下一页，右手继续拨加，直到计算完为止。这是传票的基本算法。

为了提高运算速度，可结合穿梭运算法进行来回计算。

【例 2.28】 6～25 页（一）。

本题要求从第 6 页起，运算到 25 页止。“(一)”表示把每页第一行数字累加起来，然后将结果填写在合计栏中。

- - - - →		← - - - -	
（一）	4 657.91	（一）	28.03
（二）	76.85	（二）	4 012.36

（三）	348.56	（三）	73 490.12
（四）	51 269.48	（四）	103.27
（五）	8 021.69	（五）	34.75
	第 6 页		第 7 页
	------→		←------
（一）	895.03	（一）	4 261.09
（二）	61 534.28	（二）	5 809.24
（三）	76.42	（三）	24.46
（四）	9 317.85	（四）	874.61
（五）	53 023.14	（五）	93 402.87
	第 8 页		第 9 页
	------→		←------
（一）	28 510.79	（一）	83 017.95
（二）	71.98	（二）	286.71
（三）	947.56	（三）	1 905.83
（四）	24.19	（四）	32.69
（五）	6 591.02	（五）	5 861.02
	第 10 页		第 11 页
	……		……

在计算时，将第 6 页第一行数字 4 657.91 由高到低位拨入盘中，当拨到末位数字 1 时，可将 1 与下页数字 28.03 的末位数字 3 心算出和，将和数 4 一次入盘，然后继续将该剩余数字从低到高依次拨入盘中，按此方法将本题算完。

2）一次两页的翻打法。一次两页的翻打法是当左手拇指翻打一页后，迅速用食指和中指夹住，拇指又快速翻起一页，使两页之间有一定的空隙，以能同时看到两页同行的数字为宜，然后心算两页同行数字之和，将其和数一次拨入盘中。当拨最后一个数字时，拇指快速将这两页翻过，用无名指和中指夹住，再以同样的方法继续翻打下两页直到计算完为止。一次两页的翻打法也可采用穿梭式来回打的方法。

在熟练掌握一次两页的翻打法的基础上还可采用一次多页的翻打法。一次多页的翻打法就是一次翻起三页、四页……用心算法算出三行、四行……数字的和，一次拨加入盘的方法。

使用一次多页的翻打法必须有扎实的基本功，有较强的心算能力，能迅速反应出多行数字的和数，做到既快又准。同时，找页、翻页、拨珠和书写得数等动作要协调连贯、快速紧凑。在练习时要由易到难，由简到繁，做到眼、脑、手紧密配合，不停顿地运算，才能提高传票的运算速度。

实训 7

加减法综合练习

实训要求：综合运用各种方法，练习珠算加减法，提高运算的正确率和运算速度。

实训内容：

1．综合练习一，普通六级，限时 10 分钟，对 8 题六级合格。

（1）	（2）	（3）	（4）	（5）
4 268	59	2 109	78	329
23	3 407	87	1 024	–675
691	82	354	–83	16
5 279	935	6 279	456	3 204
43	7 019	67	8 719	739
87	683	1 504	–43	–54
1 039	91	28	326	–36
65	2 507	76	–1 407	69
874	831	405	39	5 381
435	42	764	–76	26
26	693	8 543	402	–3 403
2 801	52	19	7 385	–85
94	3 029	48	–92	9 201
673	67	632	478	438

（6）	（7）	（8）	（9）	（10）
24	1 762	428	8 379	94
2 567	89	5 036	–25	231
431	43	79	698	6 765
48	2 067	824	–345	2 406
7 906	583	39	4 213	–82
53	26	3 192	84	936
672	634	23	376	–78
81	6 501	816	–28	–364
9 257	73	28	394	67
304	825	361	–1 908	–5 094
68	69	45	–35	85
1 547	42	4 792	73	–316

36	7 018	63	64	7 204
842	467	9 108	5 039	56

2．综合练习二，普通五级，限时 10 分钟，对 8 题五级合格。

(1)	(2)	(3)	(4)	(5)
4 253	927	796	1 826	697
789	408	254	−937	859
376	5 216	137	624	−206
451	378	4 364	−748	3 571
3 267	659	789	927	−894
923	1 842	1 325	4 083	−375
2 084	579	468	2 367	286
365	654	7 036	−364	−8 693
634	397	685	967	4 302
5 802	4 031	932	479	547
496	392	2 807	−3 108	−815
2 091	1 236	3 415	4 236	5 936
824	7 951	679	784	372
673	468	823	−167	193
329	194	542	725	4 927

(6)	(7)	(8)	(9)	(10)
641	1 754	193	273	396
7 308	978	9 037	4 206	753
567	469	892	−964	9 872
291	395	693	783	−184
456	782	4 291	1 604	976
4 039	6 503	685	596	−457
652	297	934	−3 042	861
1 309	4 369	7 305	863	972
781	178	671	−795	−4 081
3 912	294	236	821	5 928
473	3 093	1 893	4 236	−749
561	618	716	−563	−3 237
2 326	7 826	534	754	7 324

712	134	7 631	−3 908	268
946	728	592	276	543

3．综合练习三，普通四级，限时 10 分钟，对 8 题四级合格，对 7 题五级合格，对 6 题六级合格。

（1）	（2）	（3）	（4）	（5）
29 608	3 196	412	325	4 862
542	26 854	5 709	107	−139
6 341	389 041	935	78 654	50 847
879	236	17 024	−9 517	296 301
204 236	789	316	230 684	−4 758
1 978	61 403	274 751	179	256
38 405	3 859	608	−3 580	−397
649	362	3 594	−41 902	6 803
2 498	430 795	721	5 673	57 369
953 124	6 907	806	735	512
367	124	54 952	8 426	3 864
5 203	3 859	763 284	481 954	395 071
941	906	4 513	683	486
1 728	2 541	2 081	−329	−9 213
536	839	9 562	−5 376	785

（6）	（7）	（8）	（9）	（10）
352	1 932	632	492	9 248
297	706	8 104	2 709	759
5 781	64 851	167 359	46 534	761 042
460 958	35 912	842	−3 801	−513
31 632	9 340	954	765	298
7 269	256	4 205	209 634	3 704
6 025	783	35 619	−64 891	8 429
438	4 391	176	279	−53 816
58 109	978 235	4 823	356	−307
4 261	3 564	30 651	−941	9 264
984	913	492	520 487	205 637
517	728	1 769	−4 619	−76 392

6 324	305 917	975 302	8 702	871
363 790	685	498	−3 956	649
357	4 903	7 024	481	−3 508

4．综合练习四，普通一级，限时 10 分钟，对 9 题一级合格，对 8 题二级合格，对 6 题三级合格。

(1)	(2)	(3)	(4)	(5)
3 894	761 265	295 678	4 732 813	61 179 803
795 635	1 354 902	14 532	−901 658	8 615
28 362 493	6 376	7 049	32 964	−491 278
3 956 802	95 421	37 493 615	53 613 709	−63 684
75 314	69 782 145	9 682 107	6 485	4 592 376
2 580	263 730	17 234 850	−873 521	−603 481
216 437	34 591	6 128	27 960	7 965
78 530 249	6 823	3 716 815	1 258	31 468
62 583	5 170 439	296 863	6 703 469	70 169 786
17 940	47 628	14 385 246	31 268 048	−3 792 453
1 869 035	37 082 751	50 378	−536 217	36 104
25 781 643	7 409	2 461	−4 617 982	18 253 970
3 615 497	306 287	739 085	27 193 264	2 742
851 920	4 034 195	6 821 720	−28 536	−651 384
7 346	63 197 782	73 351	6 409	3 584 923

(6)	(7)	(8)	(9)	(10)
83.47	4 718.56	695.24	327 896.50	68 275.31
940.21	37.02	87.31	12 067.43	−423.07
7 535.68	781 965.37	56 142.79	−154.89	91.68
406 182.53	19 384.60	3 819.03	36.07	497 605.23
31 924.67	273.29	2 605.71	−5 218.46	−6 314.85
8 671.39	7 815.43	152 673.49	538 627.91	8 623.91
43.61	37.06	47.65	14.30	627 059.37
380 167.27	582 276.91	630.79	762.89	468.10
846.59	3 905.63	854 123.36	−57 401.63	73.26
13.28	75 084.32	5 634.78	410 298.35	−57 016.49
68 357.69	618.29	40 293.17	−8 693.74	−3 261.98

1 524.93	27.03	745.05	340.61	705.24
297 136.74	942 716.85	379 416.27	19 527.82	456 910.83
405.67	934.51	31 081.97	−6 830.75	−83 694.12
39 240.15	78 324.37	28.39	95.14	57.04

第 3 章　珠算乘法

本章知识技能要点与要求

※ 要熟练掌握乘法“大九九”口诀、积的定位方法和位数的表示方式；

※ 掌握空盘前乘法的运算方法和操作技巧；

※ 了解破头乘法和简捷乘法，并能够结合实际情况加以运用，结合实训，学练结合。

引导案例　算盘帮助计算原子弹爆炸的数据

1964 年 10 月 16 日，我国第一颗原子弹爆炸成功。但你知道原子弹的许多数据是算盘高手演算出来的吗？影片《横空出世》中便有这样一个场面：在一所大学的食堂大厅内，数百名算盘高手在演算原子弹的数据。有人要问：国家既然下这么大的决心要研制原子弹，为什么不能用计算机来帮助计算呢？当时我们国家只有一台计算机，全国有很多重要部门都要用。1959 年，中苏关系破裂后，苏联专家带走了所有的图纸，给我们的很多援助都中断了，从而使整个原子弹的研究计划一下就搁浅了。这件事恰恰激发了我国科学家的崇高爱国精神和顽强意志，也证明了珠算这一优秀传统文化在高科研领域中仍占有重要的地位。为了成万上亿个数据，科学家经常用算盘算到深夜，他们用算盘解决了许多数学难题，从而创造了世界上伟大的奇迹。

电影《横空出世》是艺术片，不是纪录片，是允许夸张的。虽然实际中并没有像电影中所展示的那样大范围地使用算盘进行计算，但在实际的原子弹研发计算工作中，的确使用过算盘对某些数据进行计算。

3.1　乘法基本知识

3.1.1　乘法简介

乘法是求一个数的若干倍的计算方法，也是同一个数连加若干次的简便算法。其中，相同加数叫做被乘数，个数叫做乘数，和数叫做乘积（简称积），即：被乘数×乘数=乘积。被乘数和乘数可以互换位置。

我国珠算乘法的运算方法很多，而且在珠算史上都占有一定的位置。按照不同的标准，有以下几种分类方法：

（1）按乘算顺序的不同可分为前乘法和后乘法。

（2）按算盘上是否置数可分为置数乘法和空盘乘法。

（3）按置积位置的不同可分为隔位乘法和不隔位乘法。

（4）按适用范围的不同可分为基本乘法和简捷乘法。

目前应用比较普遍的有空盘前乘法、破头后乘法、留头乘法等。其中，空盘前乘法具有简便易学、运算速度快等优点，本章也以介绍空盘前乘法为主。在学习乘法之前，先要学习一些预备知识，首先就是乘法口诀。

3.1.2 乘法口诀

珠算乘法和笔算一样，是运用乘法口诀进行运算的，乘法口诀有“小九九”和“大九九”两种。“小九九”口诀，笔算常用；“大九九”口诀，珠算使用。“大九九”口诀不仅是珠算乘法的基础，也是珠算除法的基础。因此，学习珠算乘法必须先熟记“大九九”口诀。

1.“大九九”口诀

乘法“大九九”口诀如表 3.1 所示。

表 3.1 乘法“大九九”口诀

被乘数 乘数	一	二	三	四	五	六	七	八	九
一	一一01	一二02	一三03	一四04	一五05	一六06	一七07	一八08	一九09
二	二一02	二二04	二三06	二四08	二五10	二六12	二七14	二八16	二九18
三	三一03	三二06	三三09	三四12	三五15	三六18	三七21	三八24	三九27
四	四一04	四二08	四三12	四四16	四五20	四六24	四七28	四八32	四九36
五	五一05	五二10	五三15	五四20	五五25	五六30	五七35	五八40	五九45
六	六一06	六二12	六三18	六四24	六五30	六六36	六七42	六八48	六九54
七	七一01	七二14	七三21	七四28	七五35	七六42	七七49	七八56	七九63
八	八一08	八二16	八三24	八四32	八五40	八六48	八七56	八八64	八九72
九	九一09	九二18	九三27	九四36	九五45	九六54	九七63	九八72	九九81

乘法“小九九”口诀如表 3.2 所示。

表 3.2 乘法“小九九”口诀

被乘数 乘数	一	二	三	四	五	六	七	八	九
一	一一01	一二02	一三03	一四04	一五05	一六06	一七07	一八08	一九09

续表

被乘数 乘数	一	二	三	四	五	六	七	八	九
二		二二 04	二三 06	二四 08	二五 10	二六 12	二七 14	二八 16	二九 18
三			三三 09	三四 12	三五 15	三六 18	三七 21	三八 24	三九 27
四				四四 16	四五 20	四六 24	四七 28	四八 32	四九 36
五					五五 25	五六 30	五七 35	五八 40	五九 45
六						六六 36	六七 42	六八 48	六九 54
七							七七 49	七八 56	七九 63
八								八八 64	八九 72
九									九九 81

表中所列的每句口诀都由 4 个数字组成，其中第一个汉字数字表示乘数，第二个汉字数字表示被乘数，后两个阿拉伯数字表示乘积。从表 3.1 和表 3.2 可以看出，“大九九”口诀包括乘数 1 ~ 9 与被乘数 1 ~ 9 相乘的 81 句口诀，“小九九”口诀省略了大数读在前、小数读在后的 36 句，只有 45 句。

2. 运用“大九九”口诀应注意的问题

为便于珠算上的应用，“大九九”口诀在书写形式上做了一些改动。在“大九九”口诀中，两个一位数乘法的积有的是两位的，有的是一位的。为了防止运算中加错档位，一律写成两位的，凡乘积是一位的，都在乘积前面补“0”，如“一二 02”、“二三 06”。读法上也做了一些改动，如“一二 02”读做“一二零二”，“三六 18”读做“三六一八”，“五八 40”读做“五八四零”，而不读做“一二得二”、“三六十八”、“五八四十”等。这样，在读“大九九”口诀时，一律按 4 个字读，即乘数—被乘数—积的十位数字—积的个位数字。

在乘算过程中，要特别注意乘积中的十位和个位的“0”，在算盘上要占一档，这样有利于找准档位，以避免造成错误。

在珠算乘法运算中，为了提高运算速度，要使用“大九九”口诀。如 6 194×5，用空盘前乘法计算的顺序是：用乘数去乘被乘数，即五六 30、五一 05、五九 45、五四 20，一个顺序相乘；如果使用“小九九”口诀，则五六 30、一五 05、五九 45、四五 20，第一位和第三位是用乘数去乘被乘数，而第二位和第四位是用被乘数去乘乘数，虽然也能运算，但要颠来倒去的，容易出现错误，特别影响拨珠速度。“大九九”口诀不仅适用于乘法，也适用于除法，因此，要熟练掌握“大九九”口诀。

3.1.3 积的定位方法

定位方法就是确定乘积的位数和方法。珠算计算，在算盘上没有固定的个位，是用空档表示“0”。乘算后盘上的乘积的末尾是否有零，有几个零；是否有小数，有几位；就不像笔算那样一目了然。如 625×16 和 6.25×16，在算盘上得出的数字都是“1”（有效数字），实际上前者的乘积是 10 000，而后者的乘积则为 100。由此看来，必须熟练地掌握积的定位方法，才能准确地确定所求积的数值。

乘法定位是根据被乘数和乘数的位数来决定的，因为乘积的位数是由被乘数和乘数的位数来确定的。所以，学习积的定位方法之前，必须先了解一下数的位数。

1．数的位数

一个数的位数是由这个数的最高位数字所处的位置来确定的。一个数的最高位数字是指该数中第一个非零数所在的位置。例如，8 746、87.46、8.746、0.874 6、0.087 46，这五个数的最高位数字都是 8，但它们处在不同的数位，这些数的位数也不相同。数的位数可分以下三类：

（1）正位数。凡是整数和带小数的，小数点左边有几位数就是正几位，即某数的整数部分的位数，用符号“+”表示。例如，635 是+3 位，63.5 是+2 位，1.207 是+1 位。

（2）零位数。凡是纯小数，而且小数点右边不带“0”的，即小数点右边接着就是有效数字的就是“0”位，即某数的整数部分为零，小数点到第一非零数字之间无零的数，用符号“0”表示。例如，0.342、0.907。

（3）负位数。凡是纯小数，小数点右边是带“0”的，即某数的整数部分为零，小数点右边到第一位非零数字中间夹“0”的，有几个“0”，就是负几位，用符号“–”表示。例如，0.036 7 是–1 位，0.004 03 是–2 位，0.000 57 是–3 位。

了解数的位数之后，就可以进行定位了。珠算乘法的定位方法有很多，这里主要介绍两种便于掌握和较为通用的办法，即公式定位法和固定个位档定位法。

2．公式定位法

公式定位法是一种算后定位法，又叫通用定位法。它不仅适用于珠算，还适用于笔算、计算尺等。它是根据被乘数的位数来确定积的位数。

基本方法是：若以 M 代表被乘数的位数，N 代表乘数的位数，则积的位数可由下面两个公式中的一个求得。

$$\text{积的位数}=M+N \tag{3.1}$$

例如，9×5=45，积的位数是+1+1=2；67×4=268，积的位数是+2+1=3。

$$\text{积的位数}=M+N-1 \tag{3.2}$$

例如，2×4=8，积的位数是+1+1–1=1；24×3=72，积的位数是+2+1–1=2。

从上面可以看出，两因数相乘，其积数的位数有两种情况：一个是等于两因数的位数之和，另一个是等于两因数的位数之和再减 1。一般来说，乘数与被乘数的首位数字相乘有进位时，或者后者有连续进位到最高位时，积的定位为式（3.1），无进位时积的位数为式（3.2）。在实际运算时，可按下列方法来选择定位公式。

（1）首位数比较法。首位数比较法是用积的首位数字与被乘数或乘数的首位数字进行比较，来确定积的位数的一种定位方法。在比较时会出现以下几种情况：

1）当乘积的首位数字小于被乘数的首位数字及乘数的首位数字中的任何一个时，用式（3.1），即积的位数=$M+N$进行定位。例如，2 067×63=130 221。乘积的首位数字“1”小于被乘数的首位数字“2”和乘数的首位数字“6”，用公式$M+N$定位，即$M=+4$，$N=+2$，得$M+N=+6$。同样，786×0.043=33.798 中，$M=+3$，$N=-1$，得$M+N=+3-1=+2$；934×0.008 7=8.125 8 中，因为8<9，所以$M+N=+3+(-2)=+1$。

2）当乘积的首位数字大于被乘数的首位数字及乘数的首位数字中的任何一个时，用式（3.2），即积的位数=$M+N-1$进行定位。例如，164×0.207=33.948。因为乘积的首位数字“3”大于被乘数的首位数字“1”和乘数的首位数字“2”，所以用公式$M+N-1$定位，即$M=3$，$N=0$，得$M+N-1=+3+0-1=+2$。

同样，1.24×31=38.44 中，因为3>1，所以积的位数=$M+N-1=+1+2-1=+2$。

3）如果乘积的首位数字与被乘数的首位数字及乘数的首位数字相同，则比较三者的第二位数字。若积的第二位数字小，用公式$M+N$定位；若积的第二位数字大，用公式$M+N-1$定位。如果第二位相同，就比较它们的第三位，以此类推，直到比出大小。例如，135×0.12=16.2，乘积的首位数字“1”与被乘数和乘数的首位数字“1”都相同，则比较它们的第二位，乘积的第二位数字“6”大于被乘数的第二位数字“3”和乘数的第二位数字“2”，用公式$M+N-1$定位，则积的位数=$M+N-1=+3+0-1=+2$。同样，在997×995=992 015 中，比较第三位，2<7，2<5，用$M+N=+3+3=+6$定位。

4）若乘积的首位数字至末位数字与被乘数及乘数的所有数字都相同，用公式积的位数=$M+N-1$来定位。例如，100×100=10 000，乘积中的所有数字与被乘数和乘数都相同，直接用积的位数=$M+N-1=+3+3-1=+5$位进行定位。

小提示 积的首位数不可能是介于被乘数和乘数之间的数。若出现介于被乘数和乘数之间的数，说明所求的积数是错误的。

用首位数比较法来定位速度慢，原因是比较数字时需要时间，有些算题积的首位数与被乘数和乘数中一个首位数相同时，就要比较另一个，才能确定用哪个公式定位。另外，有些算题需要比较被乘数和乘数的第二位才能确定用哪个公式定位。因此，首位数比较法更适合算完题后检查定位有无错误。

（2）盘上公式定位法。盘上公式定位法是把公式定位法的基本方法直接应用于算盘上的定位方法，也称为积首落档法。因为其基本方法是运算完毕后，根据积的首位数落在哪一档来选择定位公式，确定积的位数的一种定位方法。

为了便于定位，在运算前，先在算盘在左边找一个有记位点的档或者就用左边第一档作为特定档，为了避免出现差错，特定档要固定不变。其定位方法是，从算盘特定档（或左边第一档）起拨被乘数，用不隔位乘法计算完后，特定档（或左边第一档）有数，用式

（3.1）定位，即积的位数=$M+N$；如果特定档（或左边第一档）无数（前空减 1），则用式（3.2）定位，即积的位数=$M+N-1$，即“位数相加，前空减一”。

盘上公式定位法是算后定位，是比较实用的快速定位方法。每道乘法算题运算完毕后，先将被乘数和乘数的位数相加，然后看特定档。如果特定档有积数，就按相加求出的积的位数直接写得数；如果特定档没有积数，为空档，就按相加求出的积的位数减 1 后再写得数。

3．固定个位档定位法

固定个位档定位法是一种比较实用的算前盘上定位法，又称固定点定位法，一般适用于小数题，可直接从算盘上读出得数。在运算前，先在算盘上选一个有记位点的档作为积的个位档固定不变，然后根据被乘数和乘数的位数，求出积数的起乘档或布被乘数的首位档，再进行运算，运算完毕后，算盘上的个位档就是积的个位，直接抄写得数即可。

具体方法如下：

（1）在算盘右边选一个有记位点的档作为积的个位档（+1 位档），个位档向左依次为积的十位（+2 位档）、百位（+3 位档）、千位（+4 位档）……个位档向右依次为积的十分位（0 位档）、百分位（–1 位档）……计算前可先在算盘上编上档序号，即在算盘的梁上或上边用阿拉伯数字标记档序号，这样易于找位。固定个位档的标记方法如图 3.1 所示。

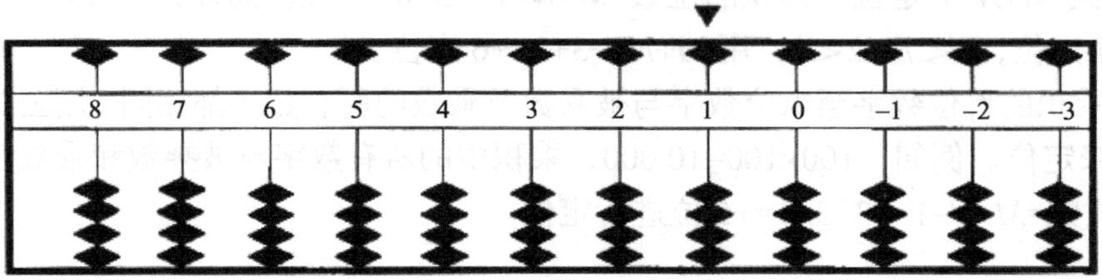

图 3.1　固定个位档定位法的算盘标记方法

（2）求出起乘档或布被乘数的首位档。假设被乘数的位数为 M，乘数的位数为 N，用不隔位乘法计算时，用 $M+N$ 求出起乘档或布被乘数的首位档；用隔位乘法计算时，用 $M+N+1$ 求出起乘档或布被乘数的首位档。

注意用“大九九”口诀时，十位积为零，也要占一档，这样运算完毕，其固定个位，即积的个位。

（3）运算完毕，按照算盘上的得数，直接抄写答案，算盘上的固定个位也就是积的个位。例如，28.75×6.9=193.38（精确到 0.01）。

1）不隔位乘法。空盘前乘法，起乘档（首位数相乘的十位档）=$M+N$=+2+1=+3 位，如图 3.2 所示。

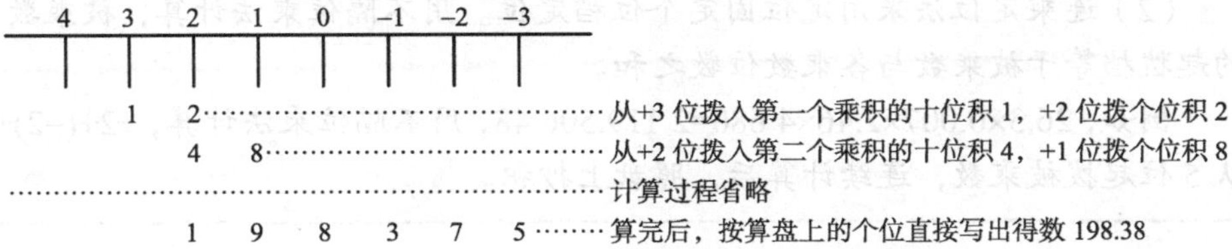

图 3.2 空盘前乘法起乘档位

如果是置数乘法，布被乘数的首位档=$M+N$=+2+1=+3 位，如图 3.3 所示。

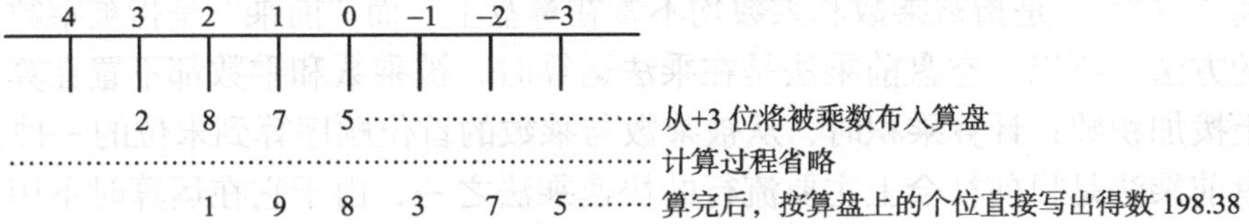

图 3.3 不隔位置数乘法布被乘数的档位

2）隔位乘法。布被乘数的首位档=$M+N+1$=+2+1+1=+4 位，如图 3.4 所示。

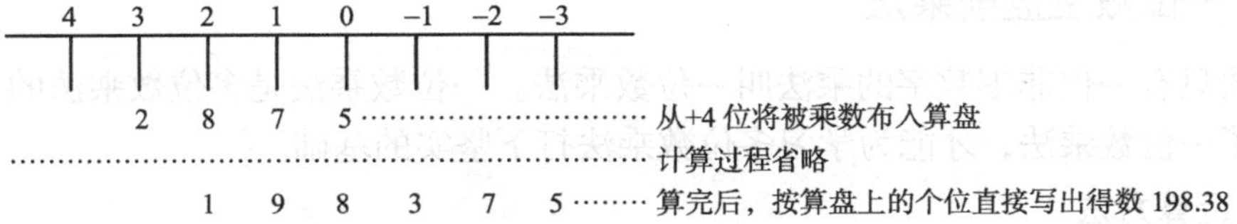

图 3.4 隔位乘法布被乘数的档位

固定个位档定位法直观性强，乘积的个位档在算盘上有固定位置，运算完后算盘就反映出确定的积数，按照算盘上积的个位直接抄写得数即可，得数一目了然，不容易出错。另外，对小数题的计算，特别是有数度要求的，方便小数点的取舍，不做无效计算。此方法易学易懂，适用于乘法的各种运算方法。

阅读提高

连乘定位法

（1）连乘定位法采用公式定位。按照“各因数的位数相加，前空几档减几”定位，具体方法是：从算盘左边特定档（或第一档）起拨被乘数，然后用不隔位乘法连续计算，运算完毕，积的首位没有空档，按位数相加；若积的前面有几个空档，就从各因数位数和中减几。例如，8.64×0.58×4.7=23.55，从算盘左边特定档（或第一档）起拨被乘数，连乘后，积首无空档，积的位数=+1+0+1=+2。例如，1.26×2 300×0.302×14.7=12 865.381 2，从算盘左边第一档起拨被乘数，连乘后，积的前面有 2 个空档，积的位数=1+4+0+2–2=+5。

（2）连乘定位法采用定位固定个位档定位。用不隔位乘法计算，被乘数（乘积）的起拨档等于被乘数与各乘数位数之和。

例如，26.3×0.007×2.46×4 680=2 119.506 48，用不隔位乘法计算，+2+(−2)+1+4=+5，从 5 位起拨被乘数，连续计算后，照盘上抄积。

3.2 基本珠算乘法——空盘前乘法

所谓“空盘”，是指被乘数和乘数均不置在算盘上，而“前乘”是指被乘数和乘数从高位乘起的方法。所以，空盘前乘法是在乘法运算时，被乘数和乘数都不置在算盘上，直接往算盘上拨加积数；计算乘积时，从被乘数与乘数的首位顺序算到末位的一种方法。

空盘前乘法是目前社会上主要流行的快速乘法之一，由于它在运算时不用置数，可以节省时间，从而提高了计算速度，因此，深受人们的欢迎。下面结合公式定位法讲解空盘前乘法的计算方法。

3.2.1 一位数空盘前乘法

乘数只有一位非零数字的乘法叫一位数乘法。一位数乘法是多位数乘法的基础，只有练习好了一位数乘法，才能为学习多位数乘法打下坚实的基础。

1. 运算方法

（1）乘的顺序。用乘数去乘被乘数的首位、被乘数的第二位……直到被乘数的末位为止。一位数乘的运算顺序如图 3.5 所示。

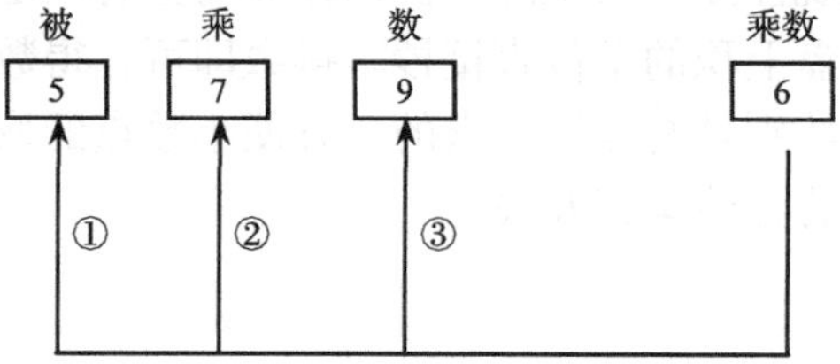

图 3.5 一位数空盘乘法运算顺序

（2）起拨档。从算盘左边第一档或某一计位点的右一档（特定档）起拨乘积。

（3）加积档次。乘数与被乘数首位数相乘，乘积的十位数拨入起拨档，个位数拨在起拨档的右一档上（积的十位数是 0，起拨档为空档）；而拨个位积数的这一档又是拨乘数与被乘数第二位数相乘乘积的十位积的档，个位积拨在其右一档……直至被乘数全部乘完为止。其加积方法与笔算相比，只是顺序不同。图 3.6 为笔算方式和珠算方法加积方法的对比。

笔算方式：	珠算方式：
579×6=3 474	579×6=3 474
9×6=　54	5×6= 30
7×6=　42	7×6=　42
5×6= 30	9×6=　54
3 474	3 474

图 3.6　笔算与珠算加积方法对比

（4）乘积。所有的被乘数都乘完以后，算盘上靠梁的数就是要求的乘积。再采用盘上公式定位法进行定位，如果第一档（或特定档）有数，用式（3.1）定位，即积的位数=$M+N$；如果第一档（或特定档）没有数，用式（3.2）定位，即积的位数=$M+N-1$。

进行定位时，也可以采用首位数比较法进行定位，自己可以灵活选择。

【例 3.1】 计算 486×2=972。

运算过程如下：

1）4×2=08，从左边第一档或某计位点右一档（特定档）起拨入 0，左二档（起拨档右一档）拨入 8。

2）8×2=16，从左二档（上次乘积的个位积档）拨入 1，左三档（本次乘积十位积数的右一档）拨入 6。

3）6×2=12，从左三档（上次乘积的个位积档）拨入 1，左四档（本次乘积十位积数的右一档）拨入 2。

4）按照算盘上的数 972 写得数。

5）算盘左一档（或特定档）为空档，没有数，用式（3.2）进行定位，即积的位数=$M+N-1$=+3+1−1=+3，得和数为 972。

运算过程如图 3.7 所示。

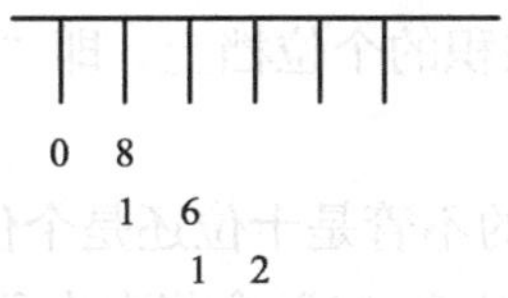

图 3.7　例 3.1 的运算过程

带有小数点的乘法，可以把乘数和被乘数都先看成整数，计算完后再用公式定位法进行定位，得出真正的得数。

【例 3.2】 计算 19.08×0.06=1.144 8。

运算过程如下：

1）1×6=06，从左边第一档或某计位点右一档（特定档）起拨入 0，左二档（起拨档右一档）拨入 6。

2）9×6=54，从左二档（上次乘积的个位积档）拨入 5，左三档（本次乘积十位积数的右一档）拨入 4。

3）0×6=0，从左三档（上次乘积的个位积档）和左四档（本次乘积十位积数的右一档）拨入 0，即空档；也可以不计算，直接向右移动一个档位。

4）8×6=48，从左四档（上次乘积的个位积档）拨入 4，左五档（本次乘积十位积数的右一档）拨入 8。

5）按照算盘上的数 11 448 写得数。

6）算盘左一档（或特定档）为空档，没有数，用式（3.2）进行定位，即积的位数=M+N–1=+2+（–1）–1=+1，得和数为 1.144 8。

运算过程如图 3.8 所示。

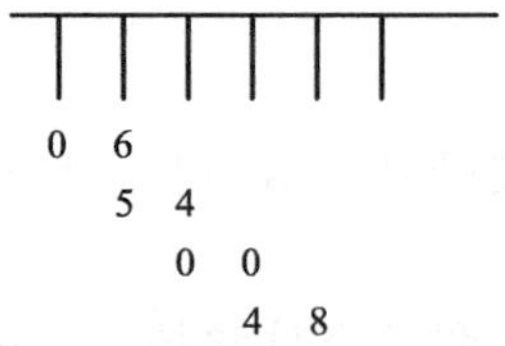

图 3.8 例 3.2 的运算过程

练习：968×3=2 904　　3 576×2=7 152　　243×4=972　　7 056×7=49 392

2. 运算技巧

（1）一定要掌握运算顺序。从被乘数的最高位开始，依次与乘数相乘。

（2）掌握加积档次。乘数与被乘数的第几位相乘，其积的十位就加在算盘左边第几档上（用“大九九”口诀求积），其个位积在其右一档拨入。

（3）前位被乘数乘积的个位档就是后位被乘数乘积的十位档。要求每乘完一个被乘数，加完个位积后，食指不要移动，放在乘积的个位档上，即“手不离档”；随着加积档位的变动，食指逐档向右移动，递位叠加。

（4）记住“0”要占一档。乘积中的不管是十位还是个位是“0”，都要占一档；被乘数中间的“0”不必计算，但要占位，有几个“0”食指向右移几位。

小结　一位数空盘前乘法要领

1）心记乘数，眼看被乘数。

2）用乘数从高位向低位去乘被乘数的每一位。

3）把各个单积依次退位叠加。

实训 8

积的定位方法与一位数空盘前乘法练习

实训要求：通过练习熟练掌握积的定位方法和一位数空盘前乘法。

实训内容：

1．在下列各数后面的括号内填上数的位数。

5 690（ ）	328.03（ ）	0.236（ ）
0.080 7（ ）	43.12（ ）	509（ ）
16 000（ ）	0.090 6（ ）	0.82（ ）
0.304 9（ ）	9.038 4（ ）	309.64（ ）
9.03（ ）	47 629（ ）	0.000 61（ ）

2.用公式定位法确定下列各题的积数，在适当的位置加上小数点或0(精确到0.01位)。

（1）2.174×600=13 044　　（2）585×0.17=9 945

（3）64.25×0.038=24 415　　（4）72 900×740=53 946

（5）978×98=95 844　　（6）1 500×13=195

（7）0.24×0.025=625　　（8）824.5×0.86=70 907

（9）1 000×1 000=1　　（10）6 038×0.000 42=253 596

3．一位数空盘前乘法基本练习。

（1）123 456 789×2=　　（2）987 654 321×2=

（3）123 456 789×3=　　（4）987 654 321×3=

（5）123 456 789×4=　　（6）987 654 321×4=

（7）123 456 789×5=　　（8）987 654 321×5=

（9）123 456 789×6=　　（10）987 654 321×6=

（11）123 456 789×7=　　（12）987 654 321×7=

（13）123 456 789×8=　　（14）987 654 321×8=

（15）123 456 789×9=　　（16）987 654 321×9=

4．一位数乘法实训，乘积精确到0.01位。

（1）6 978×2=　　（2）23 794×5=

（3）45 917×7=　　（4）56 396×8=

（5）25 468×9=　　（6）16 571×8=

（7）31 275×6=　　（8）721 904×4=

（9）32 875×2=　　（10）175 809×3=

（11）43 906×5=　　（12）30 642×2=

（13）653.01×40=　　（14）18 014×0.007=

（15）71 428×0.05=　　（16）65.309×90=

（17）0.513 8×6 000=　　（18）186.451×30=

（19）723.49×0.08=　　（20）3.471 6×0.2=

3.2.2 多位数空盘前乘法

乘数是两位或两位以上非零数字的乘法叫多位数乘法。多位数乘法是由若干个一位数乘法组成的。其运算方法和步骤如下。

1. 乘数的选择

根据“乘数和被乘数调换、乘积不变”的规律，采用空盘前乘法时，应选择位数少，中间带 0、有相同数字、有 1 的……作为乘数，这便于默记乘数加积，运算起来也比较简便。因为乘数的位数少，来回拨珠的次数较少，可以减少空手返回的时间，以及找起拨档的时间；中间带 0，0 不需要乘，既可以减少相乘的步骤，还便于清位，避免加错档次；选有相同数字的作为乘数，只要把一个相同数字乘被乘数后，另一个相同数字的乘积在相应的档次上跟踪照加一遍即可；选有 1 的作为乘数，是因为 1 不需要乘，只要加一次被乘数即可。在熟练掌握空盘前乘的运算方法之后，也可以根据算题的特点，灵活地选用乘数。同时，根据空盘前乘法可以从任何一档起乘加积的特点，还可以采用空盘前乘、中乘、后乘结合，也能与凑倍数、被数乘等简捷算法综合使用。

2. 运算方法

（1）找起拨档。起拨档是指拨第一个乘积的十位积的档位。用公式定位法进行运算时，从算盘左边第一档（或基本特定档）起拨乘积；用算前固定个位档定位法时，在算盘的右边找一个有记位点的档作为乘积的个位档固定不变，然后用被乘数的位数+乘数位数=乘积的位数确定起拨档。

（2）乘的顺序。先用乘数的首位数乘被乘数的首位、二位……直到末位，再用乘数第二位数与被乘数的首位、二位……直到末位相乘。其余各位乘数照同样方法进行计算，直至乘数全部乘完为止。运算顺序如图 3.9 所示。

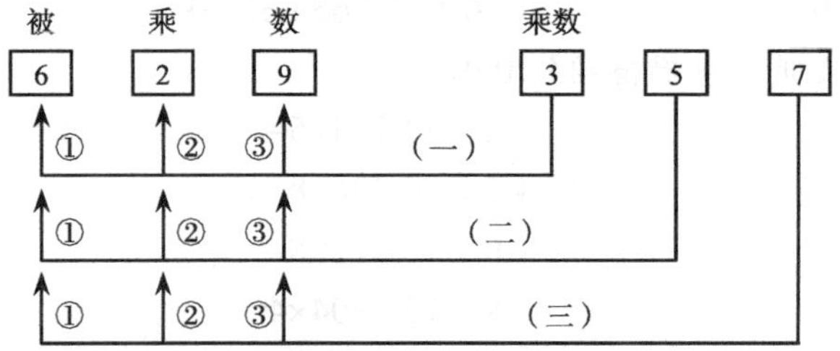

图 3.9　多位数空盘前乘法运算顺序

（3）加积档次。乘数首位与被乘数首位相乘，乘积的十位数拨入起拨档（第一档），个位拨在起拨档右一档（第二档）上；乘数首位与被乘数第二位相乘的乘积的十位数拨入第二档，个位数拨在第三档上，此后每个乘积按被乘数的位数依次右退一档叠加。

乘数第二位与被乘数首位相乘时，积的十位从起拨档的第二档起拨入乘积的下位数，个位数拨入第三档；乘数第二位与被乘数第二位相乘时，乘积的十位数拨入第三档，个位数拨入第四档，此后每个乘积按被乘数的位数依次右退一档叠加，以此类推，直至将乘数最后一位与被乘数最后一位的乘积加完为止。

总之，乘数是第几位，它与被乘数的首位至末位相乘所得首积的十位数便从起拨档数起的第几档拨起，个位拨在右一档上，而第次相乘的第二个、第三个……的十位数，则跟着第一个乘积的十位数挨位右推，即拨上次加积的个位档就是下次加积的十位档。

（4）乘积。乘完后，用公式定位法进行定位，如果起拨档有数，用式（3.1），即积的位数=M+N 定位；如果起拨档无数，用式（3.2），即积的位数=M+N−1 定位确定最终积数；用算前固定个位档定位法，照盘上所示抄积数即可，算盘上的个位档就是积的个位。

> **小技巧　乘算技巧**
>
> 进行乘算时，要默记在乘的那一位乘数，眼看被乘数各位从首位到末位相乘，脑子里反射乘积，边乘边加积。

【例 3.3】 计算 3 209×261=837 549。

运算过程如下：

1）把算盘左边第一档（或某一特定档）作为起拨档。

2）用乘数首位去乘被乘数，即 3 209×2，从左一档拨入 06，左二档拨入 04，左四档拨入 18。

3）用乘数第二位去乘被乘数，即 3 209×6，从左二档拨入 18，左三档拨入 12，左五档拨入 54。

4）用乘数第三位去乘被乘数，即 3 209×1，从左三档起拨入 03 209 即可。

5）用公式定位法定位，起拨档（左一档）上无数，为空档，用式（3.2），即积的位数=M+N−1=+4+3−1=+6 来定位。

6）按照算盘上的得数写出积数 837 549。

运算过程如图 3.10 所示。

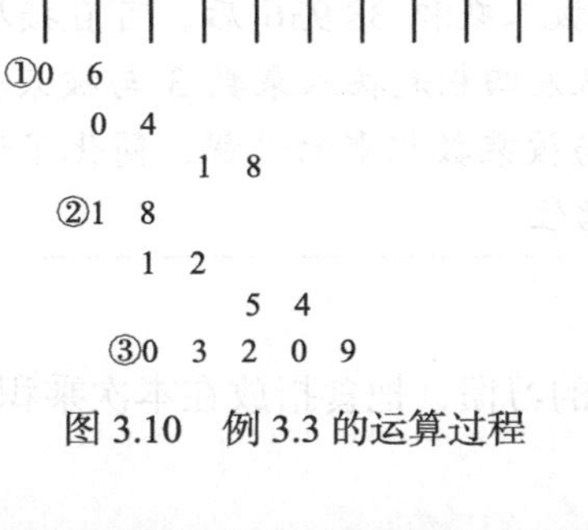

图 3.10　例 3.3 的运算过程

【例 3.4】 计算 800.38×48.67=38 954.494 6（精确到 0.01 位）。

运算过程如下：

1）把算盘左边第一档（或某一特定档）作为起拨档，由于 800.38 中的有效数字只有三位，把 800.38 作为乘数，去乘被乘数 48.67。

2）用乘数首位去乘被乘数，即 48.67×8，从左一档拨入 32，左二档拨入 64，左三档拨入 48，左四档拨入 56。

3）用乘数第二位有效数字去乘被乘数，即 48.67×3，从左四档拨入 12，左五档拨入 24，左六档拨入 18，左七档拨入 21。

4）用乘数第三位有效数字去乘被乘数，48.67×8，从左五档起拨入 32，左六档拨入 64，左七档拨入 48，左八档拨入 56。

5）用公式定位法定位，起拨档（左一档）上有数，用式（3.1），即积的位数=M+N=+2+3=+5 来定位。

6）算盘上的得数为 38 954.494 6，保留两位小数，写出积数为 38 954.49。

运算过程如图 3.11 所示。

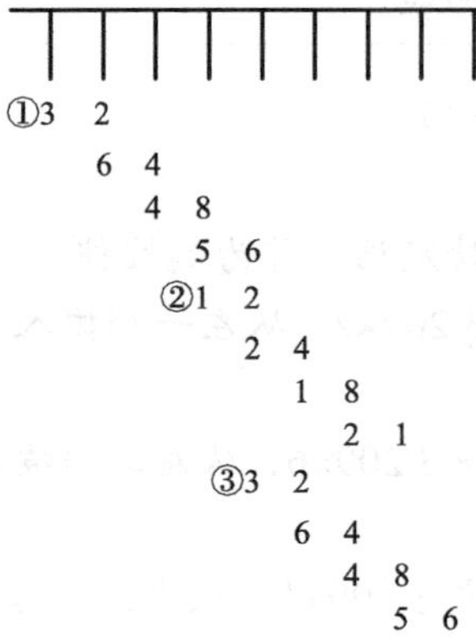

图 3.11 例 3.4 的运算过程

> **小提示** 在例 3.4 中，由于乘数 800.38 的首位和最后一位数字相同，则它们分别与被乘数相乘的乘积也是相同的。在运算时，用乘数的首位 8 与被乘数 48.67 相乘，从起拨档起拨入乘积 38 936 后，可直接从左五档起照盘上数据直接拨入 38 936。然后，从左四档起拨入乘数 3 与被乘数 48.67 的乘积。这样就省略了最后一位数字 8 与被乘数相乘的过程，简化了运算，加快了运算速度。但一定要注意不要加错档位。

3. 运算技巧

（1）要养成“手不离档”的习惯，把食指放在本次乘积的十位档上，不要离开算盘，随着加积档位的变动，食指逐档向右移动。

（2）乘数和被乘数中间的“0”不必计算，有几个“0”就空出几位，即手指向右移几位即可，移完后食指点的档位就是将要运算的乘积十位积的档位。

（3）乘数是“1”时，不必计算，直接在对应起加档的右一档上加一次被乘数即可。

实训 9

空盘前乘法练习

实训要求：在一位数乘法的基础上，练习并掌握多位数空盘前乘法。

实训内容：

1．多位数空盘前乘法练习。

（1）236×34=	（2）9.425×7.9=	（3）0.316×0.48=
（4）267×579=	（5）9.05×3.04=	（6）3 067×204=
（7）6 428×905=	（8）4.29×36.4=	（9）4 618×756=
（10）362×7 614=	（11）8.56×3 589=	（12）506×7 403=

2．用空盘前乘法计算下列各题（精确到 0.01）。

（1）2 371×49=	（2）406.9×57=	（3）7 256×31=
（4）9 316×75=	（5）97 153×240=	（6）31 820×950=
（7）6 351×254=	（8）95 107×703=	（9）76 098×173=
（10）53 204×3.45=	（11）4 215×187=	（12）31 320×841=
（13）71 060×46.2=	（14）4 096×8.35=	（15）83×0.047 91=
（16）605.3×0.002 6=	（17）9.304×0.53=	（18）17.9×0.43=
（19）0.57×81.05=	（20）0.037×91.48=	（21）503.86×0.517=
（22）0.793×8.26=	（23）584.8×0.006 04=	（24）24.18×9.34=
（25）38.46×0.004 61=	（26）4.05×9.127=	（27）38.57×0.164=
（28）1 857×0.036 9=	（29）734×6 508=	（30）326×829=

3.3 基本珠算乘法——破头后乘法

破头乘法属于后乘法，后乘法中有破头乘、留头乘、掉尾乘。我们仅介绍破头后乘法。破头后乘法是一种置数的不隔位乘法。它是当被乘数的某位与乘数的首位数字相乘时，由于被乘数的本位改拨成乘积的十位数而被去掉，同时从乘数首位与被乘数末位起乘，因此，叫破头后乘法。

破头后乘法是一种传统算法，它的优点是按乘数的自然顺序从高位到低位运算，合乎读数和拨珠的顺序。

3.3.1 一位数破头后乘法

1．置数和定位

用公式定位法，从算盘左边第一档（或特定档）作为起拨档，拨入被乘数，默记乘数。乘完后，若起拨档有数，用式（3.1），即积的位数=$M+N$ 定位；若起拨档无数，用式（3.2），即积的位数=$M+N-1$ 定位。用算前固定个位档定位法，按 $M+N$=被乘数的起拨档拨入被乘数，进行运算。

2．运算顺序

用被乘数的末位、倒数第二位、倒数第三位……直到首位，依次去乘乘数。运算顺序如图 3.12 所示。

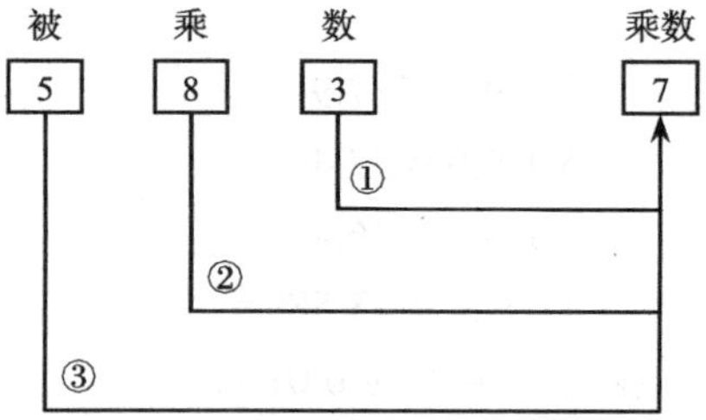

图 3.12 一位数破头后乘法的运算顺序

3．加积规则

被乘数的每位数字与乘数相乘，把被乘数的本档数字改成积的十位数，乘积个位数拨在右一档上。当积的十位是“0”时，应拨去被乘数的本档数字，以空档表示“0”，个位仍拨在右一档上。

【例 3.5】 计算 8 526×4=34 104。

运算过程如下：

（1）从算盘左边第一档（或特定档）起拨入被乘数 8 526。

（2）用被乘数末位数去乘乘数，即 6×4=24，将被乘数 6 改成乘积的十位数 2，右一档加乘积的个位数 4。

（3）用被乘数的倒数第二位去乘乘数，即 2×4=08，将被乘数 2 改成乘积的十位数 0，右一档加乘积的个位数 8。

（4）用被乘数的倒数第三位去乘乘数，即 5×4=20，将被乘数 5 改成乘积的十位数 2，右一档加乘积的个位数 0。

（5）用被乘数的首位去乘乘数，即 8×4=32，将被乘数 8 改成乘积的十位数 3，右一档加乘积的个位数 2。

（6）算盘左边第一档（或特定档）有数，用式（3.1），即积的位数=$M+N$=+4+1=+5 位进行定位，按照算盘上靠梁的数写出得数 34 104。

运算过程如图 3.13 所示。

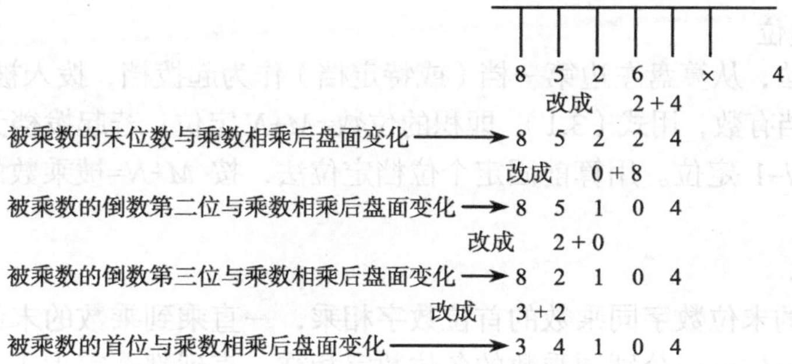

注：图中“+”号表示在对应档上加上后面的数值。

图 3.13 例 3.5 的运算过程

【例 3.6】 计算 27.08×0.03=0.81（精确到 0.01 位）。

运算过程如下：

（1）从算盘左边第一档（或特定档）起拨入被乘数 1 708。

（2）用被乘数末位数去乘乘数，即 8×3=24，将被乘数 8 改为乘积的十位数 2，右一档加乘积的个位数 4。

（3）用被乘数的倒数第二位“0”去乘乘数，省略不乘。

（4）用被乘数的倒数第三位去乘乘数，即 7×3=21，将被乘数 7 改成乘积的十位数 2，右一档加乘积的个位数 1。

（5）用被乘数的首位去乘乘数，即 2×3=06，将被乘数 2 改成乘积的十位数 0，右一档加乘积的个位数 6。

（6）算盘左边第一档（或特定档）无数，用式（3.2），即积的位数=M+N−1=+2+（−1）−1=0 进行定位，并且保留两位有效数字，第三位四舍五入，按照算盘上靠梁的数写出得数 0.81。

运算过程如图 3.14 所示。

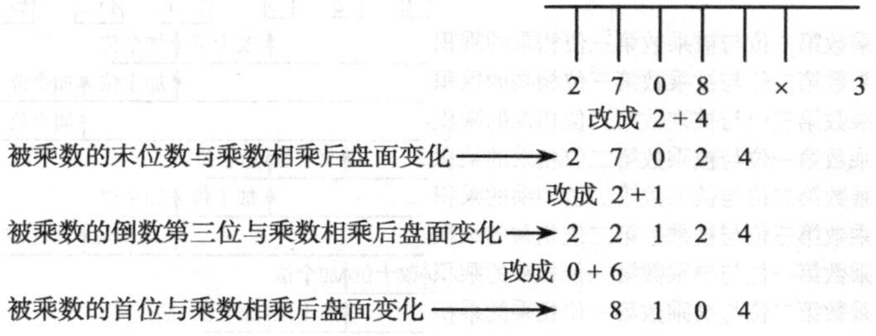

图 3.14 例 3.6 的运算过程

3.3.2 多位数破头后乘法

1. 置数和定位

用公式定位法，从算盘左边第一档（或特定档）作为起拨档，拨入被乘数，默记乘数。乘完后，若起拨档有数，用式（3.1），即积的位数=$M+N$定位；若起拨档无数，用式（3.2），即积的位数=$M+N-1$ 定位。用算前固定个位档定位法，按 $M+N$=被乘数的起拨档拨入被乘数，进行运算。

2. 运算顺序

先用被乘数的末位数字同乘数的首位数字相乘，一直乘到乘数的末位；再用被乘数的倒数第二位、第三位……分别同乘数的各位数字相乘，直到都乘完为止。多位数破头后乘法的运算顺序如图 3.15 所示。

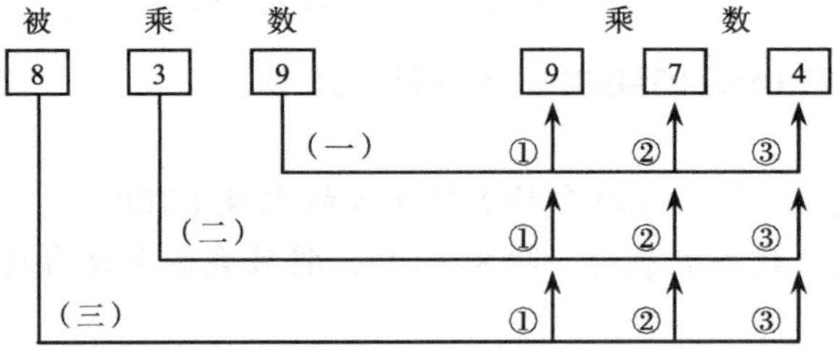

图 3.15　多位数破头后乘法的运算顺序

3. 加积规则

被乘数的每位数字与乘数的首位数字相乘时，就把被乘数的本档数字改成积的十位数，个位数拨在右一档。以后各位乘积依次按上次加积的个位就是下次加积的十位档叠加，如图 3.16 所示。乘数的第几位与被乘数相乘积的个位就拨在该被乘数的右几档上，十位拨在个位的左一档上。当积的十位是“0”时，应拨去被乘数的本档数字，以空档表示“0”，个位仍拨在后一档上。

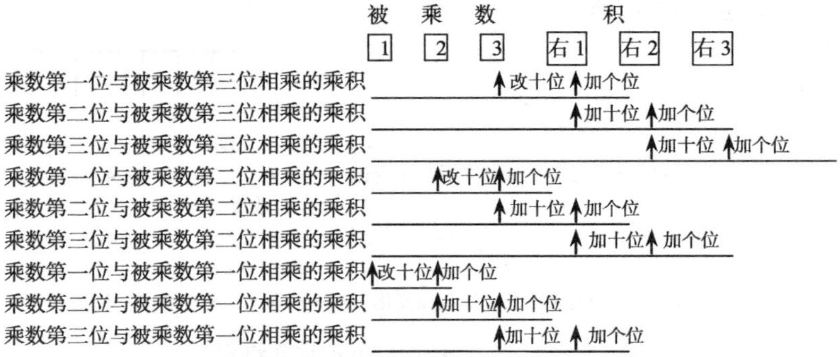

图 3.16　多位数破头后乘法加积规则

【例 3.7】 计算 468×753=352 404。

运算过程如下：

（1）从算盘左边第一档起拨入被乘数 468。

（2）用被乘数末位数去乘乘数，即 8×753，先用 8 与被乘数首位 7 相乘，将被乘数 8（左三档）改为乘积的十位数 5，右一档（左四档）加乘积的个位数 6；再用 8 与被乘数第二位 5 相乘，在左四档加上乘积的十位数 4，右一档（左五档）加上乘积的个位数 0，可省略；再用 8 与被乘数第三位 3 相乘，在左五档加上乘积的十位数 2，右一档（左六档）加上乘积的个位数 4。

（3）用被乘数倒数第二位数去乘乘数，即 6×753，先用 6 与被乘数首位 7 相乘，将被乘数 6（左二档）改为乘积的十位数 4，右一档（左三档）加乘积的个位数 2；再用 6 与被乘数第二位 5 相乘，在左三档加上乘积的十位数 3，右一档（左四档）加上乘积的个位数 0，可省略；再用 6 与被乘数第三位 3 相乘，在左四档加上乘积的十位数 1，右一档（左五档）加上乘积的个位数 8。

（4）用被乘数倒数第三位数（首位数）去乘乘数，即 4×753，先用 4 与被乘数首位 7 相乘，将被乘数 4（左一档）改为乘积的十位数 2，右一档（左二档）加乘积的个位数 8；再用 4 与被乘数第二位 5 相乘，在左二档加上乘积的十位数 2，右一档（左三档）加上乘积的个位数 0，可省略；再用 5 与被乘数第三位 3 相乘，在左三档加上乘积的十位数 1，右一档（左四档）加上乘积的个位数 5。

（5）算盘左边第一档有数，用式（3.1），即积的位数=$M+N$=+3+3=+6 进行定位，按照算盘上靠梁的数写出得数 352 404。

盘面加积过程如图 3.17 所示。

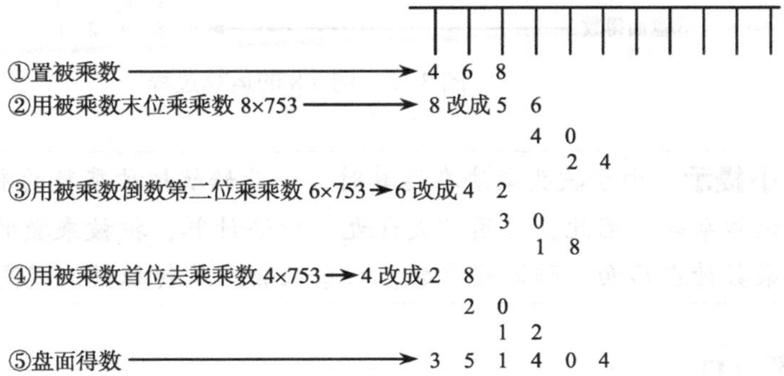

图 3.17　例 3.7 的运算过程

【例 3.8】 计算 21.6×0.458=9.89（精确到 0.01 位）。

运算过程如下：

（1）从算盘左边第一档起拔入被乘数 216。

（2）用被乘数末位数去乘乘数，即 6×458，先用 6 与被乘数首位 4 相乘，将被乘数 6（左三档）改为乘积的十位数 2，右一档（左四档）加乘积的个位数 4；再用 6 与被乘数第二位 5 相乘，在左四档加上乘积的十位数 3，右一档（左五档）加上乘积的个位数 0，可省略；再用 6 与被乘数第三位 8 相乘，在左五档加上乘积的十位数 4，右一档（左六档）加上乘积的个位数 8。

（3）用被乘数倒数第二位数去乘乘数，即 1×458，直接将被乘数 1 改成 0，从右一档（左三档）上开始加上乘数 458 即可。

（4）用被乘数倒数第三位数（首位数）去乘乘数，即 2×458，先用 2 与被乘数首位 4 相乘，将被乘数 2（左一档）改为乘积的十位数 0，右一档（左二档）加乘积的个位数 8；再用 2 与被乘数第二位 5 相乘，在左二档加上乘积的十位数 1，右一档（左三档）加上乘积的个位数 0，可省略；再用 2 与被乘数第三位 8 相乘，在左三档加上乘积的十位数 1，右一档（左四档）加上乘积的个位数 6。

（5）算盘左边第一档无数，用式（3.2），即积的位数=$M+N-1=+2+0-1=+1$ 进行定位，并且保留两位有效数字，第三位四舍五入，按照算盘上靠梁的数写出得数 9.89。

盘面加积过程如图 3.18 所示。

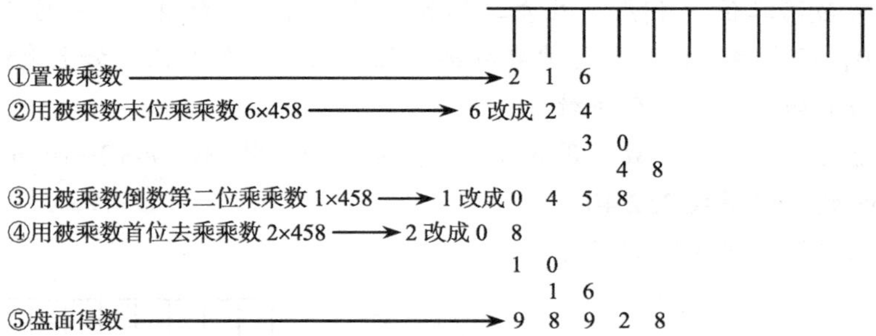

图 3.18　例 3.8 的运算过程

> **小提示**　由于破头乘法在运算时，一开始就把被乘数的本位数字破掉，容易忘记被乘数，因此，要用“大九九”口诀计算，把被乘数的那一位数读在前面，乘数读在后面，脑记被乘数，默念乘数，反射积数，提高计算速度。

实训 10

破头后乘法练习

实训要求：通过练习，熟悉并掌握破头后乘法。

实训内容：

1．一位数破头后乘法练习。

（1）3 268×5=	（2）5 239×4=	（3）125×0.8=
（4）4 235×5=	（5）82 704×3=	（6）93.48×6=
（7）5 601×4=	（8）23 064×2=	（9）21 479×3=
（10）17 859×4=	（11）36 218×5=	（12）97 136×6=
（13）28 507×7=	（14）81 943×8=	（15）50 367×9=

2．多位数破头后乘法练习（精确到 0.01）。

（1）6.59×3.67=	（2）8 314×527=	（3）983×4 821=
（4）527×46.93=	（5）36 175×698=	（6）451×219=
（7）28.05×304=	（8）8.46×31.97=	（9）604×6 709=
（10）32×9 268=	（11）4.67×3.7=	（12）7 182×58=
（13）5 936×43=	（14）18×5 296=	（15）3 084×703=
（16）46×4.387=	（17）4 098×69=	（18）0.246×3.84=
（19）26.08×4.16=	（20）85.76×3.24=	（21）3.17×0.76=
（22）560.01×6.09=	（23）28×0.043 5=	（24）405.36×0.249=
（25）32.7×456.81=	（26）761.54×56.8=	（27）613×0.096 3=
（28）3.18×5.42=	（29）9.425×7.9=	（30）4.29×36.4=

3.4　简捷珠算乘法

前面介绍的空盘前乘法和破头后乘法都属于基本算法，也就是指无论什么样数字的算题都可以用此方法来进行运算。基本算法适用于所有的算题，带有普遍性。而简捷珠算乘法则是以基本乘法为基础的，它在基本乘法的基础上，根据题目中不同数字间的特殊规律和珠算特点，运用一定的方法，简化了运算过程，从而提高了乘法运算速度和准确率。

简捷珠算乘法有许多种，这里只介绍两种常用的方法。

3.4.1　补数乘法

补数乘法是当被乘数或乘数接近 10^n，即整百、整千、整万等的数时，通过凑整数来简化运算步骤和拨珠次数，以提高计算速度的一种简捷的乘算方法。

1．运算原理

运算时，可以把这个数先凑成 10 的乘方数，被乘数入盘后，视其与 10^n 乘积，再在相应档位上减去被乘数与补数的乘积。例如，587×997=587×(1 000−3)=587×1 000−587×3=587 000−1 761=585 239。

2．减积规则

（1）运算顺序。先用乘数补数的最高位与被乘数的高位至低位依次乘减，然后再用乘数补数的第二位与被乘数的高位至低位依次乘减，直到乘数的补数全部乘减完。

（2）乘减的档次。凡补数在该因数的第几位，其与另一因数最高位的乘积的十位数就在算盘起拨档的第几档中减去，其个位在下一档减去。例如，上例中 997 的补数为 3，由于非零数 3 在该乘数的第三位，所以其与被乘数的乘积就从算盘起拨档的第三档开始减去。

【例 3.9】 计算 168×98=16 464。

运算过程如下：

1）从算盘左边第一档（或某特定档）起拨入被乘数 168。

2）乘数 98 的补数是 2，减去 168×2。减去 1×2=02，从被乘数的第二位，即算盘左边的第二档减去乘积的十位 0；从被乘数的第三位，即算盘左边的第三档减去乘积的个位 2。

3）减去 6×2。减去 6×2=12，从算盘左边的第三档减去乘积的十位 1，从下一档，即算盘左边的第四档减去乘积的个位 2。

4）减去 8×2。减去 8×2=16，从算盘左边的第四档减去乘积的十位 1，从下一档，即算盘左边的第五档减去乘积的个位 6。

5）算盘左边第一档（或某特定档），即起拨档有数，用式（3.1），即积的位数 $=M+N=+3+2=+5$ 进行定位，按照算盘上的数写出得数 16 464。

运算过程如图 3.19 所示。

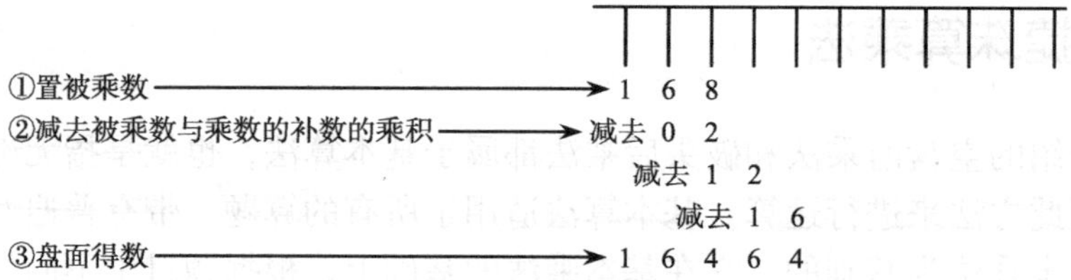

图 3.19 例 3.9 的运算过程

【例 3.10】 计算 47.95×998.6=47 882.87。

可以先把例题看成整数乘法 4 795×9 986，之后用公式化定位法进行定位。

运算过程如下：

1）从算盘左边第一档（或某特定档）起拨入被乘数 4 795。

2）乘数 9 986 的补数是 14，减去 4 795×14。先减去 4 795×1=04 795，从被乘数的第三位，即算盘左边的第三档开始直接减去乘积 04 795。

3）减去 4 795×4。减去 4×4=16，从算盘左边的第四档减去乘积的十位 1，从下一档，即算盘左边的第五档减去乘积的个位 2；减去 7×4=28，从算盘左边第五档减去乘积的十位 2，从下一档，即算盘左边的第六档减去乘积的个位 8；减去 9×4=36，从算盘左边第六档减去乘积的十位 3，从下一档，即算盘左边的第七档减去乘积的个位 6；减去 5×4=20，从这些左边第七档减去乘积的十位 2，从下一档，即算盘左边第八档减去乘积的个位 0，可省略。

4）算盘左边第一档（或某特定档），即起拨档有数，用式（3.1），即积的位数=$M+N$ =+2+3=+5 进行定位，按照算盘上的数写出得数 47 882.87。

运算过程如图 3.20 所示。

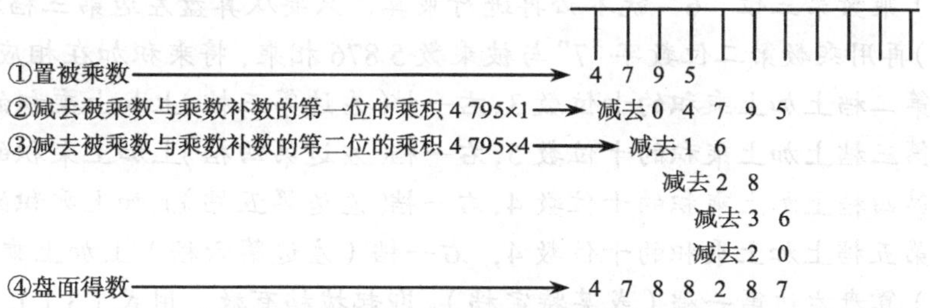

图 3.20　例 3.10 的运算过程

从上面例题中可以看出，对于补数乘法，只要将被乘数拨入算盘，乘数的补数是几，就从被乘数中减去几倍的被乘数就可以了。补数乘法减少了拨珠次数，乘数前面的 9 越多，用它计算越简捷，速度也越快。由于被乘数和乘数交换位置其积不变，所以被乘数和乘数中有一个是 9 开头的题用补数乘法来进行运算都能减少拨珠次数，提高运算速度。

3.4.2　跟踪乘法

跟踪乘法是利用本题已知数据来简化运算的处理方法。当被乘数或乘数有几个相同数字时，先计算其中一个相同数的乘积，其他相同数字跟踪已算完的乘积直接拨入，叫跟踪乘法。

1．运算顺序

当乘数中有两位（或两位以上）相同数字相连时，先用相连相同数字的第一位数与被乘数各位数字相乘，其乘积则为已知数据，其第二位相同乘数与被乘数的乘积就不必再计算，而是把这个已知数据向右移一档加在算盘上即可。若乘数中的相同数字不是相邻数位，就根据乘数中相同数字所处的不同数位，改变空盘前乘法的运算顺序，先跟踪计算相同数字的乘积，再计算其他数字的乘积。这样，空盘前乘法就可以充分利用已知数据加快运算速度。

2．加积档次

同空盘前乘法，乘数排在第几位，就从起拨档的第几档开始加。

【例 3.11】 计算 5 876×6.76=39 721.76。

运算过程如下：

（1）把算盘左边第一档（或某特定档）作为起拨档。

（2）先用乘数首位数 6 和被乘数 5 876 相乘：5×6=30，从左边第一档加入乘积的十位数 3，左边第二档加乘积的个位数 0；8×6=48，左边第二档加乘积的十位数 4，右一档（即左边第三档）加上乘积的个位数 8；7×6=42，在左边第三档上加上乘积的十位数 4，右一档（左边第四档）上加上乘积的个位数 2；6×6=36，在左边第四档上加上乘积的十位数 3，右一档（左边第五档）上加上乘积的个位数 6；算盘上得数为 35 256。

（3）乘数第三位“6”就不必再进行乘算，只要从算盘左边第三档加 35 256 即可。

（4）再用乘数第二位数字“7”与被乘数 5 876 相乘，将乘积加在相应的档次上：5×7=35，在左边第二档上加上乘积的十位数 3，右一档（左边第三档）上加上乘积的个位数 5；8×7=56，在左边第三档上加上乘积的十位数 5，右一档（左边第四档）上加上乘积的个位数 6；7×7=49，在左边第四档上加上乘积的十位数 4，右一档（左边第五档）上加上乘积的个位数 9；6×7=42，在左边第五档上加上乘积的十位数 4，右一档（左边第六档）上加上乘积的个位数 2。

（5）算盘左边第一档（或某特定档），即起拨档有数，用式（3.1），即积的位数=$M+N$=+4+1=+5 进行定位，按照算盘上的数写出得数 39 721.76。

运算过程如图 3.21 所示。

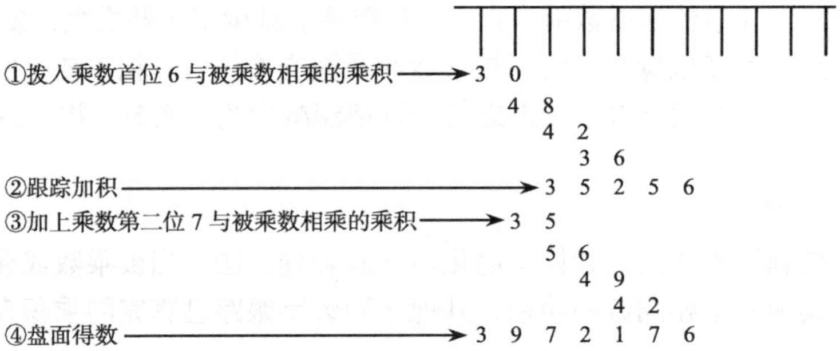

图 3.21　例 3.11 的运算过程

阅读提高

滚乘法

滚乘法是指在连乘带加的运算中，将几笔乘积累加，进行总计的方法，像滚雪球似的，节省了逐笔布数、记积清盘的步骤，是提高计算速度的好方法。滚乘法运算方法如下：

（1）乘算用空盘前乘法计算。

（2）第一笔积数不清盘，在此基础上，乘加第二笔、第三笔……直到将各笔积数乘加完毕，盘上即为所求之总计。

（3）用固定个位档定位法定好个位档，各种积数首位数相加时应正确判断从哪一档加起，以后各位从左到右依次叠加。

【例 3.12】 计算 247×1.06+163×0.86+28×3.48=499.44。

运算过程如下：

（1）运算 247×1.06 得出 261.82，首次乘积的十位数从+3 位档置入，不要清盘。

（2）直接在算盘上拨加 163×0.86 的各位乘积，注意首次乘积的十位数从+3 位档置入。

（3）直接在算盘上拨加 28×3.48 的各位乘积，注意首次乘积的十位数从+2 位档置入。

要想较好地使用乘法简捷算法进行运算，必须在完全掌握基本算法的基础之上，如果没有很好地掌握基本算法，很容易出现加积错位、计算混乱等问题。

3.5 乘法差错类型与纠正方法

进行乘法时有时也会出现像加减运算中常出现的那几种差错，还有看错数字、把数字看颠倒了、带珠、加积错位、定位错误等。所以，看数要准，记数要牢，不要看错数字、数位；拨珠时，用力要适当，一拨到位，防止因飘珠、滞珠而造成错误。

3.5.1 乘法易出差错及原因

1．加积错档

造成加积错档的主要原因是乘积中的“0”和加积错档。记住，不管“0”是在乘积的十位还是个位，“0”在算盘上都要占一个档次。其余的按照空盘乘法或破头乘法的运算方法和步骤，由左到右逐位相加，按上次加积的个位档是下次加积的十位档进行叠加，当积的十位是“0”时，退后一档加个位，只要指不离档，是不会错位的。

2．定位错误

造成定位错误主要原因是定位方法掌握不好，出现定位不准。当出现定位错误时，将被乘数的首位和乘数的首位相乘，看其是否满 10 或超过 10，但要考虑后位能否促使首位满 10 来确定积的位数。也可以交换定位方法，如原用固定个位档方法进行定位，再用公式定位法检查一次。根据定位方法检查小数点是否定准，末位是多“0”或少“0”。

3.3.2 乘法差错检查方法

1．交换检查法

交换检查法是将被乘数和乘数交换位置，重新进行计算，或用积数除以被乘数得乘数，积数除以乘数得被乘数；或原用破头后乘法，现改用空盘前乘法计算一次，但是，这种方法占用时间长。

2．末位检查法

末位检查法是将两因数的末位数相乘，看所得积的末位数与原积的末位数是否相符。

3．看数检查法

看数检查法是用两因数的首位数相乘积的前两位数和原积比较。如果原积的前两位或首位比所得乘积的前两位数或首位小，则原积肯定是错误的。

实训 11

乘法综合练习

实训要求：在基本乘法的基础上，练习使用简捷乘法；通过大量练习，熟练掌握珠算乘法，并提高正确率和运算速度。

实训内容：

1．用补数乘法计算下列各题（精确到 0.01 位）。

（1）7 638×98=	（2）3 925×995=	（3）76.25×997=
（4）628.3×996=	（5）7 138×9.93=	（6）5 841×99.94=
（7）6 972×9 986=	（8）82.31×99.64=	（9）23.58×999.8=

2．用跟踪乘法计算下列各题（精确到 0.01 位）。

（1）874×44=	（2）438×767=	（3）987×223=
（4）3 687×878=	（5）3 457×4 655=	（6）6 283×98.91=
（7）4 925×3 838=	（8）79.89×4 668=	（9）82.97×67.66=
（10）5 984×2 229=	（11）2.679×323.3=	（12）375.8×155.5=

3．趣味练习。

（1）凤凰展翅。在算盘上计算 16 225 679×35 得到的结果是 567 898 765，这个数在算盘上的形状像凤凰展翅，因而得名。

（2）孤雁出群。计算 99×99、999×999、9 999×9 999，得到的结果分别是 9 801、998 001、99 980 001。将得数与题里的一个因数比较，如 99–9 801、999–998 001、9 999–99 980 001，在算盘上的形状好像从雁群里飞出一只雁，所以叫孤雁出群。

4．综合练习一，普通四级乘法，5 分钟完成 10 道题，对 8 题四级合格，对 7 题五级合格，对 6 题六级合格（精确到 0.01 位）。

（1）8 704×14=	（11）48×1 982=	（21）672×845=
（2）2 457×38=	（12）7 607×37=	（22）0.726 8×54=
（3）954×259=	（13）562×4 206=	（23）463×713=
（4）975×258=	（14）1 329×785=	（24）0.291×7.81=
（5）0.315 6×6.7=	（15）0.48×13.24	（25）13.96×0.83=
（6）3.7×0.835 1=	（16）26×3 854=	（26）309×728=
（7）28×9 163=	（17）964×276=	（27）63×7 264=
（8）5 934×76=	（18）8.7×0.387 2=	（28）23×9 645=

（9）0.26×48.57=　　（19）637×291=　　（29）5.4×73.62=

（10）723×6 924=　　（20）15.96×0.36=　　（30）2 984×56=

5．综合练习二，普通一级乘法，5 分钟完成 10 道题，对 9 题一级合格，对 8 题二级合格，对 6 题三级合格（精确到 0.01 位）。

（1）2 134×87 054=　　（11）8 153×7 535=

（2）390.48×91.78=　　（12）2 843×184.6=

（3）71.21×9.376 5=　　（13）973.8×48.67=

（4）854.3×26.15=　　（14）8 613×3 741=

（5）32 408×4 108=　　（15）730.56×32.04=

（6）25.71×403.17=　　（16）904.35×19.58=

（7）9 654×2 805=　　（17）40.63×193.85=

（8）4.389 2×84.61=　　（18）4 907×2 385=

（9）5 761×59.23=　　（19）7 094×0.372 9=

（10）75.14×0.923 3=　　（20）9 136×4 258=

第 4 章　珠算除法

本章知识技能要点与要求

※ 熟练掌握珠算除法的商的定位方法、商除法的运算方法及补商和退商的方法；
※ 理解简捷除法的运算方法；
※ 掌握常用的差错查找方法；
※ 边学边练，在实训中熟练掌握珠算除法的操作技巧。

引导案例　“神算子”十几秒开出高次方

767 376 开平方是多少？捏着手里珍藏多年的梨木老算盘，朱阳生要挑战计算器。“二一添作五，八六七余四……”朱阳生一边讲解，一边噼里啪啦地拨着算珠。经过 10 多秒的运算，很快得出答案，与计算器计算出来的结果完全一致，由此获得了“算盘老爹”的美誉。

如此神奇的运算朱阳生是如何做到的？面对大家的疑虑，朱阳生笑着说，这里面有一些门道：“在用算盘开平方、开立方的基础上，根据指数的性质，也可以用珠算将一个数字开高次方。如开四次方，那就将这个数字开两次平方；如果开六次方，那就将这个数字开一次平方，再开一次立方……”

目前珠算已入选国家级非物质文化遗产名录，民间不乏像朱阳生一样的珠算高手。除了用于高次方等高难度运算外，民间对算盘的玩法也是多种多样的。作为收藏品，算盘具有较高的美学价值。目前，江苏南通珠算博物馆是世界上最大的珠算专题博物馆，由于各地算盘的制作工艺和材质不同，各种老算盘收藏价值较大。作为幼教道具，算盘则具有与普通玩具不一样的益智功能。而作为科研史料，算盘是中国古代数学科学发展的“活化石”。

4.1　除法基本知识

4.1.1　除法简介

除法是乘法的逆运算，是指已知两个因数的积和其中一个因数，求另一个因数的运算方法，也是两个数连续相减的简便算法。因此，减法和乘法是除法运算的基础。其算式为：积÷一个因数=另一个因数（或另一个因数+余数）。其中，积是被除数，一个因数是除数，另一个因数是商数，除不尽时，剩下的数是余数。

珠算除法有基本除法和简捷除法。基本除法中有归除法、商除法等。简捷除法中有扒皮除法、加减代除法、补数除法、省除法等。在这些方法中，由于基本除法中的商除法与笔算除法基本相同，而且具有易学易懂、计算速度快等优点，因此，下面主要学习商除法的运算。

学习除法的运算方法之前，首先要学会商的定位。下面介绍比较实用的两种定位方法：公式定位法和固定个位档定位法。

4.1.2 商的定位方法

珠算除法运算后在盘上得出的结果仅仅是商数的有效数字，只有经过定位，才能得出准确的商。进行定位也要使用数的位数，而数的位数的确定方法与乘法相同，分为正位数、零位数和负位数三种。

1．公式定位法

（1）基本方法。基本方法是以被除数与除数的位数之差为基础，并通过比较被除数、除数的首位有效数字的大小，用一定公式来确定商的位数的一种方法。

以 M 代表被除数的位数，以 N 代表除数的位数，那么商的公式定位法可用以下两个公式表示：

$$\text{商的位数}=M-N \qquad (4.1)$$

或

$$\text{商的位数}=M-N+1 \qquad (4.2)$$

使用这两个公式的规则如下：

1）当被除数的首位有效数字小于除数的首位有效数字时，用式（4.1），即商的位数=$M-N$ 进行定位。例如，8 046÷9=86，被除数的首位有效数字“8”小于除数的首位有效数字“9”，用式（4.1）定位，即 $M=+4$，$N=+2$，得商的位数=$M-N=+4-2=+2$。同样，在 1.066÷0.05=20.5 中，因为被除数的首位有效数字“1”小于除数的首位有效数字“5”，所以商的位数=$M-N=+1-(-1)=+2$。

2）当被除数的首位有效数字大于除数的首位有效数字时，用式（4.2）定位，即商的位数=$M-N+1$ 进行定位。例如，392÷14=28，被除数的首位有效数字“3”大于除数的首位有效数字“1”，用式（4.2）定位，即 $M=+3$，$N=+2$，得商的位数=$M-N+1=+3-2+1=+2$。同样，在 0.728÷0.035=20.8 中，因为被除数的首位有效数字“7”大于除数的首位有效数字“3”，因此，商的位数=$M-N+1=0-(-1)+1=+2$。

3）当被除数和除数的首位有效数字相同时，则比较它们的第二位，第二位相同则比较第三位……以此类推，根据比较的结果再按上述方法选择定位公式。例如，41 496÷456=91，因为被除数的首位有效数字和除数的首位有效数字相同，都是“4”，因此，要比较两者的第二位数字；而被除数的第二位数字“1”小于除数的第二位数字“5”，按 1）和 2）的方法应用式（4.1）定位，即商的位数=$M-N$=+5−3=+2。

4）当被除数和除数的各位有效数字都相同时，用式（4.2），即商的位数=$M-N+1$ 定位。例如，0.387÷0.00 387=100，被除数和除数的各位有效数字都相同，因此，用式（4.2）定位，即商的位数= $M-N+1$=0−(−2)+1=+3。

显然，公式定位法是可适用于各种计算工具和计算方法的一种定位方法。而且用公式定位法定位，算前算后均可使用，算前定位对除不尽的算题便于小数点的取舍，而算后定位可用于检验算完的算题定位是否正确。

（2）盘上公式定位法。用公式定位法的基本原理，具体运用到算盘上定位，叫做盘上公式定位法。具体方法如下：

1）隔位商除法盘上公式定位法。一般地，运用隔位商除法进行运算，从算盘左边第三档（或算盘左边任一记位点档的右二档）起拨入被除数。运算完毕后，若算盘左边第一档（或盘上任一记位点档）是空档，用式（4.1），即商的位数=$M-N$ 进行定位；若算盘左边第一档（或盘上任一记位点档）有数，是实档，用式（4.2），即商的位数=$M-N+1$ 进行定位。

2）不隔位商除法盘上公式定位法。用不隔位商除法计算，从算盘左边第二档（或任一记位点的右一档）起拨被除数，定位法同上。即运算完毕后，若算盘左边第一档（或盘上任一记位点档）是空档，则用式（4.1），商的位数=$M-N$ 进行定位；若算盘左边第一档（或盘上任一记位点档）上有数，则用式（4.2），商的位数=$M-N+1$ 进行定位。

小提示 以上的盘上公式定位法可简单地记为“空档位相减，不空再加 1”。

盘上公式定位法是一种算后定位法，对除不尽的除法题欠直观，适用于除法商的位数验算。

2．固定个位档定位法

固定个位档定位法是一种算前定位法，是在运算前在算盘上定出个位档，定出的个位档即商数的个位档，并以该档为基点，确定被除数的置入位置。具体方法如下：

（1）确定商的个位档。在算盘的右边选一个有记位点的档作为商的个位档，要固定不变，最好与加减法的个位、乘法的个位保持一致。商的个位档确定方法如图 4.1 所示。

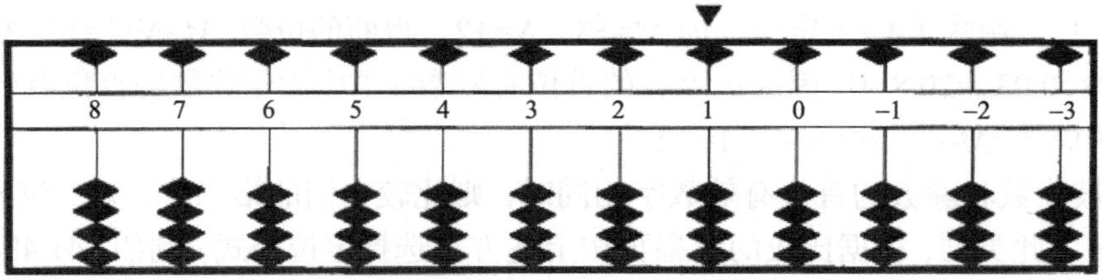

图 4.1　商的固定个位档定位法

（2）布被除数。

1）对于隔位商除法，用公式 $M-N-1$ 来确定被除数首位有效数字置入算盘的档位，即置数档 $=M-N-1$。

【例 4.1】 计算 34 776÷72=483。

置数档 $=M-N-1=+5-2-1=+2$，从+2 位将被除数布入算盘，运算完毕后，算盘上的个位就是商的个位，直接写商数，如图 4.2 所示。

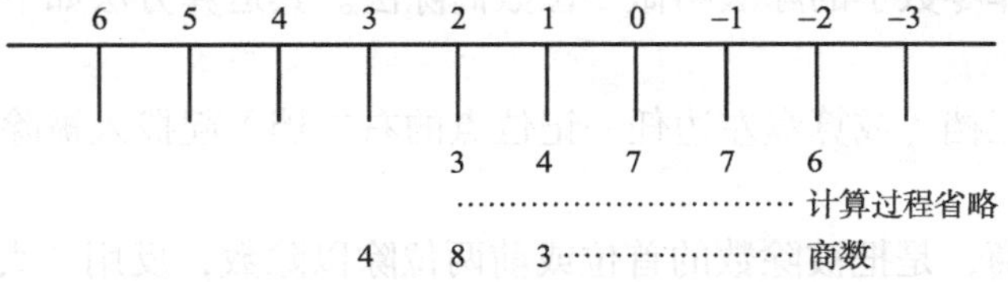

图 4.2 隔位商除法固定个位档定位法

2）对于不隔位商除法，用公式 $M-N$ 确定被除数首位有效数字的起拨档，即置数档 $=M-N$。

【例 4.2】 计算 0.092 64÷0.002 57=36.05（精确到 0.01 位）。

置数档 $=M-N=(-1)-(-2)=+1$ 位，从+1 位将被除数置入盘算，运算完毕后，算盘上的个位就是商的个位，直接写商数，如图 4.3 所示。

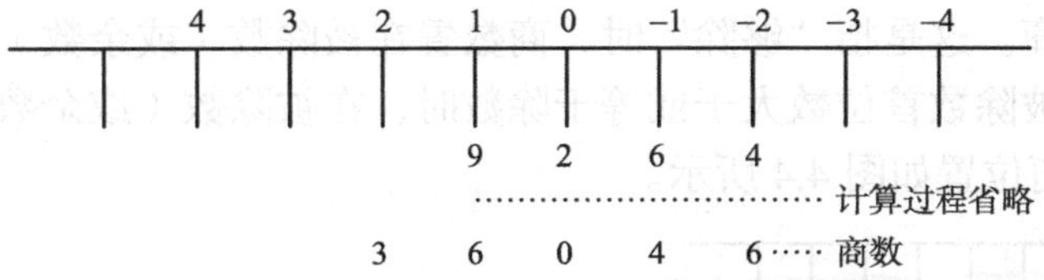

图 4.3 不隔位商除法固定个位档定位法

（3）运算完毕，按照算盘上的得数，直接抄写答案，算盘上的固定个位也是商的个位。

固定个位档定位法的优点是可以直接在盘上读出商的位数，较公式定位法有定位快、准的特点，运算结束后可以直接看盘写出答案。另外，此定位方法对于除法中的近似计算可根据计算需要进行取舍，省略一些对计算精确度没有影响的计算过程，也就是说，对于除不尽的算题，只要计算要求保留的位数即可，下一位的商不必计算，用目测来确定四舍五入就可以了。

4.2 基本珠算除法——隔位商除法

商除法是我国古老的基本除法之一，最早记载商除法的算书是《孙子算经》，它和笔算运算方法基本相同，都用九九口诀求。商除法分为隔位商除法和不隔位（挨位）商除法两种。本节重点介绍隔位商除法。

隔位商除法先根据除数和被除数用心算估商，然后用乘法口诀从被除数中减去商与除数的乘积。它的计算原理和方法与笔算除法基本一致，只是置商的位置和减积的形式不同而已。因此，它的算理简便，会笔算除法的人容易学习掌握。

4.2.1 一位数商除法

除数只有一个非零数字的除法叫做一位数商除法。其运算方法如下。

1. 置数

从算盘左边第三档（或算盘左边任一记位点的右二档）起拨入被除数，默记除数。

2. 估商

估商，也叫试商，是把被除数的首位或前两位除以除数，反用“大九九”口诀，用心算估计出商数。当被除数首位数大于或等于除数时，称为“够除”，是将被除数的首位数除以除数而估出商数，如 9÷3 估商为 3，7÷4 估商为 1 等。当被除数的首位数小于除数时，称为“不够除”，是将被除数的前两位除以除数而估出商数，如 12÷4 估商为 3，17÷2 估商为 8 等。

3. 置商

置商，也叫立商，是把估出的商拨在算盘相应的档次上，其原则是“够除隔位商，不够除挨位商”，也可以简述为“够隔不够挨”。

（1）够除隔位商。这是指“够除”时，商数置在被除数（或余数）首位的左二档上。具体来说，就是当被除数首位数大于或等于除数时，在被除数（或余数）前空出一档拨商数。如 8÷2=4，拨商位置如图 4.4 所示。

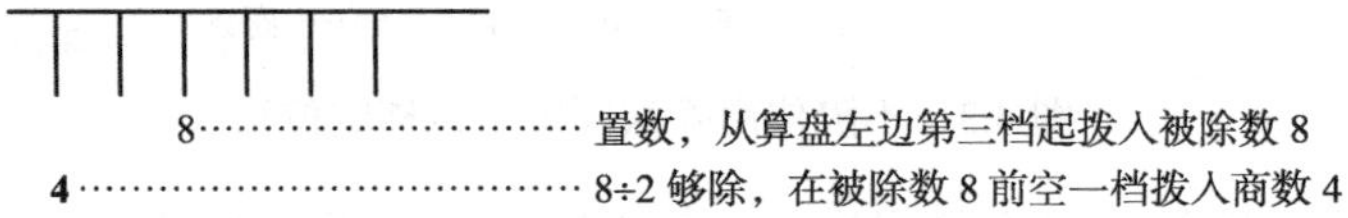

图 4.4 够除隔位商

（2）不够除挨位商。这是指“不够除”时，商数置在被除数（或余数）首位的左一档上。具体来说，就是当被除数首位数小于除数时，挨着被除数（或余数）拨商数，即在被除数的前一档拨商数。如 3÷6=0.5，拨商位置如图 4.5 所示。

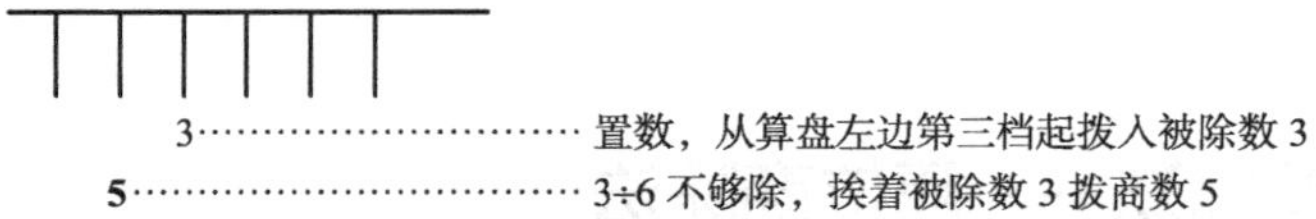

图 4.5 不够除挨位商

4. 减积

减就是置商之后，从被除数中减去商与除数的乘积。减积档次是：乘积的十位数从商数右边第一档减去，个位数从商数右边第二档减去。完成上述步骤后，倘有余数时，继续重复步骤2和步骤3，每置一次商，即乘减一次，直到除尽或达到要求的精确度为止。

5. 定位

用盘上公式定位法进行定位，看算盘左边第一档（或算盘左边任一记位点档）是否为空档。如果是空档，则用式（4.1），即商的位数=$M-N$进行定位；如果不是空档，则用式（4.2），即商的位数=$M-N+1$进行定位。也就是，“空档位相减，不空再加1”。

6. 写答案

看盘面数结合定位写出商数。

【例4.3】 计算3 935÷5=787。

运算过程如下：

（1）置数。从算盘左边第三档（或算盘左边任一记位点右二档）起拨入被除数3 935，默记除数5。

（2）估首位商。被除数首位数3小于除数5，不够除，则用被除数的前两位数39除以除数5，估计商数为7。

（3）置首位商。步骤（2）中可看出本例为“不够除”，根据“不够除挨位商”原则，将首位商7拨入在被除数首位数前一档（算盘左边第二档）上，挨着被除数首位数拨入。

（4）减积。商数7与被除数5的乘积为35，从商数右边第一档起减去，即算盘上第三档上减去乘积的十位数3，再右一档（算盘的第四档）上减去乘积的个位数5，减完后盘上的余数为435。

（5）估第二位商。步骤（4）中的余数435的首位数4小于除数5，不够除，用余数前两位43除以5，估计商数为8。

（6）置第二位商。由于也是“不够除”，根据“不够除挨位商”原则，将第二位商8拨入在余数首位数前一档上，即挨着余数首位数拨入第二位商。

（7）减积。商数8与被除数5的乘积40，从商数右边第一档起减去乘积的十位数4，再在右一档减去乘积的个位数0，减完后盘面除数为35。

（8）估第三位商。步骤（7）中的余数35的首位数3小于除数5，不够除，用余数前两位35除以5，估计商数为7。

（9）置第三位商。由于也是“不够除”，将第三位商7拨入在余数首位数前一档上。

（10）减积。商数7与被除数5的乘积为35，从商数右边第一档起减去积的十位数3，再在右一档减去乘积的个位数5，余数为0，恰好除尽，盘上得数为787。

（11）定位。用盘上公式定位法定位，算盘左边第一档为空档，则用式（4.1）进行定位，即商的位数=$M-N$=+4−1=+3。

（12）写答案。根据盘上得数787，结合定位为+3位，可得本题的答案为787。

盘面运算过程如图 4.6 所示。

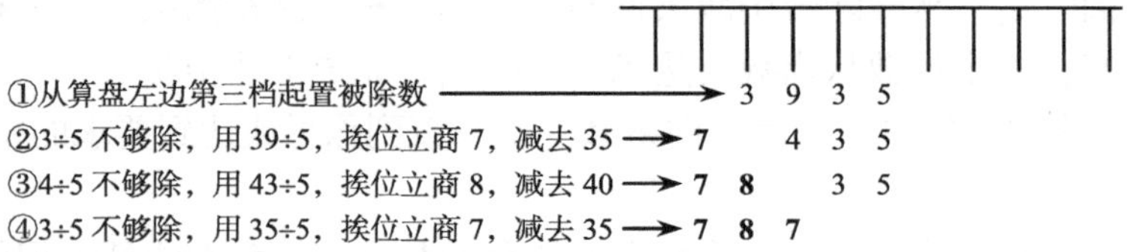

图 4.6 例 4.3 的运算过程

> **小提示** 对于小数除法，运算时将其看成整数除法，算后再定位。

【例 4.4】 计算 0.869 6÷0.8=1.09（精确到 0.01）。

运算过程如下：

（1）置数。将被除数和除数都看做是整数，从算盘左边第三档（或算盘左边任一记位点右二档）起拨入被除数 8 698，默记除数 8。

（2）估首位商。被除数首位数 8 等于除数 8，够除，则商数为 1。

（3）置首位商。步骤（2）中可看出本例为“够除”，根据“够除隔位商”原则，将首位商 1 拨入在被除数首位数前二档（算盘左边第一档）上，与被除数首位隔一档拨入。

（4）减积。商数 1 与被除数 8 的乘积为 08，从商数右边第一档起减去，即算盘上第二档上减去乘积的十位数 0，再在右一档（算盘的第三档）上减去乘积的个位数 8，减完后盘上的余数为 696。

（5）估第二位商。步骤（4）中的余数 696 的首位数 6 小于除数 8，不够除，用余数前两位 69 除以 8，估计商数为 8。

（6）置第二位商。由于是“不够除”，根据“不够除挨位商”原则，将第二位商 8 拨入在余数首位数前一档上，即挨着余数首位数拨入第二位商。

（7）减积。商数 8 与被除数 8 的乘积 64，从商数右边第一档起减去乘积的十位数 6，再在右一档减去乘积的个位数 4，减完后盘面除数为 56。

（8）估第三位商。步骤（7）中的余数 56 的首位数 5 小于除数 8，不够除，用余数前两位 56 除以 8，估计商数为 7。

（9）置第三位商。由于也是“不够除”，将第三位商 7 拨入在余数首位数前一档上。

（10）减积。商数 7 与被除数 8 的乘积为 56，从商数右边第一档起减去积的十位数 5，再在右一档减去乘积的个位数 6，余数为 0，恰好除尽，盘上得数为 1 087。

（11）定位。用盘上公式定位法定位，算盘左边第一档不为空，则用式（4.2）进行定位，即商的位数=$M-N$+1=0−0+1=+1 位。

（12）写答案。根据盘上得数 1 087，结合定位为+1 位，并要求小数点后保留两位数字，可得本题的答案为 1.09。

盘面运算过程如图 4.7 所示。

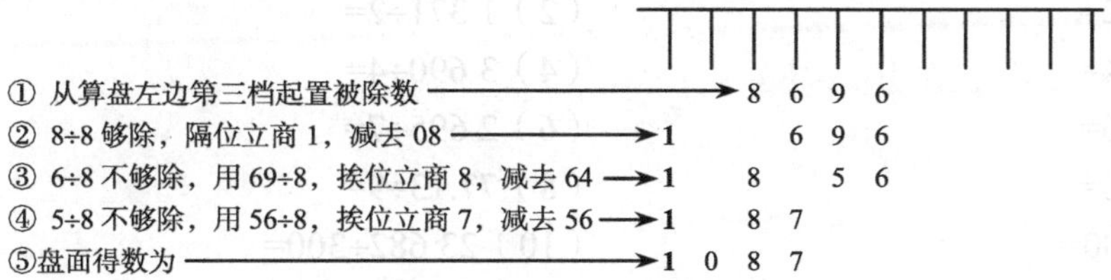

图 4.7　例 4.4 的运算过程

练习：4.68÷0.03=156　　948÷3=316　　243.25÷7=34.75

> **注意**　以上运算方法是使用公式定位法进行定位时的顺序，如果使用固定个位档定位法进行定位，则要先定位。在算盘的右边选一个有记位点的档作为商的个位档，再进行其他过程，即具体方法的顺序是：定位、置数、估商、置商、减积、写得数。

实训 12

商的定位方法与一位数隔位商除法练习

实训要求：通过下面各题，熟悉并掌握商的定位方法和一位数隔位商除法。

实训内容：

1．用公式定位法确定下列各题的商数，在适当的位置加上小数点或 0（精确到 0.01 位）。

（1）75 040÷50=15 008　　（2）58.524 6÷9.47=618

（3）100 200÷5=2 004　　（4）19.442 3÷2.06=9 438

（5）84.14÷0.06=1 403　　（6）291 617÷7 130=409

（7）1.562 7÷0.04=390 675　　（8）41 760÷58=72

（9）306.85÷0.036 1=85　　（10）31 120.94÷86.93=358

2．一位数商除法基本练习。

（1）123 456 789÷2=　　（2）987 654 321÷2=

（3）123 456 789÷3=　　（4）987 654 321÷3=

（5）123 456 789÷4=　　（6）987 654 321÷4=

（7）123 456 789÷5=　　（8）987 654 321÷5=

（9）123 456 789÷6=　　（10）987 654 321÷6=

（11）123 456 789÷7=　　（12）987 654 321÷7=

（13）123 456 789÷8=　　（14）987 654 321÷8=

（15）123 456 789÷9=　　（16）987 654 321÷9=

3．一位数除法实训，得数精确到 0.01 位。

（1）9 246÷2=	（2）1 371÷2=
（3）1 548÷4=	（4）3 690÷4=
（5）2 502÷6=	（6）2 695÷7=
（7）17.12÷8=	（8）77.13÷9=
（9）4 296÷80=	（10）23 682÷300=
（11）208.65÷0.005=	（12）1.025 5÷0.07=
（13）77 769÷900=	（14）906.15÷70=
（15）440 946÷60=	（16）65.110 5÷0.05=
（17）343 752÷40=	（18）431.55÷0.9=
（19）716.54÷600=	（20）0.985 6÷0.02=
（21）23.164÷30=	（22）14 967÷400=
（23）18.645÷0.005=	（24）1.378 4÷0.5=
（25）3.823 1÷0.2=	（26）539.01÷20=
（27）301.64÷90=	（28）4.163 5÷0.06=
（29）49 294÷2 000=	（30）0.062 56÷0.007=

4.2.2 多位数商除法

除数是两位或两位以上非“0”数字的除法叫做多位数商除法。多位数商除法的运算方法和步骤与一位数商除法基本相同，也有置数、估商、置商、减积、定位等计算步骤。不同的是，除数的位数增加，给估商与减积带来了一定的难度。

1．多位数商除法的运算方法及步骤

（1）置数。同一位数商除法一样，从算盘左边第三档（或算盘左边任一记位点的右二档）起拨入被除数，心中默记除数。

（2）估商。用与除数位数相同或比除数位数多一位的被除数进行估商，其方法同一位数商除法。多位数除法的难点在于估商，估商应力求准确。

阅读提高

估商原则

为了快速估商，一般不用整个除数去估商，而把估商部位简化，通常采用下列三种估商方法。

1）当除数的第二数是 0、1、2、3 时，直接用除首去估商，即用除数的首位与被除数相比较估商。例如，48 776÷52=938，除数的第二位是 2，则用 5 来估商，48/5 首位估为 9。

2）当除数的第二位数是 7、8、9 时，用除首估商容易偏大，则用除数的首位加上 1，再与被除数相比较估商。例如，36 432÷69=528，除数的第二位是 9，则用除数的首位 6+1=7 来估商，36÷7 首商估为 5。

3）当除数的第二位是 4、5、6 时，可以灵活掌握。

以上估商方法虽然适合大多数题型，但实际运算时还要看余数的大小，要灵活掌握。

记住，商除法的估商"宁小勿大"。

（3）置商。置商原则是"够除隔位商，不够除挨位商"。这一点与一位数商除法相同。

（4）减积。置商后，用商数与除数各位数逐一相乘，乘积依次从被除数中减去。减积档次是：除数是第几位，它与商数相乘后，其乘积的十位数就从商右边第几档中减去，个位数右退一档减去。也就是说，除数是第一位，它与商数相乘后，其乘积的十位数就从商右边第一档减，个位数在下一档减；除数是第二位，它与商数相乘后，其乘积的十位数就在商数右边第二档减，个位数在下一档减，以此类推。为避免运算中错档，要指不离档，依次相减。还要注意口诀中数位为"0"时，该"0"也占相应的档次。

小提示 减积规律：前一个减积的个位档就是本次减积的十位档，本次减积的个位档又是下次减积的十位档。

商与除数相乘，其积数从被除数中减去以后，如果被除数减没有了，那么算盘上的数就是商数，按照算盘上的个位直接写出商数。如果商右边还有数，这个数就是余数，把余数作为第二次的被除数重新开始估商、置商和减积，直到被除数减没有了或已计算到所要求的精确度为止。

（5）定位。与一位数商除法相同，用盘上公式定位法进行定位，看算盘左边第一档（或算盘左边任一记位点档）是否为空档，根据"空档位相减，不空再加 1"的原则定位。

（6）写答案。看盘面数字结合定位，根据精确度要求写出商数。

2．多位数商除法实例

【例 4.5】 计算 42 796÷52=823。

运算过程如下：

（1）置数。从算盘左边第三档（或算盘左边任一记位点右二档）起拨入被除数 42 796，默记除数 52。

（2）估首位商：被除数前两位数 42 小于除数 52，不够除，则用被除数的前三位数 427 除以除数 52，估计商数为 8。

（3）置首位商。步骤（2）中可看出本例为"不够除"，根据"不够除挨位商"原则，将首位商 8 拨入在被除数首位数前一档（算盘左边第二档）上，挨着被除数首位数拨入。

（4）减积。商数 8 与除数 52 中的十位和个位的乘积分别为 40 和 16，将这两个乘积从被除数中减去。具体方法是：从商数右边第一档，即算盘左边第三档上减去商数 8 与除数首位数字 5 的乘积的十位数字 4，再在右一档（算盘左边的第四档）上减去乘积的个位数 0；从算盘左边第四档上减去商数 8 与除数第二位数字 2 的乘积的十位数字 1，再在右一档（算盘左边第五档）减去乘积的个位数字 6，减完后盘上的余数为 1 196。

（5）估第二位商。步骤（4）中的余数 1 196 的前两位数 11 小于除数 52，不够除，用余数前三位数 119 除以 52，估计商数为 2。

（6）置第二位商。由于也是“不够除”，根据“不够除挨位商”原则，将第二位商 2 拨入余数首位数前一档上，即挨着余数首位数拨入第二位商。

（7）减积。商数 2 与被除数 52 的乘积为 104，先从商数右边第一档（算盘左边第四档）起减去商数 2 与除数首位数字 5 的乘积的十位数 1，再在右一档（算盘左边第五档）减去乘积的个位数 0；从算盘左边第五档减去商数 2 与除数第二位数字 2 的乘积的十位数字 0，再在右一档（算盘左边第六档）减去乘积的个位数字 4，减完后盘面除数为 156。

（8）估第三位商。步骤（7）中的余数 156 的前两位数 15 小于除数 52，不够除，用余数三位 156 除以 52，估计商数为 3。

（9）置第三位商。由于也是“不够除”，将第三位商 3 拨入在余数首位数前一档上。

（10）减积。商数 3 与被除数 52 的乘积为 156，从商数右边第一档（算盘左边第五档）起减去商数 3 与被除数首位数字 5 的乘积的十位数 1，再右一档减去乘积的个位数 5；从算盘左边第六档减去商数 3 与被除数第二位数字 2 的乘积的十位数 0，再在右一档（算盘左边第七档）减去乘积的个位数 6，减完后余数为 0，恰好除尽，盘上得数为 823。

（11）定位。用盘上公式定位法定位，算盘左边第一档为空档，则用式（4.1）进行定位，即商的位数=M–N=+5–2=+3。

（12）写答案。根据盘上得数 823，结合定位为+3 位，可得本题的答案为 823。

盘面运算过程如图 4.8 所示。

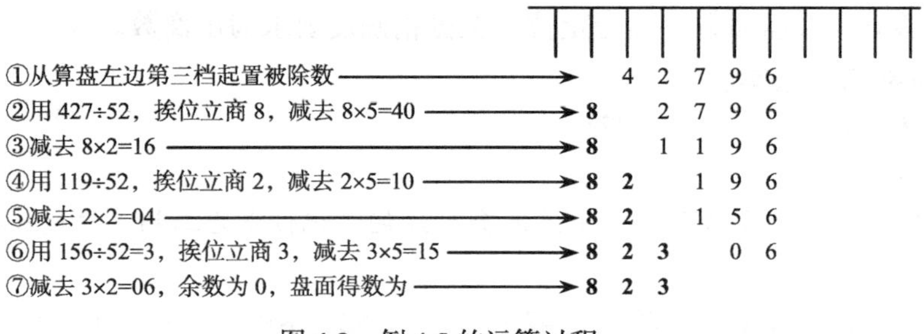

图 4.8 例 4.5 的运算过程

【例 4.6】 计算 3 928.4÷17.08=230。

运算过程如下：

（1）置数。从算盘左边第三档（或算盘左边任一记位点右二档）起拨入被除数 3 928.4，默记除数 1 708。

（2）估首位商。被除数前四位数 3 928 大于除数 1 708，够除，估商为 2。

（3）置首位商。本例为“够除”，根据“够除隔位商”原则，将首位商 2 拨入被除数首位数前隔一档，即算盘左边第一档上。

（4）减积。商数 2 与除数 1 708 中的各位数字相乘，将乘积从被除数中相应档位减去。具体方法是：从商数右边第一档，即算盘左边第二档上减去商数 2 与除数首位数字 1 的乘积 02 的十位数字 0，再在右一档（算盘左边的第三档）上减去乘积的个位数 2；从算盘左边第三档上减去商数 2 与除数第二位数字 7 的乘积 14 的十位数字 1，再在右一档（算盘左边第四档）减去乘积的个位数字 4；从算盘左边第四档上开始减去商数 2 与除数 0 的乘积 00；从算盘左边第五档上减去商数 2 与除数第四位数字 8 的乘积 16 的十位数字 1，再在右一档（算盘左边第六档）减去个位数字 6；减完后盘上的余数为 5 124。

（5）估第二位商。步骤（4）中的余数 5 124 大于除数 1 708，够除，估商为 3。

（6）置第二位商。由于也是“够除”，将第二位商 3 拨入在余数首位数前隔一档上，即在算盘左边第二档上拨入第二位商。

（7）减积。从商数右边第一档（算盘左边第三档）起减去商数 3 与除数 1 708 首位数字 1 的乘积 03 的十位数 0，再右一档（算盘左边第四档）减去乘积的个位数 3；从算盘左边第四档减去商数 3 与除数第二位数字 7 的乘积 21 的十位数字 2，再在右一档（算盘左边第五档）减去乘积的个位数字 1；从算盘左边第五档减去商数 3 与除数第三位数字 0 的乘积 00；从算盘左边第六档减去商数 3 与除数第四位数字 8 的乘积 24 的十位数字 2，再在右一档（算盘左边第七档）减去乘积的个位数字 4，减完后盘面除数为 0，恰好除尽，盘上得数为 23。

（8）定位。用盘上公式定位法定位，算盘左边第一档有数，则用式（4.2）进行定位，即商的位数$=M-N+1=+4-2+1=+3$。

（9）写答案。根据盘上得数 23，结合定位为+3 位，可得本题的答案为 230。

盘面运算过程如图 4.9 所示。

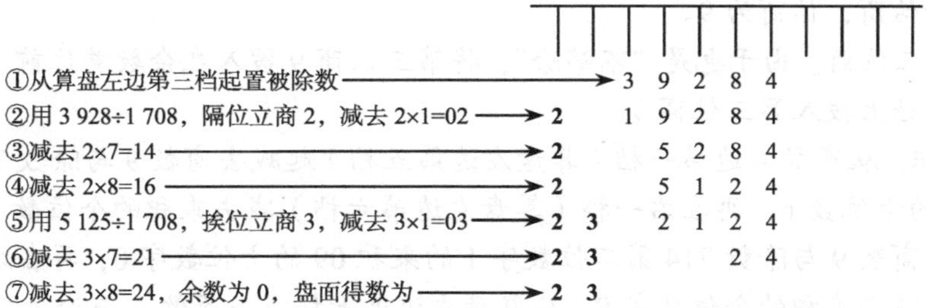

图 4.9　例 4.6 的运算过程

【例 4.7】 计算 26.354÷7.14=3.69（精确到 0.01 位）。

运算过程如下：

（1）置数。从算盘左边第三档（或算盘左边任一记位点右二档）起拨入被除数 26 354，默记除数 714。

（2）估首位商。被除数前三位数 263 小于除数 714，不够除，用被除数前四位数 2 635 去除除数 714 进行估商，估商为 3。

（3）置首位商。本例为“不够除”，根据“不够除挨位商”原则，将首位商 3 拨入在被除数首位数前一档，即算盘左边第二档上。

（4）减积。商数 3 与除数 714 中的各位数字相乘，将乘积从被除数中相应档位减去。具体方法是：从商数右边第一档，即算盘左边第三档上减去商数 3 与除数首位数字 7 的乘积 21 的十位数字 2，再在右一档（算盘左边的第四档）上减去乘积的个位数 1；从算盘左边第四档上减去商数 3 与除数第二位数字 1 的乘积 03 的十位数字 0，再在右一档（算盘左边第五档）减去乘积的个位数字 3；从算盘左边第五档上开始减去商数 3 与除数第三位数字 4 的乘积 12 的十位数字 1，再在右一档（算盘左边第六档）减去乘积的个位数字 2；减完后盘上的余数为 4 934。

（5）估第二位商。步骤（4）中的余数 4 934 的前三位数字 493 小于除数 714，不够除，用除数 4 934 去除除数 714 进行估商，估商为 6。

（6）置第二位商。由于也是“不够除”，将第二位商 6 拨入在余数首位数前一档上，即在算盘左边第三档上拨入第二位商 6。

（7）减积。从商数右边第一档（算盘左边第四档）起减去商数 6 与除数 714 首位数字 7 的乘积 42 的十位数 4，再右一档（算盘左边第五档）减去乘积的个位数 2；从算盘左边第五档减去商数 6 与除数第二位数字 1 的乘积 06 的十位数字 0，再在右一档（算盘左边第六档）减去乘积的个位数字 6；从算盘左边第六档减去商数 6 与除数第三位数字 4 的乘积 24 的十位数字 2，再在右一档（算盘左边第七档）减去乘积的个位数字 4；减完后盘上的余数为 650。

（8）估第三位商。步骤（7）中的余数 650 小于除数 714，不够除，用除数 6 500 去除除数 714 进行估商，估商为 9。

（9）置第三位商。由于也是“不够除”，将第三位商 9 拨入在余数首位前一档上，即在算盘左边第四档上拨入第三位商 9。

（10）减积。从商数右边第一档（算盘左边第五档）起减去商数 9 与除数 714 首位数字 7 的乘积 63 的十位数 6，再在右一档（算盘左边第六档）减去乘积的个位数 3；从算盘左边第六档减去商数 9 与除数 714 第二位数字 1 的乘积 09 的十位数字 0，再在右一档（算盘左边第七档）减去乘积的个位数字 9；从算盘左边第七档减去商数 9 与除数 714 第三位数字 4 的乘积 36 的十位数字 3，再在右一档（算盘左边第八档）减去乘积的个位数字 6；减完后上的余数为 74。

（11）估第四位商。步骤（10）中的余数 74 小于除数 714，不够除，用 740 去除除数 714 进行估商，估商为 1。

（12）定位。基本可以判断此题除不尽，根据要求保留两位小数，可以在此时进行定位。从盘面左边一档为空可以看出，要用式（4.1），即商的位数=$M-N$ 定位，得商的位数=$M-N$=+2–1=+1 位；从盘面上可以看出，已计算到小数后两位，小数点后第三位四舍五入，而第四位估商值为 1，为“舍”。因此，此题商数为 3.69。

> **小技巧**　对于除不尽的算题，为了避免计算多余的商，可在第一位商或第二位商进行减积完后，先进行定位，再根据题目要求，确定计算到第几位商为止；或者在计算前根据公式定位法的基本方法，对被除数和除数的首位数字进行比较，定位后确定估商的位数。
>
> 一般来说，要根据要求的精确度，计算到要求精确度的后一位，进行“四舍五入”。
>
> 为了提高运算速度，当计算到要求精确度的商之后，可用减积完的盘面余数与除数比较。若余数两倍大于除数，则为入；若余数两倍小于除数，则为舍。

盘面运算过程如图 4.10 所示。

①从算盘左边第三档起置被除数 →		2	6	3	5	4	
②用 2 635÷714，挨位立商 3，减去 3×7=21 →	**3**		5	3	5	4	
③减去 3×1=03 →	**3**		5	0	5	4	
④减去 3×4=12 →	**3**		4	9	3	4	
⑤用 4 934÷714，挨位立商 6，减去 6×7=42 →	**3**	**6**		7	3	4	
⑥减去 6×1=06 →	**3**	**6**		6	7	4	
⑦减去 6×4=24 →	**3**	**6**	6	5	0	0	
⑧用 6 500÷714，挨位立商 9，减去 9×7=63 →	**3**	**6**	**9**	2	0	0	
⑨减去 9×1=09 →	**3**	**6**	**9**	1	1	0	
⑩减去 9×4=36，余数为 →	**3**	**6**	**9**		7	4	

图 4.10　例 4.7 的运算过程

练习：1 794÷78=23　　　7.992÷0.296=27　　　573 992÷914=628

4.2.3　补商与退商

隔位商除法，如果计算熟练，掌握了估商的规律，可以做到一次准确估商，避免修正，但由于多位数除法中除数的位数较多，要想做到一次准确估商是不容易的，难免会发生估商偏大或偏小的情况。出现这种情况时，不要重新计算，可以把有偏差的商调整成正确的商数。

当估商偏小时，需要补上一定的商，即补商；当估商偏大时，需要减少一定的商，即退商。

1．补商

在除法计算过程中由于估商偏小，置商并从被除数中减去商数与除数的乘积后，与除数位数相同的前几位余数仍大于或等于除数，说明所估的商数小了，这时需要把商数调大，进行补商。补商的方法是“商数加 1，隔位减除数”。

如果补一次商后，余数仍大于或等于除数，就再补商一次，直到商的右边第一档出现空档并且商右边第二档的余数小于除数为止。

【例 4.8】 计算 16.116÷0.237=68。

运算过程如下：

（1）置数。从算盘左边第三档（或算盘左边任一记位点右二档）起拨入被除数 16 116，默记除数 237。

（2）估首位商。被除数前三位数 161 小于除数 237，不够除，则用被除数的前四位数 1 611 除以除数 237，这里有意识地将商数估得小一点，估商为 5。

（3）置首位商。步骤（2）中可看出本例为“不够除”，根据“不够除挨位商”原则，将首位商 5 拨入在被除数首位数前一档（算盘左边第二档）上，挨着被除数首位数拨入。

（4）减积。从被除数中依次减去商数 5 与除数 237 中各位数字的乘积“五二 10”、“五三 15”、“五七 35”，余数为 4 266。

（5）补商。余数的前三位数字 426 大于除数 237，说明估商偏小了，要补商 1。具体方法是：根据“够除隔位商”，在余数前隔一档上，即在初商 5 中加 1，使商数变为 6；然后在商数 6 右边隔一档起，即原来的余数中，减去除数 237 一次，这时的余数为 1 896。

（6）估第二位商。余数 1 896 的前三位数 189 小于除数 237，不够除，用余数的四位数 1 896 除以 237，估计商数为 7。

（7）置第二位商。由于也是“不够除”，根据“不够除挨位商”原则，将第二位商 7 拨入在余数首位数前一档上，即挨着余数首位数拨入第二位商。

（8）减积。从余数中依次减去商数 7 与被除数 237 的乘积“七二 14”、“七三 21”、“七七 49”，余数为 237。

（9）补商。余数 237 与除数完全相同，说明估商 7 偏小，要补商 1，在余数前隔一档上，即在初商 7 中加 1，使商数变为 8，然后在商数 8 右边隔一档起减除数 237 一次，余数为 0，恰好除尽。

（10）定位。用盘上公式定位法定位，算盘左边第一档为空档，则用式（4.1）进行定位，即商的位数=$M-N$=+2−0=+2。

（11）写答案：根据盘上得数 68，结合定位为+2 位，可得本题的答案为 68。

盘面运算过程如图 4.11 所示。

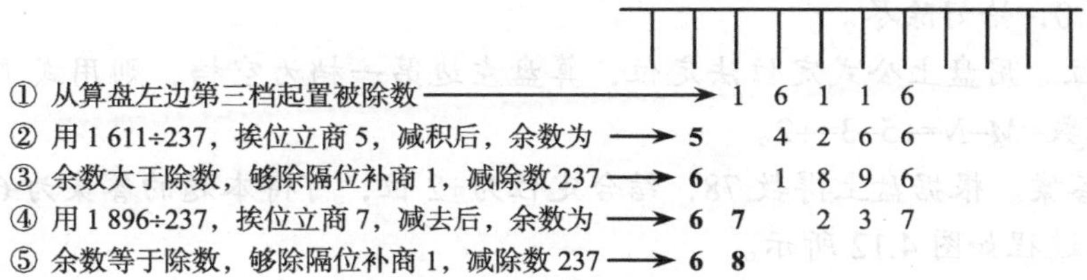

图 4.11 例 4.8 的运算过程

在除法计算中，不论哪一次估商过小，都可以随时进行补商。

2．退商

在商除法计算中，如果估商偏大，在置商后从被除数中减去商数与除数的乘积时，会出现不够减的情况，这时就需要把商数调小，即退商。退商的方法是：商数减 1，隔档加还已乘减过的前几位除数，再按调整后的商与未乘减过的除数继续进行乘减。

【例 4.9】 计算 19 344÷248=78。

运算过程如下：

（1）置数。从算盘左边第三档（或算盘左边任一记位点右二档）起拨入被除数 19 344，默记除数 248。

（2）估首位商。被除数前三位数 193 小于除数 248，不够除，则用被除数的前四位数 1 934 除以除数 248，这里有意识的将商数估得大一点，估商为 8。

（3）置首位商。步骤（2）中可看出本例为“不够除”，根据“不够除挨位商”原则，将首位商 8 拨入在被除数首位数前一档（算盘左边第二档）上，挨着被除数首位数拨入。

（4）减积。从被除数中依次减去商数 8 与除数 248 中各位数字的乘积，减“八二 16”、“八四 32”时是够减的，但在减“八八 64”时算盘上的被除数不够减。

（5）退商。被除数不够减，说明估商偏大，要退商。具体方法：在初商 8 中减去 1，并且在商右边隔一档起加还除数 248 中已经乘减过的除数 24 一次；然后，用退商后的商数 7 乘以还未乘减过的最后一位除数 8，将乘积“七八 56”从商数右边第三档起减去，余数为 1 984。

（6）估第二位商。余数 1 984 的前三位数 198 小于除数 248，不够除，用余数的四位数 1 984 除以 248，这里也有意识地估大一点，估商为 9。

（7）置第二位商。由于也是“不够除”，根据“不够除挨位商”原则，将第二位商 9 拨入在余数首位数前一档上，即挨着余数首位数拨入第二位商。

（8）减积。从余数中依次减去商数 9 与被除数 248 中各位数字的乘积，减“九二 18”时是够减的，但在减“九四 36”时，算盘上的被除数不够减。

（9）退商。被除数不够减，说明估商偏大，要退商。具体方法：在初商 9 中减去 1，并且在商右边隔一档起加还除数 248 中已经乘减过的除数 2 一次；然后，用退商后的商数 8 乘以还未乘减过的最后两位除数 48，从商数右边第二档起依次减“八四 32”、“八八 64”，减完后余数为0，恰好除尽。

（10）定位。用盘上公式定位法定位，算盘左边第一档为空档，则用式（4.1）进行定位，即商的位数=$M-N$=+5−3=+2。

（11）写答案。根据盘上得数78，结合定位为+2位，可得本题的答案为68。

盘面运算过程如图4.12所示。

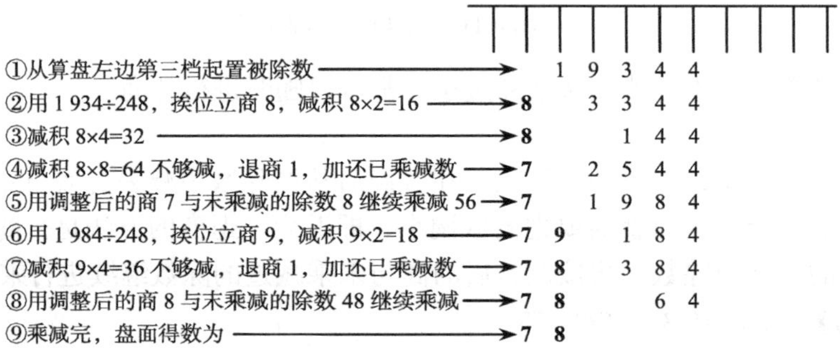

图4.12　例4.9的运算过程

> **小提示**　中途退商后，用调整后的商与未乘减的除数继续乘减的档位，很容易出错，避免出错的办法是“指不离档”。退商时，商数减1，隔档加还已乘减过的除数，除数加到哪一档，食指就在哪一档上，而食指所在的档位就是继续乘减的十位积的档位。
>
> 另外，可以根据除数的位数来判断在哪一档进行乘减。所进行乘减的乘积是商数与第几位除数所得，就从商数右边第几档开始减去。如例4.8中第一次退商中，加还完已经乘减过的除数24后，用退商后的商数7乘以还未乘减过的除数8，由于8在除数中是第三位，所以要将乘积“七八56”从商数右边第三档起减去。

通过上面的介绍和运算，能够比较出来，商除法补商容易，退商难。因此，在运算时，如果估商不确定，那么就“宁小勿大”。

实训13

隔位商除法综合练习

实训要求：通过练习，在一位数隔位商除法基础上，熟练掌握多位数隔位商除法。

实训内容：

1．计算下列各题。

（1）4 392÷61=　　（2）1 394÷82=　　（3）6 142÷83=

(4) 9 959÷23=	(5) 3 526÷43=	(6) 1 944÷54=
(7) 2 709÷63=	(8) 3 008÷94=	(9) 1 995÷21=
(10) 5 980÷52=	(11) 7 144÷94=	(12) 1 278÷71=
(13) 7 452÷92=	(14) 5 396÷71=	(15) 5 082÷42=
(16) 85 932÷93=	(17) 26 904÷38=	(18) 63 808÷64=
(19) 5 321÷17=	(20) 36 144÷360=	(21) 17 004÷0.52=
(22) 9 800÷245=	(23) 3 417÷83.9=	(24) 131 296÷746=
(25) 311.32÷0.391=	(26) 445 056÷608=	(27) 301 320÷162=
(28) 28 944÷603=	(29) 61 490÷946=	(30) 28 395÷631=
(31) 18 446÷401=	(32) 44 512÷416=	(33) 22 518÷417=
(34) 150 722÷682=	(35) 195 272÷634=	(36) 486 266÷682=
(37) 348 195÷417=	(38) 331 150÷358=	(39) 171 814÷271=
(40) 180 762÷282=	(41) 262 614÷346=	(42) 229 425÷475=
(43) 20 558÷1 082=	(44) 941 192÷4 802=	(45) 736 702÷1 538=

2．商除法补商练习。先用括号内所给的商运算，然后进行补商。

(1) 7 416÷18=	(3)
(2) 4 186÷46=	(8)
(3) 1 066÷26=	(3)
(4) 2 456÷307=	(7)
(5) 2 790÷45=	(51)
(6) 1 512÷36=	(31)
(7) 8 614÷146=	(48)
(8) 1 728÷24=	(61)
(9) 1 425÷25=	(46)
(10) 9 945÷153=	(54)

3．商除法退商练习，先用括号内所给的商运算，然后进行退商。

(1) 6 945÷15=	(5)
(2) 1 932÷28=	(8)
(3) 5 418÷63=	(9)
(4) 2 646÷49=	(6)
(5) 81 928÷152=	(6)
(6) 15 312÷319=	(5)
(7) 46 102÷518=	(9)
(8) 29 463÷427=	(7)
(9) 21 774÷382=	(6)

（10）665 327÷839=　　　　　　　　　（8）

4．计算下列各题（精确到0.01位）。

（1）19 018÷74=　（2）38 997÷63=　（3）43 239÷71=
（4）22 865÷85=　（5）17 329÷43=　（6）12 528÷72=
（7）22 896÷72=　（8）15 717÷39=　（9）11.782÷0.43=
（10）38.997÷6.3=　（11）41 772÷460=　（12）0.063 9÷0.085=
（13）8 950÷358=　（14）92.43÷16.2=　（15）289.32÷63.7=
（16）29 036÷427=　（17）11 410÷815=　（18）49 329÷609=
（19）44 030÷518=　（20）52 016÷73.9=　（21）300.23÷40.2=
（22）154.23÷37.9=　（23）864.05÷40.9=　（24）28 497÷413=
（25）12 136÷148=　（26）26 606÷502=　（27）51 392÷704=
（28）262 605÷915=　（29）157 584÷196=　（30）123 717÷759=
（31）18.323 5÷4.26=　（32）89.327 6÷40.9=　（33）70.287 3÷15.7=
（34）123 906÷3.86=　（35）335 506÷579=　（36）1 924.68÷746=
（37）172 002÷263=　（38）2 913.32÷3.46=　（39）174 064÷473=
（40）372 158÷587=　（41）492.544÷59.2=　（42）2 849 385÷385
（43）2 364 288÷384=　（44）4 374 237÷619=　（45）170.332 8÷483.9=

4.3 基本珠算除法——不隔位商除法

不隔位商除法，也叫改商除法。它与隔位商除法的区别在于，立商档位相差一档，即当“够除”时，挨档立商；当“不够除”时，把被除数或余数的首位改为商数。不隔位商除法简化了运算程序，减少了拨珠次数，因此，速度较快。不足之处是个别算题算珠不够用时，需要用脑暂时协助记数，所以难度较大。

4.3.1 一位数商除法

除数只有一个非零数字的除法叫做一位数商除法。其运算方法如下。

1．置数

从算盘左边第二档（或算盘左边任一记位点的右一档）起拨入被除数，默记除数。

2．估商

估商方法和原则与隔位商除法相同。

3．置商

不隔位商除法的置商原则是“够除挨位立商，不够除本位改商”。

（1）够除挨位立商。这是指“够除”时，商数置在被除数（或余数）首位的左一档上。

具体来说，就是当被除数首位数大于或等于除数时，在被除数（或余数）前一档拨商数。如 8÷2=4，拨商位置如图 4.13 所示。

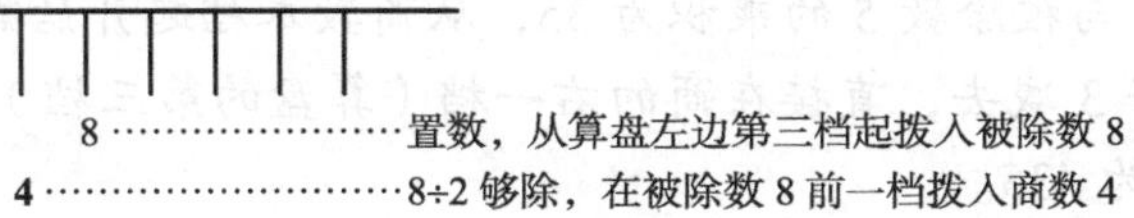

图 4.13　够除挨位立商

2）不够除本位改商。即“不够除”时，商数置在被除数（或余数）的首位上。具体来说，就是当被除数首位数小于除数时，将被除数（或余数）的首位数改为商数。如 3÷6=0.5，拨商位置如图 4.14 所示。

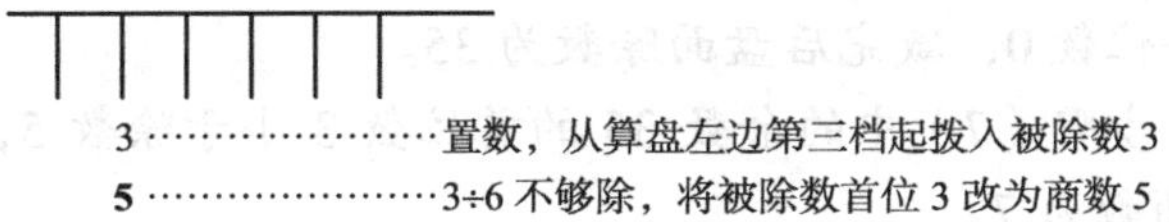

图 4.14　不够除本位改商

4．减积

从被除数（或余数）中减去商数与除数的乘积。减积档次是：乘积的十位数从商数的本位减去，个位在商数右边一档减去。完成上述步骤后，倘有余数时，继续重复步骤 2 和步骤 3，每置一次商，即乘减一次，直到除尽或达到要求的精确度为止。

5．定位

用盘上公式定位法进行定位，看算盘左边第一档（或算盘左边任一记位点档）是否为空档，如果是空档，则用式（4.1），即商的位数=$M-N$ 进行定位，如果不是空档，则用式（4.2），即商的位数=$M-N+1$ 进行定位。也就是，“空档位相减，不空再加 1”。

6．写答案

看盘面数结合定位写出商数。

> **注意**　由于有“本位改商”和“本位减积”因素，所以在试商与减积时，特别要注意心算和减积档次，尽可能避免补商和退商，以提高计算速度。

下面以与隔位商除法相同的算题进行讲解，了解不隔位商除法的运算过程。

【例 4.10】　计算 3 935÷5=787。

运算过程如下：

（1）置数。从算盘左边第二档（或算盘左边任一记位点右一档）起拨入被除数 3 935，默记除数 5。

（2）估首位商。被除数首位数 3 小于除数 5，不够除，则用被除数的前两位数 39 除以除数 5，估计商数为 7。

（3）置首位商。步骤（2）中可看出本例为“不够除”，根据“不够除本位改商”原则，将被除数首位数字 3 改为首位商 7。

（4）减积。商数 7 与被除数 5 的乘积为 35，从商数本档起开始减去乘积的十位数 3，刚才改商的时候已经将 3 减去，直接在商的右一档（算盘的第三档）上减去乘积的个位数 5，减完后盘上的余数为 435。

（5）估第二位商。步骤（4）中的余数 435 的首位数 4 小于除数 5，不够除，用余数前两位 43 除以 5，估计商数为 8。

（6）置第二位商。由于也是“不够除”，根据“不够除本位改商”原则，将第二位商 8 拨入余数首位数字档上，即将首位数 4 改成 8。

（7）减积。商数 8 与被除数 5 的乘积 40，从商数本档减去 4，刚才改商时已经减去，再右一档减去乘积的个位数 0，减完后盘面除数为 35。

（8）估第三位商。步骤（7）中的余数 35 的首位数 3 小于除数 5，不够除，用余数前两位 35 除以 5，估计商数为 7。

（9）置第三位商。由于也是“不够除”，将第三位商 7 改在余数本位档上，即首位数 3 改成 7。

（10）减积。商数 7 与被除数 5 的乘积为 35，从商数本档减去积的十位数 3，上一步改商时已经减去，直接在右一档减去乘积的个位数 5 即可，余数为 0，恰好除尽，盘上得数为 787。

（11）定位。用盘上公式定位法定位，算盘左边第一档为空档，则用式（4.1）进行定位，即商的位数=$M-N$=+4−1=+3。

（12）写答案。根据盘上得数 787，结合定位为+3 位，可得本题的答案为 787。

盘面运算过程如图 4.15 所示。

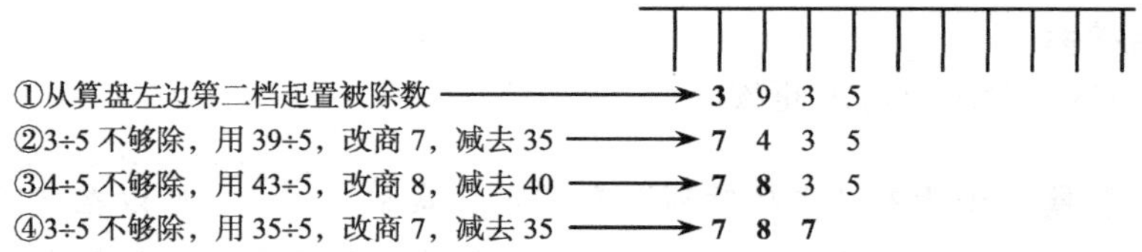

图 4.15　例 4.10 的运算过程

【例 4.11】 计算 0.869 6÷0.8=1.09（精确到 0.01）

运算过程如下：

（1）置数。将被除数和除数都看成整数，从算盘左边第二档（或算盘左边任一记位点右一档）起拨入被除数 8 698，默记除数 8。

（2）估首位商。被除数首位数 8 等于除数 8，够除，则商数为 1。

（3）置首位商。步骤（2）中可看出本例为“够除”，根据“够除挨位商”原则，将首位商 1 拨入在被除数首位数前一档（算盘左边第一档）上，与被除数首位挨着拨入。

（4）减积。商数 1 与被除数 8 的乘积为 08，从商数本档起减去，即算盘上第一档上减去乘积的十位数 0，再右一档（算盘的第二档）上减去乘积的个位数 8，减完后盘面余数为 696。

（5）估第二位商。步骤（4）中的余数 696 的首位数 6 小于除数 8，不够除，用余数前两位 69 除以 8，估计商数为 8。

（6）置第二位商。由于是“不够除”，根据“不够除本位改商”原则，将余数首位数字 6 改成第二位商 8。

（7）减积。商数 8 与被除数 8 的乘积 64，从商数本档减去乘积的十位数 6，上一步改商时已经减去，再在右一档减去乘积的个位数 4，减完后盘面余数为 56。

（8）估第三位商。步骤（7）中的余数 56 的首位数 5 小于除数 8，不够除，用余数前两位 56 除以 8，估计商数为 7。

（9）置第三位商。由于也是“不够除”，将余数首位数 5 改成商数 7。

（10）减积。商数 7 与被除数 8 的乘积为 56，从商数本档减去积的十位数 5，改商时已经减去，再在右一档减去乘积的个位数 6，余数为 0，恰好除尽，盘上得数 1 087。

（11）定位。用盘上公式定位法定位，算盘左边第一档不为空，则用式（4.2）进行定位，即商的位数=$M-N+1=0-0+1=+1$。

（12）写答案。根据盘上得数 1 087，结合定位为+1 位，并要求小数点后保留两位数字，可得本题的答案为 1.09。

盘面运算过程如图 4.16 所示。

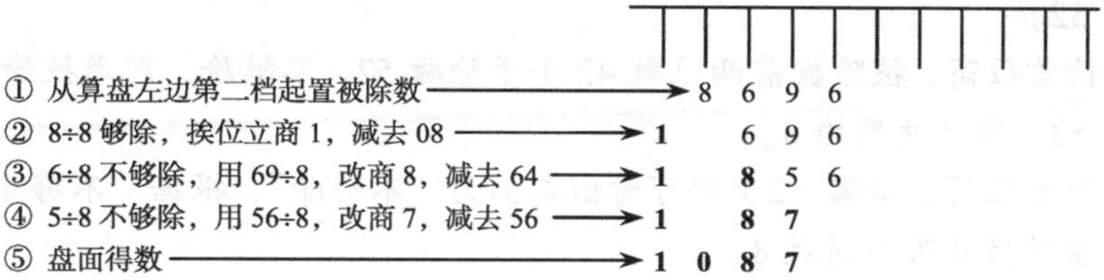

图 4.16 例 4.11 的运算过程

练习：4 025÷5=805　　7 640÷4=1 910　　892.78÷60=14.88

4.3.2 多位数商除法

除数是两位或两位以上非“0”数字的除法叫做多位数商除法。不隔位商除法的计算原理、方法步骤与隔位商除法基本一致，只是置商和减积的档次不同。

1. 多位数商除法的运算方法及步骤

（1）置数。同一位数商除法一样，从算盘左边第二档（或算盘左边任一记位点的右一档）起拨入被除数，心中默记除数。

（2）估商。用与除数位数相同或比除数位数多一位的被除数进行估商，其方法同一位数商除法。多位数商除法的难点在于估商，估商应力求准确。

（3）置商。置商的原则是“够除挨位商，不够除本位改商”。这一点与一位数商除法相同。

（4）减积。商与除数首位数相乘的乘积的十位数从商的本档减去，个位数从商的右一档减去，商与其他各位相乘之积依次递减。减积规律是：前一个减积的个位档，就是本次减积的十位档，本次减积的个位档又是下次减积的十位档，以此类推。为避免运算中错档，要指不离档，依次相减。还要注意口诀中数位为“0”时，该“0”也占相应的档次。

商与除数相乘，其积数从被除数中减去以后，如果被除数减没有了，那么算盘上的数就是商数，按照算盘上的个位直接写出商数。如果商右边还有数，这个数就是余数，把余数作为第二次的被除数重新开始估商、置商和减积，直到被除数减没有了或已计算到所要求的精确度为止。

（5）定位。与一位数商除法相同，用盘上公式定位法进行定位，看算盘左边第一档（或算盘左边任一记位点档）是否为空档，根据“空档位相减，不空再加 1”的原则定位。

（6）写答案。看盘面数字结合定位，根据精确度的要求写出商数。

2．多位数商除法实例

这里仍然用与隔位商除法相同的算题进行讲解，以便了解两种方法的区别。

【例 4.12】 计算 42 796÷52=823。

运算过程如下：

（1）置数。从算盘左边第二档（或算盘左边任一记位点右一档）起拨入被除数 42 796，默记除数 52。

（2）估首位商。被除数前两位数 42 小于除数 52，不够除，则用被除数的前三位数 427 除以除数 52，估计商数为 8。

（3）置首位商。步骤（2）中可看出本例为“不够除”，根据“不够除本位改商”原则，将被除数首位数 4 改为商数 8。

（4）减积。商数 8 与除数 52 中的十位和个位的乘积分别为 40 和 16，将这两个乘积从被除数中减去。具体方法是：从商数本档，即算盘左边第二档上减去商数 8 与除数首位数字 5 的乘积的十位数字 4，在上一步改商中已经减去；再在右一档（算盘左边的第三档）上减去乘积的个位数 0；从算盘左边第三档上减去商数 8 与除数第二位数字 2 的乘积的十位数字 1，再在右一档（算盘左边第四档）减去乘积的个位数字 6，减完后盘上的余数为 1 196。

（5）估第二位商。步骤（4）中的余数 1 196 的前两位数 11 小于除数 52，不够除，用余数前三位数 119 除以 52，估计商数为 2。

（6）置第二位商。由于也是“不够除”，根据“不够除本位改商”原则，将余数首位数字（算盘左边第三档上的）1 改成商数 2。

（7）减积。商数 2 与被除数 52 的乘积为 104，先从商数本档（算盘左边第三档）起减去商数 2 与除数首位数字 5 的乘积的十位数 1，在上一步改商时已经减去；再在右一档（算盘左边第四档）减去乘积的个位数 0；从算盘左边第四档减去商数 2 与除数第二位数字 2 的乘积的十位数字 0，再在右一档（算盘左边第五档）减去乘积的个位数字 4，减完后盘面除数为 156。

（8）估第三位商。步骤（7）中的余数 156 的前两位数 15 小于除数 52，不够除，用余数三位 156 除以 52，估计商数为 3。

（9）置第三位商。由于也是“不够除”，将余数的首位数字（算盘左边第四档上的）1 改成商数 3。

（10）减积。商数 3 与被除数 52 的乘积为 156，从商数本档（算盘左边第四档）起减去商数 3 与被除数首位数字 5 的乘积的十位数 1，这也在上一步改商中减去了；再在右一档减去乘积的个位数 5；从算盘左边第五档减去商数 3 与被除数第二位数字 2 的乘积的十位数 0，再在右一档（算盘左边第六档）减去乘积的个位数 6，减完后余数为 0，恰好除尽，盘上得数为 823。

（11）定位。用盘上公式定位法定位，算盘左边第一档为空档，则用式（4.1）进行定位，即商的位数=$M-N$=+5−2=+3。

（12）写答案。根据盘上得数 823，结合定位为+3 位，可得本题的答案为 823。

盘面运算过程如图 4.17 所示。

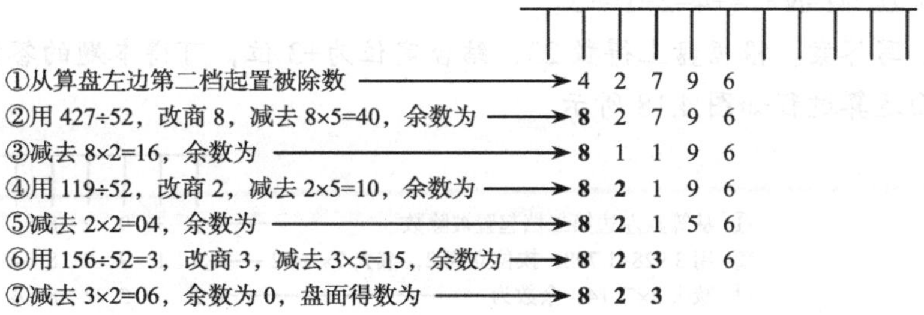

图 4.17 例 4.12 的运算过程

【例 4.13】 计算 3 928.4÷17.08=230。

运算过程如下：

（1）置数。从算盘左边第二档（或算盘左边任一记位点右一档）起拨入被除数 39 284，默记除数 1 708。

（2）估首位商。被除数前四位数 3 928 大于除数 1 708，够除，估商为 2。

（3）置首位商。本例为“够除”，根据“够除挨位商”原则，将首位商 2 拨入在被除数首位数前一档，即算盘左边第一档上。

（4）减积商数 2 与除数 1 708 中的各位数字相乘，将乘积从被除数中相应档位减去。

具体方法是：从商数本档，即算盘左边第一档上减去商数 2 与除数首位数字 1 的乘积 02 的十位数字 0，再在右一档（算盘左边的第二档）上减去乘积的个位数 2；从算盘左边第二档上减去商数 2 与除数第二位数字 7 的乘积 14 的十位数字 1，再在右一档(算盘左边第三档)减去乘积的个位数字 4；从算盘左边第三档上开始减去商数 2 与除数 0 的乘积 00；从算盘左边第四档上减去商数 2 与除数第四位数字 8 的乘积 16 的十位数字 1，再在右一档（算盘左边第五档）减去个位数字 6；减完后盘上的余数为 5 124。

（5）估第二位商。步骤（4）中的余数 5 124 大于除数 1 708，够除，估商为 3。

（6）置第二位商。由于也是“够除”，将第二位商 3 拨入在余数首位数前一档上，即在算盘左边第二档上拨入第二位商。

（7）减积。从商数本档（算盘左边第二档）起减去商数 3 与除数 1 708 首位数字 1 的乘积 03 的十位数 0，再在右一档（算盘左边第三档）减去乘积的个位数 3；从算盘左边第三档减去商数 3 与除数第二位数字 7 的乘积 21 的十位数字 2，再在右一档（算盘左边第四档）减去乘积的个位数字 1；从算盘左边第四档减去商数 3 与除数第三位数字 0 的乘积 00；从算盘左边第五档减去商数 3 与除数第四位数字 8 的乘积 24 的十位数字 2，再在右一档（算盘左边第六档）减去乘积的个位数字 4，减完后盘面除数为 0，恰好除尽，盘上得数为 23。

（8）定位。用盘上公式定位法定位，算盘左边第一档有数，则用式（4.2）进行定位，即商的位数=$M-N+1=+4-2+1=+3$。

（9）写答案。根据盘上得数 23，结合定位为+3 位，可得本题的答案为 230。

盘面运算过程如图 4.18 所示。

① 从算盘左边第二档起置被除数 →		3	9	2	8	4
② 用 3 928÷1 708，挨位立商 2，减去 2×1=02 →	**2**	1	9	2	8	4
③ 减去 2×7=14，余数为 →	**2**		5	2	8	4
④ 减去 2×8=16，余数为 →	**2**		5	1	2	4
⑤ 用 5 125÷1 708，挨位立商 3，减去 3×1=03 →	**2**	**3**	2	1	2	4
⑥ 减去 3×7=21，余数为 →	**2**	**3**			2	4
⑦ 减去 3×8=24，余数为 0，盘面得数为 →	**2**	**3**				

图 4.18 例 4.13 的运算过程

练习：9.152÷2.86=3.2　　5 668÷26=218　　65 535÷255=257

不隔位商除法最大的优点是改商与减乘积的十位数是同时进行的，因此，拨珠次数少，若能加强实训，熟练掌握后速度较快。不隔位商除法的难点就是，当被除数改商减积后的余数仍大于或等于 10 时，因算珠不够用，需要用大脑协助记数。

实训 14

不隔位商除法综合练习

实训要求：练习使用不隔位商除法进行除法运算。

实训内容：

计算下面各题，精确到 0.01 位。

(1) 891.78÷60=　(2) 54 908÷0.7=　(3) 16 592÷4=

(4) 23 238÷0.9=　(5) 326 097÷9=　(6) 71 654÷600=

(7) 0.312 5÷0.08=　(8) 31 934.1÷70=　(9) 31 506÷0.4=

(10) 432.56÷3=　(11) 19 943÷50=　(12) 0.081 547÷0.3=

(13) 9 367÷19=　(14) 24 885÷67=　(15) 662 872÷89=

(16) 1 081÷23=　(17) 3 649÷89=　(18) 11 655÷37=

(19) 46 967÷67=　(20) 11 077÷53=　(21) 34.56÷6.4=

(22) 4 470÷0.075=　(23) 4 080÷8.5=　(24) 27 027÷39=

(25) 51 392÷704=　(26) 38 480÷592=　(27) 1.735 7÷2.43=

(28) 38 192÷682=　(29) 21 331÷257=　(30) 38 192÷682=

(31) 428.72÷68.8=　(32) 429 149÷707=　(33) 165 816÷504=

(34) 5 766 300÷774=　(35) 0.384 98÷0.053 9=　(36) 81.436 8÷26.8=

4.4　简捷除法——补数除法

在多位数除法运算中，对特殊数字的算题采用特殊的运算方法，以求简化运算过程、提高运算速度的除法，叫简捷除法。珠算除法的简捷方法有多种，本节主要介绍补数除法。

补数除法，又叫凑数除法，是补数乘法的逆运算。当除数接近 10 的乘方数，即 10^n，而又略小于它时，如 98、997、9 985 等，可以把先凑成 10^n 进行相除，按不隔位商除法运算，每得出一个试商后，在被除数中加上试商与除数的补数之积。即先在算盘上拨入被除数，然后将被除数（或余数）的首位作为商数，这个商数乘以除数的补数，边乘边将积拨加在算盘上。若加积后余数大于或等于原来除数，就从余数中拨去一个除数，并在试商档上加 1（补商），即能得出正确的商。具体运算方法和步骤如下。

1．置数

从算盘左边第二档起拨入被除数。

2．求补数

将除数凑成 10^n，并求出补数。

> **注意** 为了避免加错档位，求补数时，除数是几位数，就说明补数也是几位数，如 98 的补数是 02、997 的补数是 003、9 985 的补数是 0 015。

3. 加积

把被除数或余数的首位作为商数，用这个商数乘以补数，将其乘积加在被除数中。

加积档次如下：试商与除数第几位补数相乘，其乘积的个位数就加在试商右几档上，在个位积的左一档上加积的十位数。

4. 定位

用盘上公式定位法定位，看算盘左边第一档（或算盘左边任一记位点档）是否为空档，根据“空档位相减，不空再加 1”的原则定位；用补数法运算，一般都用公式 $M-N$ 定位（因为被除数首位小于除数首位）。

【例 4.14】 计算 20 758÷97=214。

运算过程如下：

（1）从算盘左边第二档起拨入被除数 20 758，默记除数的补数 03。

（2）被除数首位数是 2，得到首位商为 2，再与补数 03 相乘得 06，从商数 2 本档起加 006，加完后商数 2 右边余数为 1 358。

（3）余数的首位数为 1，可确定第二位商为 1，再与补数 03 相乘得 03，从商数 1 本档起加 003，加完后商数 21 右边余数为 388。

（4）余数的首位数为 3，可确定第三位商为 3，再与补数 03 相乘得 09，从商数 3 本档起加 009，加完后商数 213 右边余数为 97。

（5）余数为 97，与原除数 97 相同，可得商 1，在第三位商数 3 中加 1，并在商数 4 右边一档起减除数 97，恰好除尽。

（6）定位。商的位数=$M-N$=+5−2=+3，得商数为 214。

盘面运算过程如图 4.19 所示。

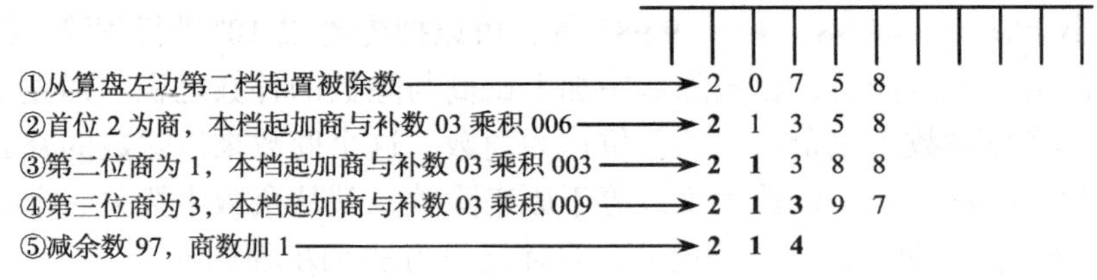

图 4.19 例 4.14 的运算过程

【例 4.15】 计算 571 854÷998=573。

运算过程如下：

（1）从算盘左边第二档起拨入被除数 571 854，默记除数的补数 002。

（2）被除数首位数是 5，得到首位商为 5，再与补数 002 相乘得 010，从商数 5 本档起加 0 010，加完后商数 5 右边余数为 72 854。

（3）余数的首位数为 7，可确定第二位商为 7，再与补数 002 相乘得 014，从商数 7 本档起加 0 014，加完后商数 57 右边余数为 2 994。

（4）余数的首位数为 2，可确定第三位商为 2，再与补数 002 相乘得 004，从商数 2 本档起加 0 004，加完后商数 572 右边余数为 998。

（5）余数为 998，与原除数 998 相同，可得商 1，在第三位商数 2 中加 1，并在商数 3 右边一档起减除数 998，恰好除尽。

（6）定位。商的位数=$M-N$=+6−3=+3，得商数为 573。

盘面运算过程如图 4.20 所示。

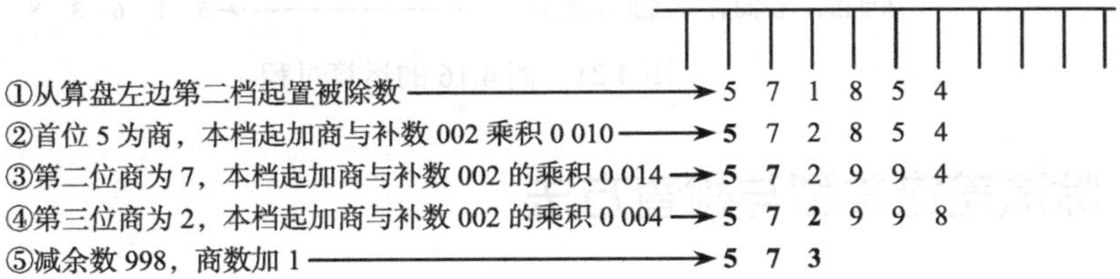

图 4.20 例 4.15 的运算过程

> **注意** 加完商与补数的乘积后，若前档出的数字与本档加补数的倍数不一致，要调整使其一致。当前档出的数字比本档加补数的倍数大时，就在本档继续加补数调整使其一致，叫做调加；当前档出的数字比本档加补数的倍数小时，就在本档减补数调整使其一致，叫做调减。

【例 4.16】 计算 5.732 6÷0.93=6.16（精确到 0.01 位）。

运算过程如下：

（1）从算盘左边第二档起拨入被除数 57 326，默记除数的补数 07。

（2）被除数首位数是 5，得到首位商为 5，再与补数 07 相乘得 35，从商数 5 本档起加 035，加完后商数 5 变成 6，其右边余数为 826。

（3）前档数字 6 比本档加补数的倍数 5 大，要进行调加，即在商数右边一档加上补数 07，调整完后，商数 6 右边的余数为 1 526。

（4）余数的首位数为 1，可确定第二位商为 1，再与补数 07 相乘得 07，从商数 1 本档起加 007，加完后商数 61 右边余数为 596。

（5）余数的首位数为 5，可确定第三位商为 5，再与补数 07 相乘得 35，从商数 5 本档起加 035，加完后商数 5 变成 6，其右边余数为 31。

（6）商数 6 比本档加补数的倍数 5 大，要在其右一档起加上补数 07 进行调加，调整完后，商数 616 右边的余数为 38。

（7）除不尽，为了节省运算时间，先进行定位，商的位数=$M-N$=+1−0=+1。

（8）目测，用 380 作为余数，余数首位是 3，则第四位商为 3，小于 5，舍去，得数为 6.16。

盘面运算过程如图 4.21 所示。

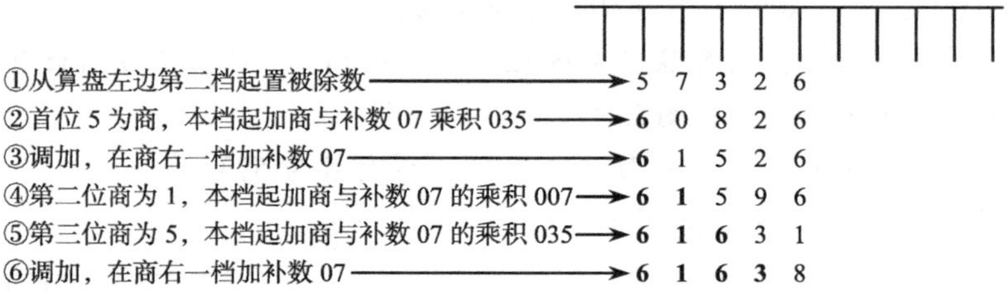

图 4.21　例 4.16 的运算过程

4.5　除法差错类型与检查方法

珠算除法一般出现差错的类型是看错数字、把数字看颠倒、带珠、减积差错、定位错误等。

但是，在减积时口诀与拨珠颠倒，或在抄答数时将商数写颠倒，或在运算中途减错档次等，那是很难查出的，因此，平时一定要练好基本功。

4.5.1　除法易出差错及原因

1. 减积错档

造成减积错档的主要原因是乘积中的“0”和减积错档，特别是中途退商，一定要注意减积档次。记住减积的“0”在算盘上要占一档，就不会错位了。其减积的规律是从左到右，逐位相减，接上次减积的个位档，就是本次减积的十位档，迭位相减；当积的十位是“0”时，退一档减个位，只要“指不离档”，是不会错过的。

2. 置商错误

除法很容易发生置商错误，因此，一定要按规则置商。隔位商数法的置商规则为“够除隔位商，不够除挨位商”，不隔位商除法的置商规则是“够除挨位商，不够除本位改商”。

3. 定位错误

造成定位错误的主要原因是定位方法掌握不好。造成定位错误时，用被除数和除数进行比较，即用公式定位法判断被除数大于、等于或小于除数，来确定商的位数。也可以交换定位方法，如原用固定个位档定位法，再用公式定位法来检查。

4.5.2 除法差错检查方法

1．交换检查法

可用被除数除以商数，得除数，或用除数乘以商数加上余数来进行检查，也可以用商数乘以除数来检查。在用商数乘以除数时，若末位商是入，则商数乘以除数所得的积应略大于原被除数；若末位商是舍，则商数乘以除数所得的积应略小于原被除数。

2．首数检查法

用商数的首位与除数的首位相乘，将乘得的积的首位或前两位数与被除数的首位或前两位相比较。如果积数大于被除数，则商数肯定是错误的；如果积数小于被除数，相差很大，也可能商数是错误的。例如，1 575÷63=35，而 3×6=18＞15，所以原商数错误，正确商数是 25。又如，5 576÷41=356，由于 5×4=20，2＜5，2 与 5 相比差距又较大，原商数错误，重复一次，正确商数是 36。

阅读提高

试商口诀

“试商口诀”共有六句，内容如下：

（1）二一试商 6。

（2）三一商 4，三二 7。

（3）四除倍加 1。

（4）五除加倍，六加 2。

（5）七、八除来都加 1。

（6）九除商数齐。

商除法具有简单易学的特点，可是许多人，特别是初学者认为：“多位数除法试商没有准数，估商难而且慢。”其实只要通过练习，熟练掌握试商的规律、技巧，就会使估商变得容易。这里介绍用上面的“试商口诀”进行估商。

利用乘法口诀心算估商，速度一般较慢。用“试商口诀”则较简便，口诀共六句，是在被除数首位数小于除数首位数的情况下适用的。如果被除数首位数大于除数首位数，可仍用乘法口诀估商，速度不慢。

在上面六句“试商口诀”的第（1）（2）句口诀中，相连的两个中文数字，第一个代表除数的首位数，第二个代表被除数的首位数，阿拉伯数字代表“试商数”；第（3）（4）（5）（6）四句口诀中，中文数字代表除数的首位数，阿拉伯数字表示按被除数首位数再加上这些应加数作为“试商数”。试商时，对被除数和除数一律只取首位数试商。

“试商口诀”使用方法如下：

（1）二一试商 6。这是指除数首位数是 2，被除数首位数是 2，一律试商 6。例如，

178 434÷207 和 170 816÷2.176，都试商 6。

（2）三一商 4，三二 7。“三一商 4”是指除数首位数是 3，被除数首位数是 1，一律试商 4。例如，13 201÷307 和 166 888÷3 268 都试商 4。“三二 7”是指除数首位数是 3，被除数首位数是 2，一律试商 7。例如，26 904÷38 和 293 436÷396 都试商 7。

（3）四除倍加 1。这是指除数首位数是 4，一律按被除数首位数加倍再加 1 作为试商数。例如，12 434÷42，除数首位数是 4，被除数首位数是 1，1 加倍 2，再加 1 为 3，试商为 3。

（4）五除加倍，六加 2。“五除加倍”是指除数首位数是 5，一律按被除数首位数加倍，作为试商数。例如，2 829 183÷597，除数首位数是 5，被除数首位数是 2，2 加倍 4，试商数为 4。“六加 2”是指除数首位数是 6，一律按被除数首位数加 2，作为试商数。例如，284 308÷629，除数首位是 6，被除数首位数是 2，2 加 2 为 4，试商 4。

（5）七、八除来都加 1。这是指除数首位数是 7 或 8，一律按被除数首位数加 1，作为试商数。例如，308.22÷7.28，被除数首位数是 3，3 加 1 为 4，试商 4；52.372÷0.825，被除数首位数是 5，5 加 1 为 6，试商 6。

（6）九除商数齐。这是指除数首位数是 9，则试商数一律与被除数首位数相同。例如，60 841÷924，除数首位数是 9，被除数首位数是 6，试商 6。

用“试商口诀”求商，大多数是准确的，少数是不准确的，有时偏小，有时偏大，而以偏小者居多。如果试商数不准确，按以下三种情况处理：

（1）开始发现不准，将试商数增加或减少后再进行运算。

（2）某位商数运算终了，发现余数大于除数，则补商。

（3）中途发现被除数不够减则退商，用前面介绍的补商与退商方法。

用“试商口诀”试商，简单快捷，但初学者开始难以背记，动作较慢。现把它概括为表 4.1 中的形式，运用方便，一目了然。

表 4.1 试商表

<table>
<tr><th>被除数（首位）</th><th>除数（首位）</th><th>试 商 数</th><th></th></tr>
<tr><td rowspan="2">1</td><td>2</td><td>6</td><td></td></tr>
<tr><td>3</td><td>4</td><td></td></tr>
<tr><td>2</td><td>3</td><td>7</td><td></td></tr>
<tr><td rowspan="5">A</td><td>4</td><td>$2a+1$</td><td rowspan="5">注：a 小于除数首位数</td></tr>
<tr><td>5</td><td>$2a$</td></tr>
<tr><td>6</td><td>$a+2$</td></tr>
<tr><td>7 或 8</td><td>$a+1$</td></tr>
<tr><td>9</td><td>a</td></tr>
</table>

实训15

除法综合练习

实训要求：在基本除法的基础上，练习使用简捷除法；通过大量练习，熟练掌握珠算除法，并提高运算正确率和计算速度。

实训内容：

1．用补数除法计算下列各题（精确到0.01位）。

（1）27 846÷9=　　（2）48 672÷96=　　（3）65 954÷98=

（4）32 054÷9.4=　　（5）74 290÷95=　　（6）13 386÷97=

（7）64 805÷997=　　（8）37 848÷996=　　（9）45 494÷989=

（10）652 401÷993=　　（11）823.36÷9.92=　　（12）63.182 5÷9.95=

（13）349 580÷9 998=　　（14）619 256÷9 988=　　（15）2 458 770÷9 995=

2．综合练习一，普通四级除法，5分钟完成10道题，对8题四级合格，对7题五级合格，对6题六级合格（精确到0.01位）。

（1）54 964÷91=　　（2）48 546÷62=　　（3）3 179÷17=

（4）22 865÷85=　　（5）17 329÷43=　　（6）12 528÷72

（7）66 049÷257=　　（8）781 878÷863=　　（9）314 382÷906=

（10）137 382÷741=　　（11）9.156 3÷3.09=　　（12）81.436 8÷26.8=

（13）24 882÷638=　　（14）6 825÷105=　　（15）39 933÷459=

（16）7 656÷638=　　（17）13 376÷704=　　（18）0.384 98÷0.0539=

（19）17 253÷243=　　（20）20 350÷275=　　（21）520.16÷73.9=

（22）17.619 8÷6.85=　　（23）688 018÷926=　　（24）23 865÷185=

（25）26.025 7÷3.04=　　（26）157 314÷314=　　（27）163 212÷609=

（28）21 630÷618=　　（29）31 372÷341=　　（30）11 960÷184=

3．综合练习二，普通一级除法。5分钟完成10道题，对9题一级合格，对8题二级合格，对6题三级合格（精确到0.01位）。

（1）2 875 824÷951=　　（2）3 484 404÷419=

（3）17 846.25÷25.7=　　（4）3 510 364÷572=

（5）463.585 6÷5.63=　　（6）9 382 802÷583=

（7）43 869.854÷68.5=　　（8）9 382 802÷583=

（9）914.064 7÷3.52=　　（10）18 523.96÷38.7=

（11）2 727 594÷4 023=　　（12）17 596 096÷3 038=

（13）484.516 7÷81.05=　　（14）26.033 56÷0.931=

（15）2 070 618÷3 014=

（16）5 568 512÷5 438=

（17）7 890.854÷369.14=

（18）39 601.71÷9 706.3=

（19）1 586 834÷9 502=

（20）20 026 167÷29 407=

第 2 部分　点钞技术

第5章　点钞的基本知识

本章知识技能要点与要求

※ 掌握货币的种类；

※ 了解钞票的由来和我国纸币的产生；

※ 了解我国人民币的基本知识；

※ 掌握点钞的基本环节和点钞的基本要求。

引导案例　钱币收藏

钱币作为法定货币，在商品交换过程中充当一般等价物，执行价值尺度、流通手段、支付手段、储藏手段和世界货币五种职能，这是钱币作为法定货币在流通领域中所具有的职能。然而，抛开其作为法定货币的角色，而作为一种艺术品和文物，钱币又具有了另一种特殊的职能——收藏价值。

古钱币是中国文化遗产中的瑰宝。从贝币、刀币，到铜钱、铜元和银元，古钱币伴随着这个文化古国的脚步走过了4 000多年。古钱币之所以珍贵，不仅因为历经岁月沧桑，存世数量稀少，也不仅因为设计精巧、铸造技术高超，更因为作为一种文化载体，它记录着各个朝代、各个时期的政治、经济、金融、商业、文化、科技的发展和变迁。

人民币的收藏也是现在钱币收藏的热门项目，之所以形成人民币收藏热，除了收藏钱币"有利可图"之外，也因为钱币藏市上稀缺的一些品种的确曾经出现在我们生活中，包含了我们的生活痕迹和成长印记，以及当时的意识形态，使越来越多的人热衷于对人民币的收藏，从而为买卖双方都创造了积极的市场。

5.1　货币的由来

5.1.1　货币的产生与发展

人类社会起初并无货币存在。货币是商品交换在长期发展过程中分离出来的特殊商品，是商品交换发展的自然结果。在原始社会后期，由于社会生产力的发展，产品在满足生产者自身需要后有了一些剩余，于是，在原始公社之间出现了最初的实物交换。随着生产的发展，商品交换逐渐变成经常性的行为，交换数量日益增多，范围也日益扩大。但是，直接的物物交换中常会出现商品转让的困难。因为被交换商品必须对双方都具有使用价值，且商品价值又必须等量。而物物交换不可能永远同时满足这两个条件，必然要求有一个一般等价物作为交换的媒介。最初充当一般等价物的商品是不固定的，它只在狭小的范围内暂时交替地由这种或那种商品承担，当一般等价物逐渐固定在特定种类的商品上时，它就定型为货币。

自货币产生以来，其具体形式随着生产力和商品经济的发展不断地变化，主要体现在货币材料的变化上。从货币的发展过程来看，可以划分为如下几类。

1．实物货币

实物货币是指作为货币用途的价值与其非货币用途的商品价值相等的货币。如在中国历史上，龟壳、海贝、蚌珠、皮革、齿角、米粟、布帛、农具等都曾作为实物货币被使用过。但这些以实物形态存在的货币，在交换中具有一定的局限性。由于充当货币的物体，一般须具备普遍接受性、价值稳定性、统一性、可分性、耐久性、轻便性等特点，因此，随着商品经济的发展，实物货币逐渐被金属货币所取代。

2．金属货币

金属货币指以金属为材料并铸成一定形状的货币。金属货币较实物货币更具有充当货币物体的特征，是商品经济发展到一定阶段的产物。中国是最早使用金属货币的国家之一，早在殷商时代，金属货币就已成为货币的主要形式。由于金属货币在流通中会磨损减重，加上人为实行的铸币变质政策，以及随着商品交换规模不断扩大，金属货币特别是贵金属货币流通量的增长已远远不能满足生产、贸易、金融等交易量迅速增长的需要，金属货币逐渐被纸币或信用货币所取代。

3．信用货币

广义的信用货币指充当支付手段和流通手段的各种信用凭证，包括银行券、汇票、期票、银行支票等。狭义的信用货币指银行信用货币，即银行券和银行支票。信用货币以票据流通为基础，直接产生于货币的支付手段职能。信用货币是商品经济发展的必然产物，是金属货币制度崩溃的直接后果。随着商品经济的发展，信用制度日益发展，货币作为支付手段的职能日益深化，各种形式的信用货币得以产生和发展。尤其在 20 世纪 30 年代，由于世界经济危机的发生，各主要资本主义国家先后被迫放弃金本位和银本位货币制度，纸币不再兑换金属货币，信用货币更有了长足的发展。信用货币已成为当代几乎所有国家所采用的货币形式之一。

4．纸币

纸币是国家发行和强制流通的价值符号。它本身的价值大大低于它作为价值符号所表示的货币价值，所以习惯上认为纸币本身没有价值。纸币产生于货币的流通手段职能。货币在流通中充当商品交换的媒介。而作为媒介物的铸币，在流通中会发生磨损，成为不足值的铸币。但这种不足值的铸币在一定限度内仍然可以像足值铸币一样充当流通手段，从而使铸币有了可用其他材料制成符号或象征来代替的可能性。由于统治者有意识地利用这种特点，降低铸币的成色或重量，甚至用贱金属取代原来的铸币，进而利用国家政权发行并强制流通没有内在价值的纸币来代替铸币，强制流通使纸币作为货币象征或符号得到了社会公认。我国是世界上最早使用纸币的国家。公元 11 世纪，北宋的"交子"是典型的纸币，它是由国家印制、强制行使的不兑现的货币符号。其后，元、明、清发行的"宝钞"，也属于典型的纸币。

5．存款货币

存款货币指金融机构的存款。由于存款人可以根据银行活期存款或支票存款开出支票，支票又可以在市场上转让流通，具有流通手段和支付手段职能，使银行存款起到了货币的作用，故在西方国家一般将银行活期存款和支票存款称为存款货币或存款通货。但支票本身并不是货币，只是出票人向银行发出并要求银行付款的票据。活期存款才是真正的货币，只要存款人在银行活期账户上仍有余额，可随时提取，开出支票即可当现金使用，是成本最低的交易媒介和支付手段。西方国家在计算货币供应量时，根据资产流动性的标志，都把商业银行活期存款视同现金，并加在一起计算，称为 M_0，作为狭义的货币供应量。

5.1.2 "钞票"的由来

从上面内容可以看出，现代纸币主要有钞票和支票存款两种形式。因此，严格来说，纸币和钞票不是同义语。但在日常生活中，我们习惯把纸币之类——不管它是美元、人民币还是英镑，或是法郎——统统用一个词来称呼：钞票。可我们为什么要把它们称为"钞票"呢?

"钞票"是我国近代对银行券和政府纸币的俗称，人们对其由来有不同的认识。

有人说，"钞票"自金代发行以纸印制的"交钞"起，"钞"字即已深入人心，并习惯以"钞"为货币的代称，"钞票"之名便由此而起。但一般认为，"钞票"一词起源于清朝咸丰年间，它是"大清宝钞"和"户部官票"两者的合称。

在中华历史中，银两和铜钱一直是主要的货币单位。但人们发现在进行大宗商业活动时，要携带这些货币非常不方便，于是便出现了由当铺、票号和商店等发放的取银凭证——"银票"和由官府发放的取钱凭证——"宝钞"。清朝晚期发行的"户部官票"是以银两作为单位的纸币，故又称其为"银票"、"官票"，其面额为一两、三两、五两、十两和五十两五种，是 1853 年 6 月清朝政府主要为筹捐镇压太平天国革命所需军费而发行的支付手段。凭此可以兑换银两。同年 12 月，清朝政府又发行以制钱为单位的纸币"大清宝钞"，其面额最初分二百五十文、五百文、一千文、一千五百文、二千文数种，后又增发了五千文、十千文、百千文等大钞。规定用此宝钞可以纳地丁、钱粮、关税、盐课及向官府缴纳各种款项，每二千文钱抵官票银一两。这样，在当时市场流通中，用小额货币需要使用"大清宝钞”，即“宝钞”；而用银两要使用“户部官票”，即“银票”，老百姓出行购物就需要带两种纸币。为了便于称呼，就把两种纸币合称为“钞票”了。

虽然由于当时清政府财政拮据，银两、制钱严重不足，“官票”和“宝钞”自发行初就不能保证兑现，加之毫无节制，一味滥发，严令强制推行，钞值日跌，造成恶性通货膨胀，物价飞涨，后来面值一千文的宝钞只值原来的二三十文；到同治元年（1861 年）即全部停用，历时不到 10 年便以失败告终。但它给中国人民带来的影响却很大，对“宝钞”和“官票”简称的“钞票”一词也就一直沿用至今。

5.1.3　我国纸币的产生

根据文献记载和大量的出土文物考证，我国货币的起源至少已有 4 000 年的历史，从原始贝币到布币、刀币、圜钱、蚁鼻钱及秦始皇统一中国之后流行的方孔钱，中国货币文化的发展可谓源远流长。到北宋时期，我国出现了纸币——“交子”。

纸币的出现是货币史上的一大进步。钱币界有人认为中国纸币的起源要追溯到汉武帝时的“白鹿皮币”和唐宪宗时的“飞钱”。汉武帝时期因长年与匈奴作战，国库空虚，为解决财政困难，在铸行“三铢钱”和“白金币”（用银和锡铸成的合金币）的同时，又发行了“白鹿皮币”。所谓“白鹿皮币”，是用宫苑的白鹿皮作为币材，每张一方尺，周边彩绘，每张皮币定值 40 万钱。由于其价值远远脱离皮币的自身价值，因此，“白鹿皮币”只是作为王侯之间贡赠之用，并没有用于流通领域，因此，还不是真正意义上的纸币，只能说是纸币的先驱。“飞钱”出现于唐代中期，当时商人外出经商带上大量铜钱有诸多不便，便先到官方开具一张凭证，上面记载着地方和钱币的数目，之后持凭证去异地提款购货。此凭证即“飞钱”。“飞钱”实质上只是一种汇兑业务，它本身不介入流通，不行使货币的职能，因此，也不是真正意义上的纸币。北宋时期四川成都的“交子”则是真正纸币的开始。

纸币出现在北宋并不是偶然的，它是社会、政治、经济发展的必然产物。宋代商品经济发展较快，商品流通中需要更多的货币，而当时铜钱短缺，满足不了流通中的需求量。当时的四川地区通行铁钱，铁钱值低量重，使用极为不便。当时一铜钱抵铁钱十，每千铁钱的重量，大钱 25 斤，中钱 13 斤。买一匹布需铁钱两万，重约 500 斤，要用车载。成都是经济重地，而且，蜀汉通往外界的道路又异常崎岖难行，因此，客观上需要轻便的货币，这也是纸币最早出现于四川的主要原因。再者，北宋虽然是一个高度集权的封建专制国家，但全国货币并不统一，存在几个货币区，各自为政，互不通用。当时有 13 路（宋代的行政单位）专用铜钱，4 路专用铁钱，陕西、河东则铜铁钱兼用。各个货币区又严禁货币外流，使用纸币正可防止铜铁钱外流。此外，宋朝政府经常受辽、夏、金的攻打，军费和赔款开支很大，也需要发行纸币来弥补财政赤字。种种原因促成了纸币——“交子”的产生。

最初的“交子”由商人自由发行。北宋初年，四川成都出现了专为携带巨款的商人经营现钱保管业务的“交子铺户”。存款人把现金交付给铺户，铺户把存款人存放现金的数额临时填写在用楮纸制作的卷面上，再交还存款人，当存款人提取现金时，每贯付给铺户 30 文钱的利息，即付 3%的保管费。这种临时填写存款金额的楮纸券便谓之“交子”。这时的“交子”，只是一种存款和取款凭据，而非货币。

随着商品经济的发展，“交子”的使用也越来越广泛，许多商人联合成立专营发行和兑换“交子”的交子铺，并在各地设交子分铺。由于交子铺户恪守信用，随到随取，所印“交子”图案讲究，隐作记号，黑红间错，亲笔押字，他人难以伪造，所以，“交子”赢得了很高的信誉。商人之间的大额交易，为了避免铸币搬运的麻烦，直接用随时可变成现钱的“交子”来支付货款的事例也日渐增多。正是在反复进行的流通过程中，“交子”逐渐具备了信用货币的资格。后来交子铺户在经营中发现，只动用部分存款，并不会危及“交子”的信誉。于是他们便开始印刷有统一面额和格式的“交子”，作为一种新的流通手段向市场发行。这种“交子”已经是铸币的符号，真正成了纸币。但此时的“交子”尚未取得政府认可，还是民间发行的“私交”。

但并非所有的交子铺户都是守法经营、恪守信用的。有一些唯利是图、贪得无厌的铺户，恶意欺诈，在滥发“交子”之后闭门不出，停止营业；或者挪用存款，经营他项买卖失败而破产，使所发“交子”无法兑现。这样，当存款者取钱而不能时，便往往激起事端，引发诉讼。于是，景德年间（1004—1007 年），益州知州张泳对交子铺户进行整顿，剔除不法之徒，专由十六户富商经营。至此“交子”的发行始取得政府认可。图 5.1 所示为我国发现的宋代“交子”。

图 5.1　宋代的“交子”

宋仁宗天圣元年（1023 年），政府设益州交子务，由京朝官一二人担任监官主持交子发行，并“置抄纸院，以革伪造之弊”，严格其印制过程。这便是我国最早由政府正式发行的纸币——“官交子”。它比美国（1692 年）、法国（1716 年）等西方国家发行纸币要早六七百年，因此，也是世界上发行最早的纸币。

“官交子”发行初期，其形制是仿照民间“私交”，加盖本州州印，只是临时填写的金额文字不同，一般是一贯至十贯，并规定了流通的范围。宋仁宗时，一律改为五贯和十贯两种。到宋神宗时，又改为一贯和五百文两种。发行额也有限制，规定分界发行，每界三年（实足二年），以新换旧。首届交子发行 1 256 340 贯，备本钱 360 000 贯（以四川的铁钱为钞本），准备金相当于发行量的 28%。“交子”的流通范围也基本上限于四川境内，后来虽在陕西、河东有所流行，但不久就废止了。

宋徽宗大观元年（1107 年），宋朝政府改“交子”为“钱引”，改“交子务”为“钱引务”。除四川、福建、浙江、湖广等地仍沿用“交子”外，其他诸路均改用“钱引”。后四川也于大观三年（1109 年）改“交子”为“钱引”。“钱引”与“交子”的最大区别是它以“缗”为单位。“钱引”的纸张、印刷、图画和印鉴都很精良。但“钱引“不置钞本，不许兑换，又随意增发，因此，纸券价值大跌，到南宋嘉定时期，每缗只值现钱一百文。

“交子”的出现，便利了商业往来，弥补了现钱的不足，是我国货币历史上的一大业绩。

5.2 人民币常识

人民币是指中国人民银行依法发行的货币，包括纸币和硬币。《中华人民共和国人民银行法》规定：中华人民共和国的法定货币是人民币。以人民币支付中华人民共和国境内的一切公共的和私人的债务，任何单位和个人不得拒收流通的人民币。人民币由中国人民银行统一印制、发行。

人民币的单位为元（人民币元 Renminbi Yuan，简写“RMB”，以“¥”为代号）。人民币辅币单位为角、分。人民币没有规定法定含金量，它执行价值尺度、流通手段、支付手段等职能。

1948 年 12 月 1 日，中国人民银行在石家庄宣告成立，同日发行了第一套人民币，迄今为止，中国人民银行已经发行了五套人民币。

1. 第一套人民币

1948 年，随着人民解放战争的顺利进行，分散的各解放区迅速连成一片，为适应形势的发展，急需一种统一的货币替代原来种类庞杂、折算不便的各解放区货币。1948 年 12 月 1 日，在河北省石家庄市成立了中国人民银行，同日开始发行统一的人民币。

1948 年 12 月 1 日开始发行的第一套人民币共 12 种面额，有 1 元、5 元、10 元、20 元、50 元、100 元、200 元、500 元、1 000 元、5 000 元、10 000 元、50 000 元。至 1955 年 5

月 10 日为止，第一套人民币全面停止使用。第一套人民币部分样币如图 5.2 所示。

图 5.2 第一套人民币部分样币

由于受当时物质条件和技术条件的限制，第一套人民币的纸张质量差，券别种类繁多（达到 62 种），文字说明单一，使用过程中票面破损较严重。

2. 第二套人民币

为了改变第一套人民币面额过大等不足，提高印制质量，进一步健全我国货币制度，中国人民银行 1955 年 3 月 1 日起开始发行第二套人民币，并收回第一套人民币。第二套人民币共发行 11 种面额、13 种版别，即 1953 年版 1 分、2 分、5 分、1 角、2 角、5 角、1 元、2 元、3 元、5 元、10 元和 1956 年版 1 元、5 元，因冠字号码、印刷方式及纸张不同有 24 种票面。另外，苏联代印的 3 元、5 元、10 元券 1953 年版于 1964 年 4 月 15 日停止使用；除分币外，1999 年 1 月 1 日起该套人民币在市场上停止使用。第二套人民币样币如图 5.3 所示。

第二套人民币票面上采用了汉、维、蒙、藏四种民族文字，正面主景图案从 1 分券、2 分券、5 分券到 1 角券、2 角券、5 角券，分别是汽车、飞机、轮船、拖拉机、火车、水电站，从 1 元券、2 元券、5 元券到 10 元券，分别是天安门、延安宝塔山、井冈山龙源口、民族大团结、工农联盟。

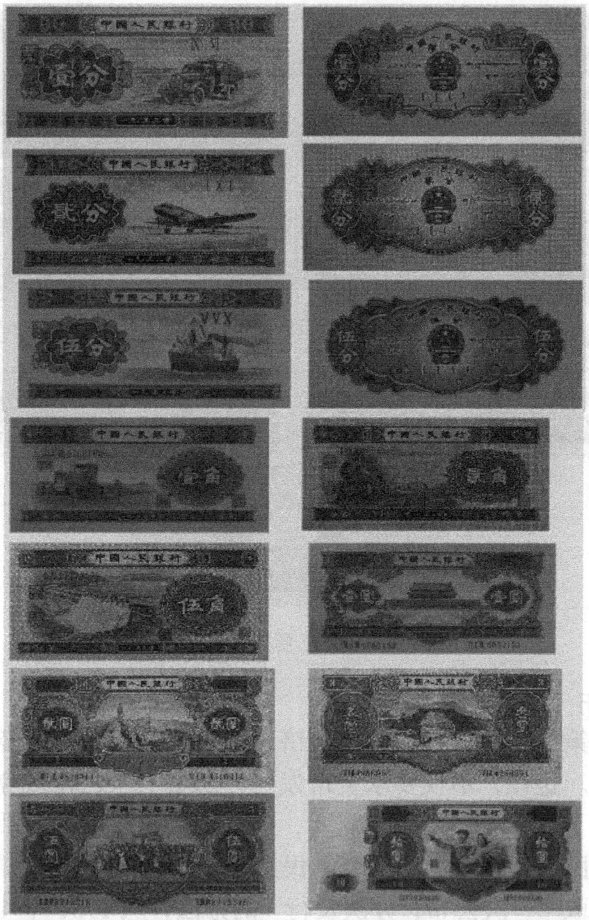

图5.3 第二套人民币样币

3. 第三套人民币

为了促进工农业生产的发展和商品流通，方便群众使用，经国务院批准，中国人民银行于1962年4月20日起开始发行第三套人民币，与第二套人民币一起两套混合流通，面值比例为1：1。第三套人民币在第二套人民币的基础上对版别进行了全面调整和更换，取消了第二套人民币中的3元纸币，增加了1角、2角、5角和1元四种金属币。第三套人民币共发行了7种面额、11种版别，面额分别为1角、2角、5角、1元、2元、5元、10元，正面主景图案分别为教育与生产劳动相结合、武汉长江大桥、纺织车间、女拖拉机手、车床工人、炼钢工人、人民代表走出人民大会堂，背面图案除国徽外，分别为菊花、牡丹花、棉花、牧羊、石油矿井、露天煤矿、天安门。2000年7月1日起该套人民币在市场上停止流通。第三套人民币样币如图5.4所示。

图 5.4 第三套人民币样币

4．第四套人民币

随着改革开放政策的实施，我国国民经济迅速发展，城乡商品经济日益活跃，社会商品零售额大幅度增长。这样，不仅要求货币发行在总量上与之相适应，而且在券别结构上也要与之相适应。为了适应经济发展的需要，进一步健全我国的货币制度，方便流通使用和交易核算，中国人民银行发行了第四套人民币。

第四套人民币采取“一次公布，分次发行”的办法，从 1987 年 4 月 27 日起开始发行。首先发行了 50 元券和 5 角券。1988 年 5 月 10 日发行了 100 元卷、2 元卷、1 元卷和 2 角券；1988 年 9 月 22 日又发行了 10 元券、5 元券和 1 角券。为提高人民币的防伪能力，1992 年 8 月 20 日，在全国发行了 1990 年版 50 元券、100 元券；1992 年 6 月 1 日又发行了 1 元、5 角、1 角硬币。自此，第四套人民币共发行了 9 种面额、14 种版别，其中，主币为 1 元、2 元、5 元、10 元、50 元、100 元 6 种面额，辅币为 1 角、2 角、5 角 3 种面额。从 1 角券到 100 元券，正面主景分别为高山族、满族人物头像，布依族、朝鲜族人物头像，苗族、壮族人物头像，瑶族、侗族人物头像，维吾尔族、彝族人物头像，藏族、回族人物头像，汉族、蒙族人物头像，工人、农民、知识分子头像，创建新中国的四位领导人的浮雕头像；背面主景图案除国徽外，1 角券、2 角券和 5 角券为民族图案，从 1 元券到 100 元券，依次为长城、南海南天一柱、长江巫峡、珠穆朗玛峰、黄河壶口、井冈山。第四套人民币样币如图 5.5 所示。

图 5.5　第四套人民币样币

5．第五套人民币

改革开放以来，随着社会主义市场经济持续、健康、快速发展，社会对现金的需求量日益增大。第四套人民币本身存在一些不足之处，如防伪措施简单、不利于人民币反假、缺少机读性能、不利于钞票自动化处理等。因此，为了适应经济发展和市场货币流通的要求，发行了第五套人民币。

第五套人民币从 1999 年 10 月 1 日起陆续发行。第五套人民币有 1 角、5 角、1 元、5

元、10 元、20 元、50 元、100 元 8 种面额、9 种版别。2005 年 8 月 31 日发行了第五套人民币 2005 年版 1 角、5 元、10 元、20 元、50 元、100 元共 6 个券种。第五套人民币继承了中国印制技术的传统经验，借鉴了国外钞票设计的先进技术，在防伪性能和适应货币处理现代化方面有了较大的提高。各面额货币正面均采用毛泽东同志的头像，底衬采用了中国著名花卉图案，从 1 元到 100 元券，依次为兰花、水仙、月季、荷花、菊花和梅花；背面主景图案依次为杭州西湖、泰山、长江三峡、桂林山水、布达拉宫、人民大会堂。第五套人民币样币如图 5.6 所示。

图 5.6　第五套人民币样币

5.3　点钞方法简介

点钞又称票币整点，就是按照一定的方法查清票币的数额，即整理清点钞票的工作，俗称数钱。点钞包括整点纸币和整点硬币。点钞的方法很多，概括而言，可分为手工点钞和机器点钞。在手工点钞中，根据持票方法的不同，又可分为手按式点钞、手持式点钞、扇面式点钞等方法。根据每次所点张数及所用手指的多少，又可分为单指单张点钞、单指多张点钞、多指多张点钞等。

5.3.1　点钞的基本程序

点钞是从拆把开始到盖章结束的一个连续、完整的过程，要加快点钞速度、提高点钞水平，必须把各个环节的工作做好。在整点钞票的过程中，一般要经过拆把、持票、清点、记数、墩齐、扎把和盖章这七个基本环节。

1．拆把

成把清点时，首先需将腰条纸拆下，一般由左手单手拿起待点的成把钞票，然后把腰条纸脱去，保持其原状，或将腰条纸用手指勾断。通常初点时采用脱去腰条纸的方法，以便在复点时发现差错进行查找，复点时一般将腰条纸勾断。

> **注意**　在款项没有清点完毕之前，捆钞条即腰条纸不能丢掉。因为在点钞过程中如发现差错，应将差错情况记录在原腰条纸上，并把原腰条纸放在钞票上面一起扎把，不得将其扔掉，以便事后查明原因，另行处理。

2．持票

拆把后，要采用正确的持票姿势，做好清点的准备。持票速度的快慢、姿势是否正确，也会影响点钞速度，因此要注意每种点钞的持钞方法。

3．清点

清点也就是清点钞票，它是点钞的关键环节。清点的速度和准确度直接关系到点钞的准确性和速度。手工点钞时，要求手中点钞、脑中记数；机器清点时，要注意挑残币。

4．记数

与清点工作结合，特别是手工点钞时，记清清点的票币数量。

5．墩齐

对点好的每叠百张钞票或不足百张的尾款，要将折叠的钞票抚平，并将钞票上下、左右墩齐，以便扎把时保持钞票外观的整齐、美观。

6．扎把

每把钞票清点完毕后，要用捆钞条即腰条纸扎紧，不足百张的要在捆钞条上写出实点数。腰条纸要求扎在钞票的二分之一处，左右偏差不得超过两厘米。并且要将已扎的 10 把钞票用绳子打成一捆，并贴上封签。

7．盖章

盖章是点钞过程的最后一个环节了，在扎好的腰条纸上加盖经办人员名章，表示对此把钞票的质量、数量负责，以明确责任。

以上七个基本步骤完成后，将所清点的全部钞票按面值和张数计算总金额。

5.3.2 点钞的基本要求

点钞是一门技术性很强的工作，它要求清点人员掌握一套过硬的操作本领和技巧。因此，点钞人员在操作中各个环节必须做到以下基本要求。

1．姿势端正，肌肉放松

点钞时身体要坐端正，两肩要平，自然撑开，腰直挺胸，双肘自然地平放在桌上，两脚平踏地面，持钞的左手腕部自然接触桌面，右手腕部稍抬起。点钞时全身要放松，特别是两手各部位的肌肉更要放松。肌肉放松能够使双手活动自如，动作协调，并减轻劳动强度，否则，会使手指僵硬，动作不准确，既影响点钞速度，又消耗体力。

2．票面整齐

点钞前，要对散票进行清点整理，挑出损伤券，墩齐后就可以直接持钞清点。如果清点成把票币时，需将腰条纸拆下，称为拆把，保持票面整齐，然后再进行点钞。

在票币整理时，要把不同面值的票币分开摆放，正面朝上，不能颠倒。同时票面要平铺，有折角的要展开，揉搓过的票币要将其弄直、抹平。人民币在周转使用的过程中，因磨损发生残缺或保管不善而损坏票面完整性的票币为损伤券。我国损伤的人民币由银行按规定标准兑换收回，集中销毁。因此，在收款和整点人民币时，应随时挑剔残损的票币，残缺的送银行兑换，断裂的要用纸条在背面粘好，粘的纸条不能大于票币，不能用大头针、曲别针或订书钉等用品连接断裂的票币。

3．点数快速、准确

点钞技术的关键是点准，点数不准会产生差错，造成不必要的损失。因此，点钞人员必须练就一手过硬的本领和技巧，掌握规范的点钞指法，做到点数准确、快速。在点钞过程中，要求点钞人员注意力集中，做到“眼到、手到、脑到”，即眼睛要看清楚钞票，左手压钞、持钞，右手清点钞票，大脑记数，这样才能做到清点准确，有效防止差错的发生。另外，不管水平有多高，一定要进行初点和复点。如果初点时点票币的上端，那么复点时要点票币的下端，这样做的好处是防止票币折叠。而且手工点钞时，捻钞的手指与票面的接触面要小。如果手指接触面大，手指往返动作的幅度随之增大，从而使手指频率减慢，影响点钞速度。

4. 记数准确

记数也是点钞的基本环节，与清点相辅相成。在清点准确的基础上，必须做到记数准确。为了点数和记数紧密结合，记数通常采用分组法。单指单张以十为一组记数，多指多张以清点的张数为一组记数，使点数和记数的速度能基本吻合。同时记数通常要用脑子记，尽量避免用口数。

5. 钞票墩齐

点完一把钞票后，要把钞票墩齐，以便于扎把，保持钞票外观整齐美观。钞票墩齐的标准要求是：四条边成水平状，不露头且不呈梯形错开，钞票的卷角应拉平，即前、后、左、右四面的钞票不得突出超过 0.5 厘米。钞票墩齐的方法是：两手的拇指放在钞票的正面，其他手指放在钞票的背面，使钞票的正面朝身体横执在桌面上，左右手松拢墩齐，再将钞票竖起墩齐，使钞票四端整齐，然后用左手持钞做扎把准备。钞票墩齐是点钞技术中不可缺少的一个环节，其墩齐与否直接影响到扎把的质量。

6. 钞票扎紧

纸币够 100 张为一把，够 10 把为一捆进行捆扎。硬币则按 100 枚为一卷进行包扎。不够把（卷）的为零张（枚），由上小下大扎在一起，损伤卷放在好券的上面。每百张一把用腰条纸扎在纸币的中腰，不足百张的，腰条纸应扎在纸币的 1/4 处，并在腰条纸上注明张数和金额。小把要扎紧，以提起把中第一张钞票不被抽出为准。大把要捆紧，是指按“#”字形或“双十”字形捆扎的大捆，以用力推不变形，抽不出任一票把为准。

7. 盖章清晰

盖章是点钞过程的最后一环，扎完把后，要在腰条纸上盖上清点人的名单，表示对此把钞票的质量、数量负责，所以每个清点人点钞后均要盖章，而且图章要盖得清晰，以看得清行号、姓名为准。

8. 动作连贯，快速整洁

快速要求是指在清点准确的同时提高清点和捆扎的速度，而点钞时各个动作之间相互连贯是加快点钞速度的必要条件之一。动作连贯包括两个方面的要求。一是指点钞过程的各个环节必须紧张协调，环环扣紧。如点完 100 张墩齐钞票后，左手持票，右手取腰条纸，同时左手的钞票跟上去，迅速扎好把；在右手放票的同时，左手取另一把钞票准备清点，而右手顺手沾水清点等。这样使扎把和持票及清点各环节紧密地衔接起来。二是清点时的各个动作要连贯，即第一组动作和第二组动作之间，要尽量缩短和不留空隙时间，当第一组的最后一个动作即将完毕时，第二组动作的要迅速跟上，保持连续性，比如用手持式四指拨动点钞法清点时，当第一组的食指捻下第四张钞票时，第二组动作的小指要迅速跟上，不留空隙。这就要求在清点时双手动作协调，清点动作要均匀，切忌忽快忽慢、忽多忽少。另外，在清点中尽量减少不必要的小动作、假动作，以免影响动作的连贯性和点钞速度。

整洁是指桌面物品摆放有序、干净整齐、用品定位。包括钞票、簿册、笔、甘油、捆钞条、印泥、名单、计算器、算盘等工具，要按顺序固定位置放好，以便点钞时使用顺手。如将待点的钞票放置在桌面左侧；钞票扎把盖章后整齐码放于桌面右侧等。

阅读提高

纸币小常识

（1）世界上大约有多少种纸币？

这个问题其实是个动态的问题，一直在变化，根据全世界国家来计算，严格意义上的纸币种类估计在250种左右。

（2）中国有几种纸币？

现在中国有人民币、港币、澳币、台币。

（3）世界上最值钱的纸币是什么？

科威特的Dinar（第纳尔）是世界上最值钱的纸币，1Dinar≈50RMB。

（4）世界上最不值钱的纸币是什么？

最不值钱的纸币是津巴布韦元，1美元=41 690 000津巴布韦元。

（5）世界上最小面值的纸币是什么？

目前最小面值的纸币是土耳其纸币1 000里拉。

（6）世界上最大面值的纸币是什么？

最大面值的纸币是前南斯拉夫发行的面值5 000亿第纳尔的纸币。

（7）目前中国银行可存入的外币有几种？

目前中国银行和各家外汇指定银行可以直接存入的外币有英镑、港币、美元、德国马克、法国法郎、日元、加拿大元、澳大利亚元和欧元共计9个币种。

第 6 章　手工点钞方法

本章知识技能要点与要求

※ 熟练掌握手持式单指单张点钞法和扎把技术；

※ 了解手持式点钞和手按式点钞的各种方法；

※ 通过练习，在实训中掌握基本点钞技能。

引导案例　点钞达人

中国人民银行南京分行营业管理部主任科员陶萍，常年坚持练习枯燥的“点钞”技术，曾创下“点钞”吉尼斯世界纪录。她表演的“点钞绝活”——快、准、美、巧，令人啧啧称奇。单指、二指点钞让人眼花缭乱，三指点钞像弹古筝，四指点钞似弹竖琴，五指点钞如“琵琶弹奏”，指尖飞动，如行云流水。尤其是她独创的四指一夹点钞速度快过点钞机。2011 年 3 月 4 日她受邀参加“江苏省女性职业技能大赛及风采展示”，现场表演了百张百元大钞清点识假绝活，在 6 秒内清点完毕的同时将夹带的 2 张假币准确挑出，蒙上眼睛也仅需 8 秒，让在场的观众大开眼界。

陶萍是经过不懈努力，长年坚持练习，终于掌握了点钞的绝技，在银行圈闯出了名声，成为名副其实的“点钞达人”。

面对掌声与鲜花，只有她自己知道，这么多年的辛苦付出。站在“达人秀”的舞台上，谈及成功与梦想时，她深情地说：“执著是我成功的奥秘，最大的梦想是到人民大会堂去点钞。”引用周立波对她的评语：“别人看到的是你点钞的帅，我看到的却是你的努力。”陶萍的成功很好地诠释了“台上三分钟，台下十年功”这句古话。

6.1　手持式点钞法

手工点钞的方法有很多种，根据持票姿势的不同，可分为手持式点钞法和手按式点钞法两大类别。手持式点钞法是指在点钞时，钞票离开桌面，一只手将钞票拿起，另一只手点数。采用手持式点钞法身体活动自由，操作灵活轻松，速度较快。手持式点钞方法很多，本书向大家介绍几种常用的手持式点钞方法。

6.1.1　手持式单指单张捻点法

手持式单指单张捻点法就是在清点纸币时左手持钞、右手拇指一次捻动一张钞票，逐张清点的方法。

手持式单指单张捻点法是一种适用范围较广的点钞方法，它可用于收付款等工作，可用于清点各种新、旧钞票及各种不同面额的钞票。使用这种方法点钞时，由于持票所占的票面小，能看到票面的 3/4 左右，因而较容易发现残破券及识别各种假钞票。因此，这种方法是点钞中最基本也是最常用的一种方法，使用范围较广，频率也较高。具体操作方法如下。

1．拆把

清点散票币，墩齐后可以直接持钞清点。如果清点成把票币时，需将腰条纸拆下，称为拆把。拆把有如下两种方法。

（1）脱去腰条纸。通常初点时采用脱去腰条纸这种方法，以便复点时发现差错能查看图章。脱去腰条纸的方法较多，这里说明其中的两种方法。一种是将钞票墩齐横执，左手拇指在前，其余 4 指在后，横握钞票上侧左半部分使其略成瓦状，然后用右手脱去腰条纸。另一种是把左手拇指放在钞票正面的左端，约在票面的 1/4 处，食指和中指在钞票背面与拇指一起捏住钞券，无名指和小指自然弯曲；捏起钞票后，无名指和小指伸向票前压住钞券的左下方，中指弯曲稍用力，与无名指和小指夹住钞票；食指伸直，拇指向上移动按住钞票的侧面将钞券压成瓦形，并使左手手心向下，然后用右手脱去钞票上的腰条。

（2）撕断腰条纸。复点时一般采用撕断腰条纸这种方法。根据点钞方法的不同，撕断腰条纸的方法也有所区别。一种方法是将钞票墩齐横执，左手拇指在前，其余 4 指在后，横握钞票上侧左半部分使其略成瓦状，然后用右手食指用力勾断腰条纸。另一种方法是持钞用左手，左手手心面向自己，中指和无名指分开，钞票正面向下，将钞票左端 1/2 处放在左手中指和无名指的中间，小指、无名指和中指向手心弯曲夹住钞票，左手拇指在里侧上边处，左手中指稍用力使钞票放倒在桌面上，钞票的左上角翘起成瓦形，同时食指伸直，勾住腰条纸，并用力勾断，并用拇指捏住钞票里侧边缘向外推，使钞票成微开的扇面形，为清点做好准备。

2．持票

持票时，钞券横执，钞票的背面朝着身体。用左手中指和无名指夹住钞票的左端中间，食指和中指在前面，中指弯曲，食指伸直；无名指和小指放在钞票后面并自然弯曲。左手拇指在钞票下边沿后侧约占票面的 1/3 处用力将钞票向上翻起呈瓦形，使钞票正面朝向身体，并用拇指捏拄钞票里侧边缘向外推，食指协助拇指，使钞票打开呈微扇形状。持钞姿势如图 6.1 所示。

3．清点

左手持钞稍斜，正面对胸前。将右手指尖轻放在钞票的右上角，拇指在上，食指和中指在下拖住钞票的背面，无名指和小指贴中指自然弯曲。用右手拇指和食指摩擦向右下方将钞票捻起一张，钞票形成一个小的弧，接着用右手无名指将捻起的钞票向下弹出，右手拇指继续和食指摩擦捻起第二张，无名指继续将捻起的钞票向下弹出，这样一捻一弹，连续操作，直到点完。捻动钞票时，拇指不要抬得太高，动作的幅度也不宜太大，以免影响速度；食指在钞票背面托住少量钞票配合拇指工作，随着钞票的捻动要向前移动，以及时托住另一部分钞票；无名指往怀里弹钞票的动作，注意要轻点快弹，动作要与拇指协调配合。同时，左手拇指也要配合动作，当右手将钞票下捻时，拇指要随即向后移动，并用指尖向外推动钞票，以利于捻钞时下钞均匀。在这一环节中，要注意右手拇指捻钞时，主要负责将钞票捻开，下钞主要靠无名指弹拨。手持式单指单张捻点法点钞姿势如图 6.2 所示。

图 6.1　手持式单指单张捻点法持钞姿势

图 6.2　手持式单指单张捻点法点钞手法

在点钞过程中，如发现残破券或假钞应将其挑出。为了不影响点钞速度，点钞时不要急于抽出残破券或假钞，只要用右手中指和无名指夹住残破券将其向外折叠，使钞票伸出外面一截即可，待点完后，抽出残破券或假钞，补上正常钞票。

挑残破券应按挑剔标准将其挑出，残破券的挑剔标准有以下七个方面：

（1）票面缺少的部分损及行名、花边、字头、号码、国徽之一或缺角。

（2）票面有孔洞直径大于 10 毫米的。

（3）裂口长度超过票面长度或宽度五分之一或损及花边、字头、图案的。

（4）因票面断裂而粘补的。

（5）票面纸质太软、较旧的。

（6）由于油浸、墨渍等造成脏污面积较大（大于 1 平方厘米）或涂写字迹过多，妨碍票面整洁的。

（7）票面变色严重影响图案清晰的。

小提示　点钞技巧

（1）右手拇指捻动时，用拇指的大关节带动小关节，幅度要小而轻，尽量不要抬起；食指、中指在钞票背面的右端配合拇指捻动，每一张捻动的位置应该相同，拇指接触票面的面积越小，速度越快。

（2）左手拇指应轻按票面左边缘、食指轻托钞票背面，不要过紧，要配合右手起自然助推的作用。推出的小扇面每张距离应均匀。右手食指、中指托住钞票侧面右上角，不要点一张动一下。

（3）左手虎口成椭圆形，两臂打开约 120°，眼睛距离票面 20 厘米左右。

（4）点钞时，钞票的左下角要求在同一点上，左手的中指、无名指紧扣钞票，以防钞票随着捻动而散把。

（5）这种点钞方法的速度和质量往往受记数的制约，点钞速度越快，记数的难度越大，所以要掌握好记数的节奏，逢整数时在意念上应有停顿，以提高准确率。

4．记数

记数应与点钞同时进行，记数时可选择在拇指捻张时记数，也可选择在无名指弹拨时记数。由于单指单张每次只捻一张钞票，记数也必须一张一张记，直至记到 100 张。记数时可采用直接记数法，即从 1 开始，直接记数至 100；但从 1 到 100 的数中，绝大多数是两位数，因此，也称为双数记数法。这样记数速度往往跟不上捻钞的速度，所以必须巧记。通常可采用分组计数法，分组记数法有如下两种方法。

（1）第一种方法。

1、2、3、4、5、6、7、8、9、1；

1、2、3、4、5、6、7、8、9、2；

……

1、2、3、4、5、6、7、8、9、10。

第一行的最后一个数字 1 表示 10，最后一行的 10 表示 100，正好是 100 张。

这种方法是将 100 个数编成 10 个组，每个组都由 10 个一位数组成，前面 9 个数都表示张数，最后一个数既表示这一组的每 10 张，又表示这个组的组序号码即第几组。这样在点数时记数的频率和捻钞的速度能基本吻合。这种记数法既简单又快捷，省力又好记。但初次记数时要注意，为了避免每一行的最后一个数字与下一行的相同数字混淆，要在每一行的最后一个数字后，稍有停顿，待熟练后再连续记数。

（2）第二种方法。

1、2、3、4、5、6、7、8、9、10；

2、2、3、4、5、6、7、8、9、10；

3、2、3、4、5、6、7、8、9、10；

……

10、2、3、4、5、6、7、8、9、10。

这种记数方法与前种不同的是把组的号码放在每组数的前面。

记数时，注意力要集中，嘴不能出声，不能有读数的口型，应默记，做到脑、眼、手密切配合，既准又快。

5. 墩齐

点完一把钞票后，要把钞票墩齐。两手的拇指放在钞票的正面，其他手指放在钞票的背面，使钞票的正面朝身体横执在桌面上，左右手松拢墩齐，再将钞票竖起墩齐，使钞票四端整齐，然后用左手持钞做扎把准备。钞票墩齐要求四条边水平，不露头或不呈梯形错开，卷角应拉平。点钞时身体的姿势如图 6.3 所示。

6. 扎把

点钞速度的快慢，很大程度上取决于扎把。扎把技术主要分为缠绕式和拧结式两种，缠绕式捆钞扎把就是将腰条纸缠绕于钞票中央的扎把方法。而缠绕式方法又分为压条式和夹条式两种方法。

（1）缠绕式扎条法。

1）压条式。将钞票墩齐横执，左手拇指在前，其余 4 指在后，横握钞票上侧左半部分使其略成瓦状，右手拇指和食指捏住处腰条纸的一端，并送交左手食指将其压住，右手拇指与食指由怀里向外缠绕两圈（见图 6.4），注意在上方要拉紧，左手食指在钞票的上侧压住拉紧的腰条纸不要松动，然后右手拇指与食指将腰条纸余端向右方平行打折成 45°，如图 6.5 所示。然后用右手食指或中指将腰条纸的头向左掖在凹面瓦形里，再用右手拇指压紧，把钞票扶平即可。扎好后如图 6.6 所示。

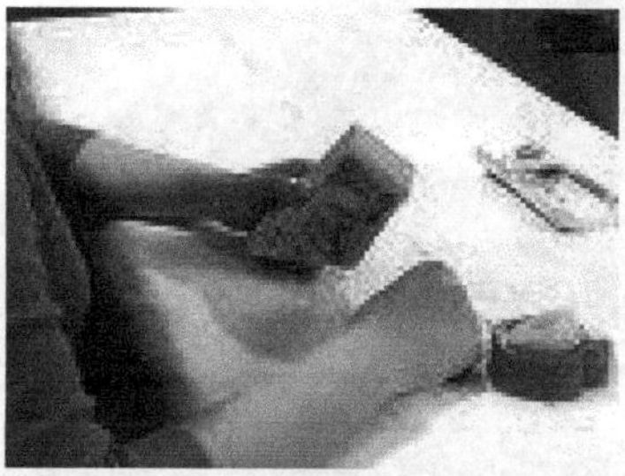

图 6.3　手持式单指单张点钞法姿势

图 6.4　压条式扎把技术（一）

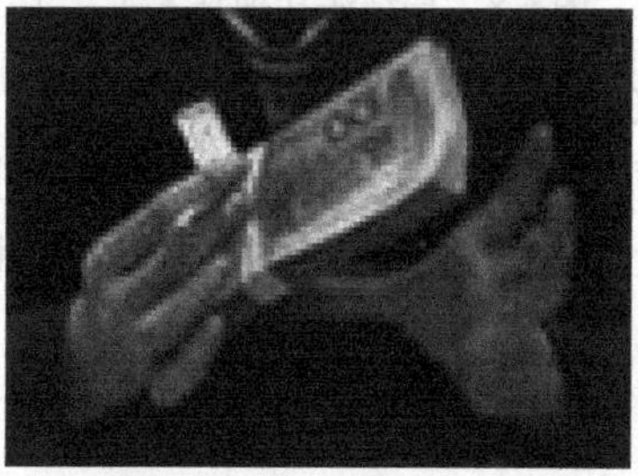

图 6.5　压条式扎把技术（二）

图 6.6　压条式扎把完成

2）夹条式。将钞票墩齐横执，左手拇指在前，其余 4 指在后，横握钞票上侧左半部分使其略成瓦状，用右手食指将钞票上侧中间分开一条缝，用右手拇指和食指竖向捏住腰条纸的一端，留出约 5 厘米长，插入缝内约 2 厘米，然后由怀里向外缠绕两圈，将腰条纸的余端留在钞票的上部，左手将钞票下侧放在桌面稍压成小瓦形，右手将腰条纸余端用力拉紧，左手食指在钞票的上侧压住拉紧的腰条纸不松动，然后用右手拇指与食指将腰条纸余端向右平行打折成 45°角，用食指或中指将腰条纸的头掖在凹面瓦形里，再把钞票扶平即可。

以上两种方法扎把，也可以向外绕，还可以绕一圈，如果绕一圈腰条纸的长度要短些。

（2）拧结法。扎把时将钞票墩齐，左手横执钞票，拇指捏在票前，中指、无名指和小指捏在钞票后面。食指伸直压在钞票上侧。右手拇指和食指捏住腰条纸 1/3 处，将腰条纸的另一端放在钞票上侧中间的位置，使腰条纸短的一头在钞票后，长的一头在钞票前，即身体这一边，左手食指尖在钞票的上侧压住腰条纸，如图 6.7 所示。然后右手的拇指和食指将腰条纸在钞票的下面由里向外缠绕半圈至钞票后面，再用右手拇指和食指捏住腰条纸的两端，然后将左手松开换位，从正面捏住钞票两侧，右手从钞票背面中间向里顶住钞票，使其成小瓦形，并捏紧腰条纸两端，左手腕向外转 180°，右手捏住腰条纸的两端向里转 180°（见图 6.8），用食指将腰条纸头掖在凹面瓦形里，再把钞票扶平，使腰条纸压在下面。扎完后腰条纸的结一定要在钞票的背面，如果是 100 张，腰条纸必须在钞票的中间。

图 6.7 拧结法扎把技术（一）

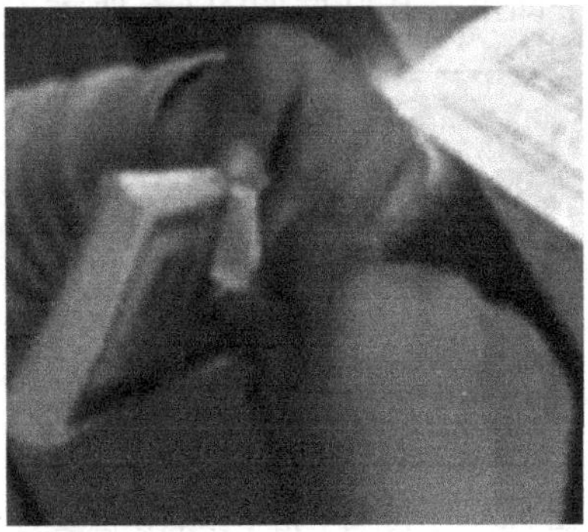

图 6.8 拧结法扎把技术（二）

拧结法要拉力强、质地软的腰条纸。腰条纸长度在 30 厘米左右。

扎把是点钞的一道重要程序，有一定的技术要求和质量标准，操作时要达到快而不脱，紧而不断。一般以每两秒扎一把为快，扎把后最上面一张用手自然提起以抽不出为紧。

7．盖章

每扎完一把钞票，都要加盖点钞人的名章，名章要盖在钞票上侧的腰条纸上，印章要清晰，如图 6.9 所示。

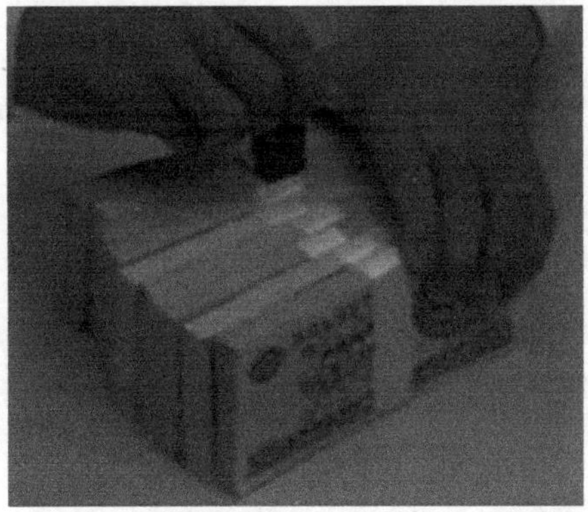

图 6.9 盖章示意

以下介绍的各种点钞方法，其墩齐、扎把和盖章三个环节都与手持式单指单张相同，故不再重复叙述。

6.1.2 手持式单指多张捻点法

点钞时钞票离开桌面，用一个手指同时点两张或两张以上的方法叫手持式单指多张点钞法。

手持式单指多张点钞是在手持式单指单张的基础上发展起来的。它适用于收款、付款和整点工作，各种钞票的清点都能使用这种点钞方法。其优点是点钞效率高，记数简单省力。但是由于单指一次捻下几张钞票，除第一张外，后面几张看到的票面较少，不易发现残破券和假币，因此适用于复点。这种点钞法的操作方法除了点钞和记数外，其他均与手持式单指单张捻点法相同，因此，这里就只介绍点钞和记数的具体方法。

1．清点

清点时，右手拇指放在钞票右上角，拇指尖略超过票面，食指和中指在下拖住钞票背面的右上角。

（1）单指双张点钞法，拇指肚先捻起第 1 张，拇指尖捻起第 2 张。

（2）单指三张点钞法，拇指肚先捻起第 1 张、第 2 张，拇指尖捻起第 3 张。

（3）单指四张及四张以上点钞法，拇指肚捻起第 1 张，然后均衡用力，依次捻下后面多张，用拇指尖捻下最后一张。

在右手拇指往下捻时，拇指捻的幅度不要太大，食指和中指在钞票后面配合拇指捻动，无名指向怀里弹；而左手拇指应稍稍抬起，使票面拱起，形成的一个小的弧，从侧边分层错开，便于看清张数，每捻出一组，用右手无名指弹出让钞票下落，然后再捻下一组，如此循环，直至点完。另外，为增大审视面，并保证左手切数准确，点钞时眼睛要从左侧向右看，这样的容易看清张数和残破券、假币。手持式单指多张捻点法的姿势如图 6.10 所示。

图 6.10 手持式单指多张捻点法的姿势

2. 记数

由于一次捻下多张，手持式单指多张捻点法采用分组记数法，以每次点的张数为组记数。单指双张点钞法，两张为一组记一个数，数到 50 组就是 100 张；单指三张点钞法，三张为一组记一个数，数到 33 组加 1 张就是 100 张；单指四张点钞法，四张为一组记一个数，数到 25 组就是 100 张；单指五张点钞法，五张为一组记一个数，数到 20 组就是 100 张。

采用手持式单指多张捻点法，要充分发挥拇指肚的作用，根据每组点钞张数的不同，拇指尖伸出钞票右上角的长短应有所不同。捻钞的同时，眼睛要看清张数，看钞票凸起的地方，准确无误后再用无名指弹出。

6.1.3 手持式多指拨动点钞法

手持式多指拨动点钞法是点钞时钞票离开桌面，右手各手指依次捻动，一次清点多张钞票的方法。手持式多指拨动点钞法分为四指拨动点钞法和五指拨动点钞法。

1. 手持式四指拨动点钞法

手持式四指拨动点钞也称四指四张点钞法或手持式四指扒点法。它适用于收款、付款和整点工作，是一种适用广泛，比较适合柜面收付款业务的点钞方法。它的优点是速度快、效率高。由于每指点一张，票面可视幅度较大，看得较为清楚，有利于识别假币和挑剔损伤券。具体点钞方法如下：

（1）持票。用左手持钞，先将钞票横立于桌面，左手手心朝胸前，中指在内，食指、无名指和小指在外，将钞票夹紧，以中指为轴心五指自然弯曲，中指第二关节顶住钞票，向外用力，小指、无名指、食指、拇指同时向手心方向用力，将钞票压成“U 形”，“U”口朝里；左手食指和拇指要从右上侧将钞票往里下方轻压，打开微扇；左手手腕向里转动 90°，使钞票的凹面向左但略朝里，凸面朝外向右；左手中指和无名指夹住钞票，食指移到钞票外侧面，用指尖管住钞票，以防下滑，大拇指轻轻按住钞票外上侧，既防钞票下滑又要配合右手清点。最后，左手将钞票移至胸前约 20 厘米的位置，右手作好清点准备。持钞姿势如图 6.11 所示。

（2）清点。两只手摆放要自然。一般左手持钞略低，右手手腕抬起高于左手。点钞时，右手拇指轻轻托住内上角里侧的少量钞票，其余四指自然并拢，弯曲成弓形，食指在上，中指、无名指、小指依次略低，四个指尖呈一条斜线。先由小指从钞票的上角与拇指摩擦捻起第一张，接着用无名指与拇指摩擦捻起第二张，再用中指与拇指摩擦捻起第三张，最后用食指与拇指摩擦捻起第四张，四指共捻四张。接着以同样的方法清点，循环往复，直到点完。点钞时应注意，每次捻起的钞票都夹在相应的两指之间。手持式四指拨动点钞法如图 6.12 所示。

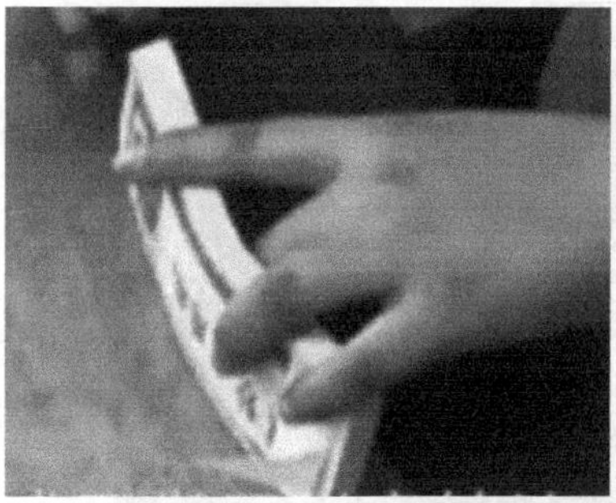

图 6.11　手持式四指拨动点钞法持钞准备姿势

图 6.12　手持式四指拨动点钞法点钞姿势

小提示　点钞技巧

1）捻钞票时动作要连续，下张时一次一次连续不断，当食指捻下本次最后一张时，小指要紧紧跟上，每次之间不要间歇。

2）捻钞的幅度要小，手指离票面不要过远，四个指头要一起动作，加快往返速度。

3）四个指头与票面接触面要小，应用指尖接票面进行捻动。

4）右手拇指随着钞票的不断下捻向前移动，托住钞票，但不能离开钞票。

5）右手捻钞的同时左手要配合动作，每当右手捻下一次钞票，左手拇指就要推动一次，二指同时松开，使捻出的钞票自然下落，再按住未点的钞票，往复动作。

（3）记数。采用分组记数法。以四个指头顺序捻下四张为一次，每次为一组，25 次即 25 组即为 100 张。

（4）扎把和盖章。扎把与盖章的方法手持式单指单张捻点法相同。

2．手持式五指拨动点钞法

手持式五指拨动点钞适用于收款、付款和整点工作。它的优点是效率高、记数省力，可减轻动力强度。但这种方法要求五个手指依次动作，动作难度较大。

（1）持票。持钞用左手，左手手心面向自己，无名指和小指分开，钞票正面向下，将钞票左端 1/2 处放在左手无名指和小指的中间，两指弯曲夹住钞票左下方，同时用拇指和中指夹住钞票上端两侧，用食指稍弯曲顶住钞票背面，并使钞票右端向上，稍用力，使钞票向后弯曲成小瓦形。持钞姿势如图 6.13 所示。

（2）清点。点钞时，右手五个指头沾水，从右上角将钞票逐张向怀里方向拨动。先由拇指开始，从右上角向下拨起第一张，接着用食指、中指、无名指、小指依次从右上角向下方拨起第二张、第三张、第四张、第五张，完成一次清点，然后再从拇指开始，循环操作，一次五张，直到点完。手持式五指拨动点钞姿势如图 6.14 所示。

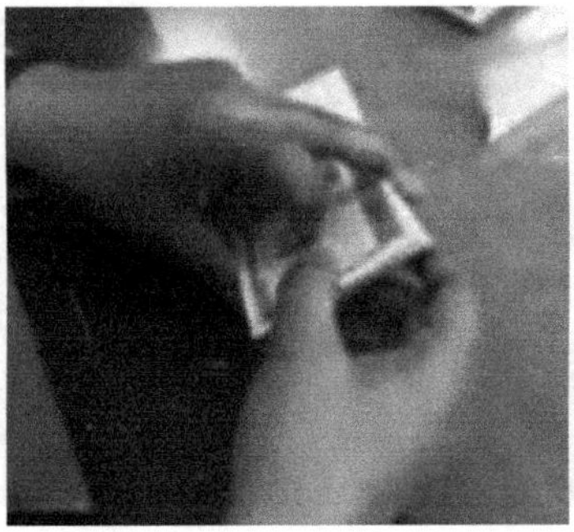

图 6.13　手持式五指拨动点钞法持钞姿势

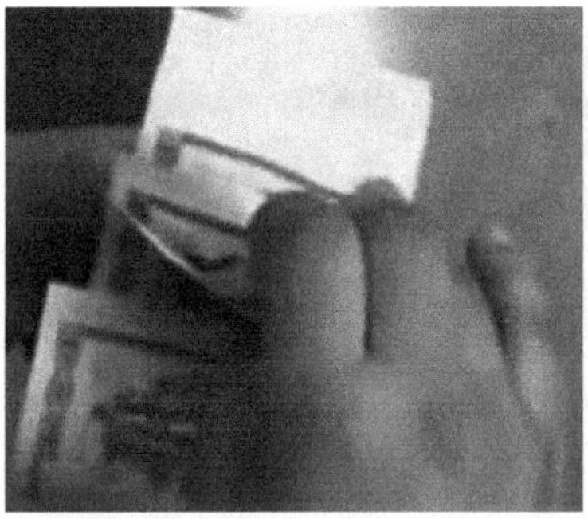

图 6.14　手持式五指拨动点钞法点钞姿势

（3）记数。采用分组记数，每五张为一组记一个数，记满 20 为 100 张。

（4）扎把和盖章。扎把与盖章的方法与手持式单指单张捻点法相同。

采用手持式多指拨动法点钞法，点钞前不必先拆腰条纸，只要将捆扎钞标的腰条纸挪移到钞标 1/4 处就可以开始清点，发现问题可保持原状，便于追查。点钞完毕后，初点不用勾断腰条纸，复点完时顺便将腰条纸勾断，重新扎把盖章即可。

小提示　点钞技巧

（1）右手手腕要灵活，五指动作要协调，用力要均匀，用每个手指侧面捻钞。

（2）左手食指要将钞票顶起，便于右手捻钞。

（3）左手拇指和食指配合要默契，捏得过紧钞票不易捻起，过松钞票容易脱落。

6.1.4　手持式来回拨动点钞法

以上介绍的五指拨动法是单向拨动，即右手始终是从拇指开始依次向怀里方向拨动，直至小指收尾为止。五指拨动法也可里外双向拨动，这种方法叫做手持式来回拨动点钞法。

手持式来回拨点钞法的适用范围及优点，与手持式四指拨动点钞法一样。这种点钞法除点数外，其他均与手持式四指拨动点钞法是一样的。点钞时，右手五个指头同时沾水，先从拇指开始，以食指、中指、无名指顺序触于票面的右上角，向怀内下方拨票；再从小指开始，依次无名指、中指、食指顺序逐一触于票面的左上角向外方向拨动，依次来回连续点数。这样来回拨动一次 8 张，点 12 个来回余 4 张即 100 张。这钟点钞方法虽然准度较大，但速度快、效率高。

实训 16

手持式点钞法练习

实训要求：练习各种正确的手持式点钞法的方法和技巧，包括拆把、持票、点钞、记数、墩齐、扎把和盖章七个环节。

实训内容：

1．指法练习。

空手练习各种手持式点钞方法的手指动作，增加手指肌肉的耐力和灵活性。

2．练习三种扎把方法各 10 次，并记录每次的扎把时间。

3．持钞练习。

以整把形式进行练习，必须经过拆把、持钞、点数、扎把等动作过程，完成每一把点钞时要按照本法操作过程分步练习，做到先分后合、准中求快、记数准确、扎把牢靠。

反复进行持钞练习，并记录每次点钞时间。

（1）用手持式单指单张点钞法点钞 100 张，共点 10 次并记录清点时间。

（2）用手持式单指多张点钞法点钞 100 张，共点 10 次并记录清点时间。

（3）用手持式四指拨动点钞法点钞 100 张，共点 10 次并记录清点时间。

（4）用手持式五指拨动点钞法点钞 100 张，共点 10 次并记录清点时间。

（5）用手持式来回拨动点钞法点钞 100 张，共点 10 次并记录清点时间。

4．同学之间进行分组训练和对抗，开展点钞和扎把比赛。点钞比赛规则如下：

（1）比赛用品。准备设置了长、短款差错的练功券若干，腰条纸，签字笔等。

（2）比赛要求。

1）手工点钞比赛内容限时 5 分钟，每位选手必须在规定时间内完成比赛。

2）比赛前，先核对比赛用练功券的把数，核对无误后，选手可将比赛用练功券和工具放到适合自己的位置，不准拆把、松动、抖动和试点。

3）比赛时按整把练功券事先编好的编号顺序依次清点，清点时均采用整把整点，经过拆把、点数、记数、记把等几道工序。

4）单指单张点钞时必须自始至终逐张清点，不准一次捻两张或两张以上；发现差错复点时也不能改变点钞方法。多指多张点钞方法不限，可采用手持式四指四张或五指五张法、手按式多指多张点钞法、扇面式点钞法等。但发现差错复点时不能改变原来的点钞方法。

5）钞票扎把位置在练功券的二分之一处，要求四边墩齐，捆扎牢固。

6）每场比赛结束前 10 秒钟指导人员进行倒计时，以便掌握计数时间。

7）结束口令响时，参赛者手中已整点未成把的练功券，应与未点部分分开摆在桌上，同时把已点张数捆扎好，并把已点张数写在腰条纸上。如已点张数不正确，视同差错处理。

8）每场比赛结束后，应当场根据比赛评分规则计算成绩。

9）差错登记方法：用“+”表示长款，用“–”表示短款，如一把钞票为 101 张，则登记“+1”；整 100 张登记为“0”；如为 99 张则登记为“–1”。差错范围为+2 至–2。参赛者要将清点完的钞票数字登记到答案纸对应的序号后面，登记错误的不得分。

（3）计分标准。

点对每把并能规范的打捆、登记结果者，每捆记 10 分，点错不计分；点对但扎把不紧，面上一张用手能轻松拉出，每把扣 1 分，如腰条纸散开，每把扣 2 分，墩把不齐，露头或梯形上下错开超过 5 毫米，每把扣 1 分；不满一把的以点对本把并每满 10 张记 1 分，不满 10 张不计分。

6.2 手按式点钞法

在点钞时，两肘或手伏在桌上，一只手将钞票按在桌上，另一只手进行点数，这种点钞方法叫手按式点钞法。其拆把、墩齐、扎把和盖章三个环节与手持式点钞法相同，故不再重复。

6.2.1 手按式单指单张点钞法

手按式单指单张点钞法适用于收款、付款和整点各种新、旧、大、小钞票，特别是零星钞票的清点。使用这种方法点钞时看到的票面部分较大，便于挑剔残破票和发现假票。因此，特别适宜于整点辅币及残破票券多的钞票。这种方法的缺点是在速度上比手持式单张捻点法慢些，劳动强度相对来说也大些。

1．按票

将钞票横放在桌上，正面朝上，距胸前 20 厘米左右，并使钞票右下角向身边倾斜。用左手小指和无名指按住钞票的左方约 1/3 处，小指在前，无名指贴着小指随后，中指、食指和大拇指自然弯曲。右手的小指和无名指压住钞票右方外侧 1/4 处，小指压紧，无名指稍松。按钞方法如图 6.15 所示。

2．清点

先右手掌心向下，手腕抬起，中指伸直，用拇指从钞票右端里侧托起一小部分钞票（20 张左右）。再用食指指尖与拇指摩擦将钞票右侧内角向上捻起一张钞票，同时左手拇指迅速接过并向上勾起，推送到左手的食指和中指之间夹住，然后继续用右手食指向上捻动钞票，再用左手的拇指送到左手的食指与中指之间夹住，依次连续操作，直到点完。手按式单指单张点钞姿势如图 6.16 所示。

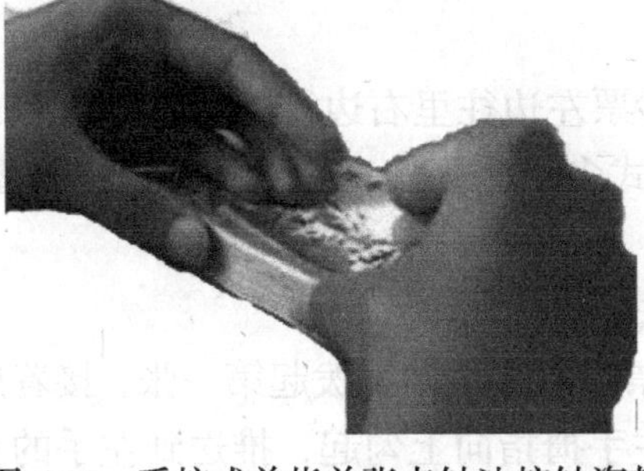

图 6.15　手按式单指单张点钞法按钞姿势

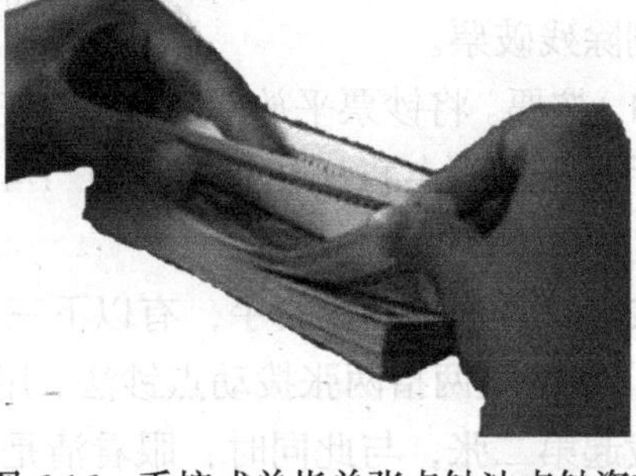

图 6.16　手按式单指单张点钞法点钞姿势

3. 记数

手按式单指单张点钞法的记数一般有两种方法，一种是采用直接记数法，即从 1 开始，直接记数至 100；另一种是采用分组记数法，每 10 张为一组，记满 10 组即为 100 张，具体方法与手持式单指单张捻点法的分组记数法相同。

> **小提示　点钞技巧**
>
> （1）右手食指捻钞要到位，靠钞票边，捻起的每一张钞票，要与拇指摩擦，才能达到准和快。
>
> （2）右手拇指托起的钞票不要太多或太少，一次以 20 张左右为宜。

6.2.2　手按式多指多张点钞法

手按式多指多张点钞法，点钞时省力，速度较快。

1. 手按式双指双张点钞法

手按式双指双张点钞法是由手按式单指单张点钞法发展而来的。此法适用于收款、付款和整点各种新、旧、大、小钞票，主要优点是速度比手按式单指单张点钞法快，缺点是不易剔除残破票券。

（1）按票。手按式双指双张点钞法的按钞方法与手按式单指单张点钞法相同。

（2）清点。右手食指、中指沾水后，用拇指托起钞票右下角的一小部分钞票（20 张左右），然后用右手的中指与拇指摩擦向上捻起第一张钞票，紧接着用右手的食指与拇指摩擦捻起第二张，同时用左手拇指将捻起的这两张钞票向上推送到左手食指与中指之间夹住，然后进行下一个循环，直到点完。

（3）记数。记数仍采用分组记数法，每两张为一组，数到 50 组为 100 张。

2. 手按式多指多张拨动点钞法

这种方法适于收款、付款和整点各种钞票，尤其适宜于整点成把的百元和五十元以下的主币。这种点钞方法效率较高，但除第一张外，其余各张票面可视面很小，不易发现假币和剔除残破票。

（1）按票。将钞票平放在桌面上，正面朝上，钞票左边往里右边往外与桌面边沿成45°，用左手小指和无名指压住钞票左方 1/4 处。手按式多指多张拨动点钞按钞姿势如图 6.17 所示。

（2）清点。点钞用右手，有以下三种点钞方法。

1）手按式两指两张拨动点钞法。用食指在钞票的右上角向上拨起第一张，接着用中指向上拨起第二张，与此同时，眼看清是两张后，左手拇指向上勾起，推送到左手的食指与中指之间夹住，如此循环操作，直到点完。

2）手按式三指三张拨动点钞法。用食指在钞票的右上角向上拨起第一张，接着用中指向上拨起第二张，再用无名指向上拨起第三张，眼看清是三张后，左手拇指便向上勾起，推送到左手的食指与中指之间夹住，如此循环操作，直到点完。

3）手按式四指四张拨动点钞法。用食指在钞票的右上角向上拨起第一张，接着用中指向上拨起第二张，再用无名指向上拨起第三张，最后用小指向上拨起第四张，眼看是四张后，左手拇指便向上勾起，推送到左手的食指与中指之间夹住，如此循环操作，直到点完。手按式多指多张拨动点钞法点钞姿势如图 6.18 所示。

图 6.17 手按式多指多张拨动点钞法持钞姿势

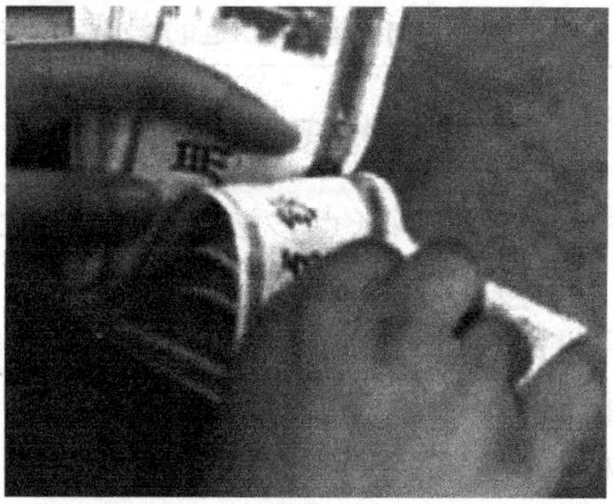

图 6.18 手按式多指多张拨动点钞法点钞姿势

（3）记数。采用分组记数法，根据不同的方法，分组不同，具体方法如下。

1）手按式两指两张拨动点钞法。两张为一组记一个数，数到 50 组就是 100 张。

2）手按式三指三张拨动点钞法。三张为一组记一个数，数到 33 组余 1 张就是 100 张。

3）手按式四指四张拨动点钞法。四张为一组记一个数，数到 25 组就是 100 张。

小提示　点钞技巧

点钞时，右手手指不要伸太直，要用手指的前两个关节处活动，拨动钞票时手指肌肉要放松。

3．手按式多指多张推动点钞法

手按式多指多张推动点钞法的适用范围和优缺点与手按式多指多张拨动点钞法基本相同。

（1）按票。将钞票斜放在桌面上，正面朝上，票券右下角正对胸前，距胸前 20 厘米左右。用左手小指和无名指自然弯曲按住钞票的左方 1/4 处。

（2）清点。点钞前，用右手在钞票右下角侧面将钞票向左上方推动一下，使钞票松散。然后进行推捻点钞，有以下三种点钞方法：

1）手按式两指两张推动点钞法。将右手的中指和食指放在钞票的右边，其他手指自然弯曲，用中指从右向左推动第一张，接着用食指推起第二张，与此同时，眼看清是两张后，左手拇指便向上勾起，推送到左手的食指与中指之间夹住，如此循环操作，直到点完。

2）手按式三指三张推动点钞法。将右手的无名指、中指和食指放在钞票的右边，其他手指自然弯曲，用无名指从右向左推起第一张，接着用中指推起第二张，最后用食指推起第三张，眼看清是三张后，左手拇指便向上勾起，推送到左手的食指与中指之间夹住，如此循环操作，直到点完。

3）手按式四指四张推动点钞法。将右手的小指、无名指、中指和食指放在钞票的右边，先用小指从右向左推起第一张，接着用无名指推起第二张，中指推起第三张，食指推起第四张，眼看清是四张后，左手拇指便向上勾起，推送到左手的食指与中指之间夹住，如此循环操作，直到点完。

（3）记数。记数方法与手按式多指多张拨动点钞法相同。

4．手按式翻点法

手按式翻点法也叫手扳式点钞法。这种点钞方法适用于整点各种主币和复点工作，尤其宜于清点成把主币。它的优点是速度快、效率高，清点比较省力，劳动强度较小。但由于扳动时看到的票面小，残破券、假钞及夹版不易被发现和剔除，因此，新旧大小版面混在一起或残破币太多的钞票，不宜用这种清点方法，手按式翻点法的操作方法如下：

（1）按票。先双手竖立持票，两根拇指在前，其余四指在后，捏住钞票（捏在约占票面的 1/4 处）。然后右手把钞票按顺时针方向转动，右手拇指配合右手将钞票向右推，使钞票成微扇形。打开扇面后，将钞票竖放在桌面上，下端伸出桌面约 2 厘米以便右手将钞票扳起。按票时也可不打开扇面，直接将钞票竖放在桌面上。放好钞票后，左手小指、无名指、中指按住钞票的左上角，拇指和食指自然弯曲，做好点钞准备。手按式翻点法的按票姿势如图 6.19 所示。

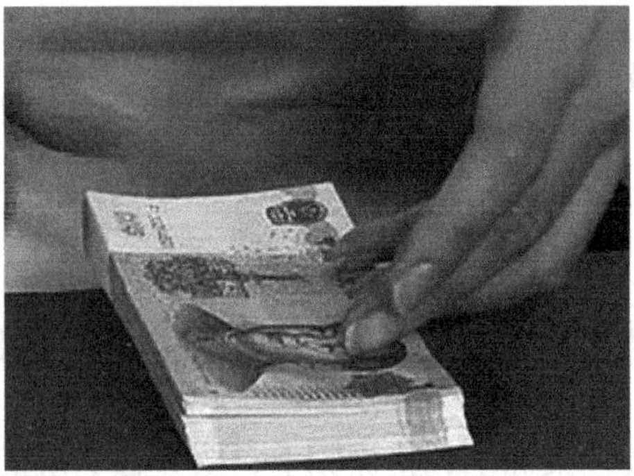

图 6.19　手按式翻点法按票姿势

（2）清点。右手除拇指外，其余四指自然弯曲。用右手中指抬起部分钞票的右下角，拇指捏住钞票右下解，食指放在拇指与中指之间，无名指和小指协助中指的动作（见图 6.20）。然后用右手腕带动各手指往怀里方向转动即逆时针方向转，使钞票打开成小扇面。用左手拇指对右手扳起的钞票进行切数，左手拇指每切一次便将钞票送到食指和中指夹住，同时右手拇指和食指放开已切数的钞票，并配合中指进行下一次循环，如图 6.21 所示。

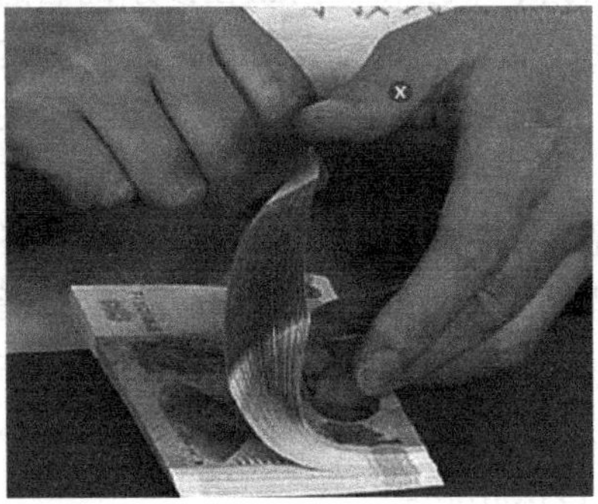

图 6.20　手按式翻点法点钞姿势（一）

图 6.21　手按式翻点法点钞姿势（二）

（3）记数。采用分组记数法，如一次扳 5 张的以 5 张为一组，记满 20 组为 100 张；如一次扳 6 张的以 6 张为一组，记满 16 组余 4 张即为 100 张，以此类推。

小提示　点钞技巧

1）右手中指抬起的钞票不宜过多或太少，一般在 35 张左右。

2）打开扇面拇指捏得不要过紧，食指在其他手指转动时要擦过中指抬起的钞票的侧面，向拇指靠拢，以利打开扇面。

3）左手切数时眼睛应该从右向左看，每次切数要一致。

6.3 扇面式点钞法

把钞票捻成扇面状进行清点的方法叫扇面式点钞法。这种点钞方法速度快，是手工点钞中效率最高的一种，适用于清点新票及复点工作。但由于采用这种方法进行清点时只看钞票的边沿部分，不看票面，因而不便于挑剔残破券，不便于识别真假钞票，也不适用于清点新、旧、破混合在一起的钞票。

扇面式点钞法的操作步骤一般分为拆把、持票、开扇、点钞、记数、合扇、墩齐、扎把和盖章等环节。清点方法可分为一按 5 张点钞法和一按 10 张点钞法，及四指多张点钞法两种。扇面式点钞法的墩齐、扎把和盖章方法与其他方法相同，这里不再重复介绍。

6.3.1 扇面式一按多张点钞法

1．持票并拆把

双手离开桌面，将钞票竖拿，左手拇指在票前下部中间票面约 1/4 处，让钞票的左下角与左手掌心保持一定的距离，左手食指、中指在票后同拇指一起捏住钞票，无名指和小指自然弯曲，紧靠手心。右手拇指在左手拇指的上端，用虎口从右侧卡住钞票成瓦形，食指、中指、无名指、小指均横在钞票背面，并用拇指勾掉钞票上的纸条做开扇准备。持票姿势如图 6.22 所示。

2．开扇

开扇也称打扇面，是扇面点钞的一个重要环节，扇面要开得均匀，为点数打好基础、做好准备。开扇的方法主要有以下两种。

（1）捻动开扇法。双手保持在持票的位置上，以左手为轴，右手食指将钞票向胸前左下方压弯，然后靠手腕猛向右方转动，同时右手拇指在票前向左上方推动钞票，食指、中指在票后面用力向右捻动；左手的手指在钞票原位置向逆时针方向画弧捻动，即左手拇指在票前用力向右推动，食指、中指在票后面用力向左上方捻动，右手手指逐步向下移动，至右下角时即可将钞票推成扇面形。如有不均匀地方，可双手持钞抖动，使其均匀。捻动开扇法的姿势如图 6.23 所示。

打扇面时，左右两手一定要配合协调，不要将钞票捏得过紧，两手操作动作是同时、连续进行的；如果点钞时采取一按十张的方法，扇面要开小些，便于点清。

（2）一次开扇法。以持票的左手为轴，握住轴心，右手用虎口握住钞票的背面成瓦形，再用手腕压弯钞票，从右侧向左侧用力往胸前方向转过来向外甩动，同时，左手拇指与食指在原来位置从右向左捻动，左右手同时进行。

图 6.22　扇面式点钞法持票姿势

图 6.23　扇面式点钞法开扇

使用一次开扇法要注意的是在甩动的同时左手拇指和食指要放松，这样扇面才能一次甩开，并使扇面开得均匀而不重叠在一起。

3．清点

左手持钞票，使扇面平整，稍向身体倾斜，用右手中指、无名指、小指托住钞票背面，拇指在钞票右上角 1 厘米处，一次按下 5 张或 10 张；按下后用食指压住，拇指继续向前按第二次，如此向前按点，眼睛向前看，眼手相互配合好，直到点完为止。点数时，左手应随右手按点的进度以腕部为轴稍向内转动扇面，自然向前移动，来迎合右手向前按动的动作，以免因手伸太远，看不清张数而影响速度或出现差错。扇面式点钞法的清点姿势如图 6.24 所示。

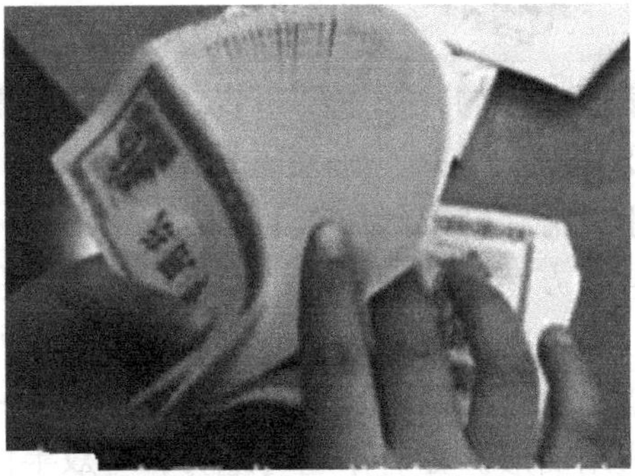

图 6.24　扇面式点钞法清点姿势

4．记数

采用分组记数法，每次点几张，就以几张为一组，每次记一个数。即一次按 5 张则 5 张为一组，记满 20 组为 100 张；一次按 10 张则每 10 张为一组，记满 10 组为 100 张。

5．合扇

清点完毕合扇时，将左手向右倒，右手用四个手指稍弯曲托住钞票右侧向左合拢，左右手指稍向中间一起用力，使钞票竖立在桌面上，两手将钞票松拢轻墩，把钞票横执墩齐，准备扎把。

6.3.2　扇面式四指多张点钞法

扇面式四指多张点钞法，有一次点 6 张、7 张、8 张等多种点法，它是一种速度较快的点钞方法。这种方法与扇面式一按多张方法相比，除清点及记数方法有所区别外，其余各步骤均与其相同。现以一次四指各点 8 张为例对清点及记数过程进行介绍。

1．清点

清点时，点钞者左手持扇面，右手清点，首先用右手拇指清点第一个 8 张，接着用右手食指沿钞票上端向前移动并清点第二个 8 张，再次用中指清点第三个 8 张，最后用无名指清点第四个 8 张，这样就完成了第一组动作。当每四个 8 张点完时，拇指则迅速由钞票里边越上去清点第五个 8 张，进行第二组清点，另外三个手指依次清点即完成第二组动作，依此进行反复操作。扇面式四指多张点钞法的清点姿势如图 6.25 所示。

图 6.25　扇面式四指多张点钞法清点姿势

2．记数

以每个手指点 8 张为一次，记一个数，记至 12 时再补点 4 张即为 100 张。即第三组清点完后，已清点了 12 个 8 张，即 96 张，再补加上 4 张即满 100 张。

实训 17

手按式点钞法和扇面式点钞法练习

实训要求：练习各种正确的手按式点钞法的方法和技巧，包括按票、清点、记数等环节；练习扇面式点钞法。

实训内容：

1．指法练习

空手练习各种手按式点钞方法的手指动作。

2．持钞练习手按式点钞法

以整把形式练习手按式点钞法，必须经过拆把、按钞、清点、扎把等动作过程，完成每一把点钞时要按照本法操作过程分步练习，做到先分后合、准中求快、记数准确、扎把牢靠。

反复进行持钞练习，并记录每次点钞的时间。

（1）用手按式单指单张点钞法点钞 100 张，共点 10 次并记录清点时间。

（2）用手按式双指双张点钞法点钞 100 张，共点 10 次并记录清点时间。

（3）用手按式多指多张拨动点钞法点钞 100 张，共点 10 次并记录清点时间。

（4）用手按式多指多张推动点钞法点钞 100 张，共点 10 次并记录清点时间。

（5）用手按式翻点法点钞 100 张，共点 10 次并记录清点时间。

3．持钞练习扇面式点钞法。

（1）反复练习开扇和合扇操作，使钞票均匀散成扇面，便于清点。

（2）用扇面式一按多张点钞法点钞 100 张，共点 10 次并记录清点时间。

（3）用扇面式四指多张点钞法点钞 100 张，共点 10 次并记录清点时间。

4．同学之间进行分组训练和对抗，开展点钞比赛。

5．进行点钞综合练习，在掌握点钞技巧的基础上，提高点钞速度和准确度，达到技能量化标准要求（见表 6.1）。

表 6.1　点钞技能量化标准表

类　别	等　级	3 分钟点钞数（张）	100 张所用时间（秒）
单指单张	一	800 以上	22.0 以内
	二	700 ~ 799	22.1 ~ 23.9
	三	600 ~ 699	24.0 ~ 25.9
	四	500 ~ 599	26.0 ~ 27.9
	五	400 ~ 499	28.0 ~ 29.9
多指多张	一	1 000 以上	17.0 以内
	二	800 ~ 999	17.1 ~ 20.0
	三	700 ~ 799	20.1 ~ 22.0
	四	600 ~ 699	22.1 ~ 24.0
	五	500 ~ 599	24.1 ~ 26.0
扇面	一	900 以上	20.0 以内
	二	800 ~ 899	20.1 ~ 22.0
	三	700 ~ 799	22.1 ~ 24.0
	四	600 ~ 699	24.1 ~ 26.0
	五	500 ~ 599	26.1 ~ 28.0

第7章 机器点钞与硬币整点技术

本章知识技能要点与要求

※ 了解点钞机的结构和功能；
※ 掌握点钞机点钞的具体方法；
※ 了解点钞机使用中的注意事项和故障情况；
※ 了解我国人民币硬币的种类和特点；
※ 掌握手工整点硬币和工具整点硬币的方法。

引导案例 点钞机的发展

中国第一台点钞机是沈阳银行郭殿户研制的。1958年7月，在上海南京路华侨饭店召开了全国银行第一次技术革新交流展览会。在这为期15天的展会上，郭殿户展示了一台纸币点钞机，机器体积如一台办公桌大小，结构和印刷机相似，设有气泵、吸嘴、计算轴、电动机、计数器等，吸嘴在钱上面，吸住一张送到计数轴进行计数，点钞速度很慢。

1959年上半年，又召开全国银行技术革新、技术革命成果展。在众多展品中，展出的纸币点钞机有好几台。1960年在南通参展的银行，带去的点钞机很多并且已经成型。在20世纪80年代到90年代中期，这一阶段的点钞机主要是小作坊式生产，主要分布在温州和上海、沈阳等地。这个时期的点钞机的特点是，机械功能大于电子功能，可以进行电子计数、紫光鉴伪。

在20世纪90年代中期到21世纪初，点钞机在这个阶段得到了大规模的生产，出现了一大批专门生产点钞机的大型企业。在这个阶段的龙头企业开始注重钞票的鉴伪和清分，为ATM终端机器服务。这个时期的点钞机体型缩小，机器更加稳定，开始了有意识的品牌销售。

现在中国的点钞机开始了数字、电子和机械相结合的时代，使点钞机技术更加稳定和成熟。现在市场上的点钞机主要是利用荧光、红外、穿透、安全线、磁性等功能对人民币进行鉴伪、计数和清分，售后服务也逐步完善。

7.1 机器点钞方法

机器点钞就是使用点钞机整点钞票，以代替手工整点，其速度是手工点钞的好几倍。机器点钞代替手工点钞，对提高工作效率，减轻工作人员劳动强度，加速资金周转都有积极的作用。随着金融事业的不断发展，出纳的收付业务量也日益增加，机器点钞已成为银行出纳点钞的主要方法。

7.1.1 点钞机简介

点钞机集计数和辨伪于一身，随着印刷技术、复印技术和电子扫描技术的发展，伪钞制造水平越来越高，必须不断提高点钞机的辨伪性能。因此，点钞机通常具有自动开停机、预置数、累加、防连张、防重张和防夹心等辅助功能；辨伪手段通常有荧光识别、磁性分析、红外穿透三种方式。

1．点钞机的分类

按照钞票运动轨迹的不同，点钞机分为卧式点钞机和立式点钞机。卧式点钞机采用后面进钞前面出钞的方式，以每秒 15 张以上的速度对钞票进行清点、辨伪（见图 7.1）。立式点钞机采用上面进钞下面出钞的方式，速度可设置，最高速度可达每秒 30 张以上（见图 7.2）。本节以卧式点钞机为主进行介绍。

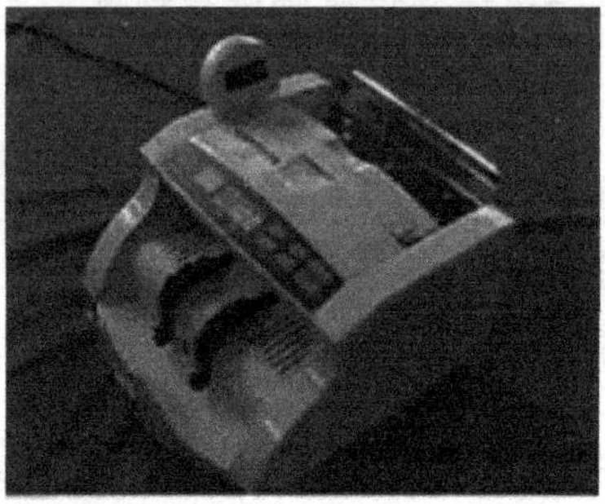

图 7.1　卧式点钞机

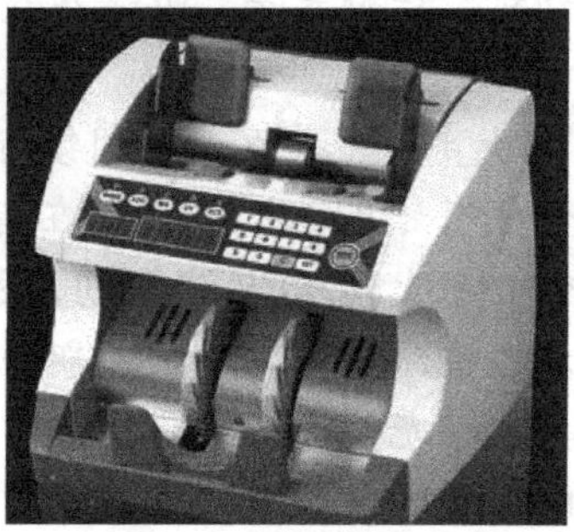

图 7.2　立式点钞机

2．点钞机的结构

点钞机一般由捻钞、过钞、接钞、传动、机架和电子六个部分组成。

（1）捻钞部分。点钞机的捻钞部分主要由落钞底座、阻力橡皮、落钞板、调节螺丝、捻钞轮等组成，其功能是将钞票均匀地捻入传送带。将要清点的钞票逐张均匀地捻出是保证计数准确的前提。点钞机的捻钞轮先捻走处于落钞台最表面的一张钞票，下面的钞票被阻力橡皮粘住，使表面的钞票与下面的钞票分开，实现分张，这个过程不断重复进行，直到捻到最后一张钞票。而捻钞是否均匀，计数是否准确，其关键在于落钞台下端调节螺丝的松紧程度。所以，使用机器点钞时，必须调节好螺丝，掌握好松紧程度。

（2）过钞部分。点钞机的过钞部分主要由过渡板、计数架、出钞轮等组成。过渡板和计数架形成钞票通过传感器的通道，为相关传感器提供了支架。钞票离开捻钞轮进入出钞轮时，出钞轮以捻钞轮两倍的速度把前一张钞票与后面一张钞票有效地分开一定距离，送往检测传感器进行计数和辨伪。

（3）接钞部分。点钞机的接钞部分主要由接钞叶轮、过桥、挡钞板等组成。点验后的钞票被一张张分别卡入接钞叶轮的不同叶片，由挡钞板将钞票挡下并堆放整齐，为扎把做好准备。

（4）传动部分。传动部分一般采用双电动机驱动，由主电动机通过传动带、传动槽轮，将动力输送给捻钞轮轴和出钞轮轴，接钞叶轮由接钞电动机驱动。

（5）机架组件。机架主要包括左、右侧板和底板，机架为整个系统各部件提供定位和支撑。因此，机器制作的精度和采用材料的硬度都是至关重要的，材料一般采用电解板和冷轧板。

（6）电子部分。电子部分由主控部分、传感器部分、显示组件、电源板等组成一个单片机控制的系统，通过多个接口把紫光、磁性、红外穿透、计数信号引入主控器。对于电子部分，计数功能相对简单，捻钞轮捻出的每张钞票通过电子部分的光电管和灯泡后，由计数器记忆并将光电信号转换到数码管上显示出来，数码管显示的数字，即为捻钞张数。而辨伪功能相对较难，在产品设计时，把真实钞票过钞时的各传感器接收到的信号进行取样、识别，并保存起来，作为以后检测的依据；成品机器在清点纸币时，把各传感器通道接收到的信号与原保存起来真实钞票的信号进行比较、判断，若有明显差异时，便立即送出报警信号并截停电动机，同时送出对应的信号提示。

7.1.2　点钞前的准备

1. 放置好点钞机

点钞机一般放在桌上，点钞员的正前方，离胸前 30 厘米左右，以便于放钞和取钞。临柜收付款时也可将点钞机放在点钞桌内，桌子台面上用玻璃板，以便看清数字和机器运转情况。

2. 放置好钞票和工具

机器点钞是连续作业，且速度相当快，因此，清点的钞票和操作的用具摆放位置必须固定，这样才能做到忙而不乱。一般未点的钞票放在机器右侧，便于右手操作，钞票按大小票面顺序排列，或从大到小，或从小到大，切不可大小夹杂排列；清点完的钞票放在机器左侧；腰条纸应横放在点钞机前面即靠点钞员胸前的那一侧，其他各种用具放置要适当、顺手。

3．试机

首先检查各机器组件是否完好，再打开电源，检查捻钞轮、传动部分、接钞台等运行是否正常；检查数码显示是否正常，如数码显示不是“00”或“0”，那么按“0”键钮，使其复位“0”。然后开始调整落钞台，松紧螺母，通常以壹元券为准，调到不松、不紧、不夹、不阻塞为宜。调整时，右手持一张 1 元券放入落钞台，捻钞轮将券一捻住，马上用手抽出，以捻得进、抽得出为宜。

调整好点钞机后，还应拿一把钞券试试，看看机器转速是否均匀，下钞是否流畅、均匀，点钞是否准确，落钞是否整齐。若接钞档板上的钞票排列不均匀，说明下钞速度不均，要检查原因或调节落钞台下端的螺丝松紧；若出现不整齐、票面歪斜现象，说明落钞台与两边的捻钞轮相距不均匀，往往造成距离近的一边下钞慢，钞票一端向落钞台倾斜，传送带上钞票呈一斜面排列，反之则下钞快，这样应将落钞台两边的螺丝进行微调，直到调好为止。

7.1.3 点钞操作程序

点钞机点钞的操作步骤与手工点钞大致相同，也要完成拆把、清点、扎把及盖章等几道工序。

1．拆把

用右手从机器右侧拿起钞票，将钞票横执，右手的拇指与中指、无名指、小指分别捏住钞票两侧，拇指在里侧、其余三指在外侧，将钞券横捏成瓦形，中指在中间自然弯曲，然后用左手将腰条纸抽出。

2．持票

经拆把后的钞票，用右手捏住，右手中指、无名指、小指分开，拇指稍用力往下捩，使钞票弹回原处并自然形成微扇面，这样即可将钞票顺着扇面放入落钞台了。

3．清点

当钞票放入落钞台后，点钞机会自动对钞票进行清点。点钞机清点时，钞票经过落钞台通过捻钞轮和计数器，自然下滑到传送带，落到接钞台上。点钞机点钞如图 7.3 所示。

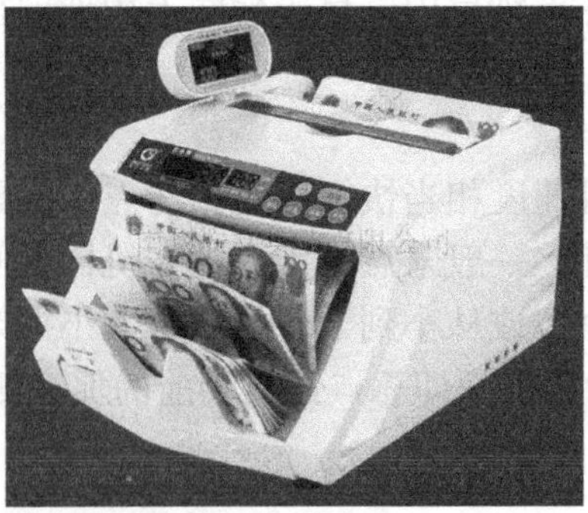

图 7.3 点钞机点钞

4. 计数

当一把钞票点完，要查看数码是否为 100。如计数为 100 张，则用左手从接钞台内取出钞票。如显示的数字不为 100，则必须重新清点一次，即复点。在复点前应先将数码显示置“00”状态并保管好原把腰条纸。如经复点仍是原数，又无其他不正常因素时，说明该把钞券张数有误，即应将钞票连同腰条纸一起用新的腰条纸一起扎好，并在新的腰条纸上写上差错张数，另作处理。

5. 墩齐并扎把

一把点完，计数为百张，即可扎把。扎把时，左手拇指在钞券上面，手掌向上，将钞票从接钞台里拿出，把钞票墩齐并进行扎把。墩齐与扎把的具体方法与手工点钞方法相同。

6. 盖章

复点完全部钞票后，点钞员要逐把盖好名章。盖章时要做到整齐、清晰。

> **小提示　点钞小技巧**
>
> （1）放钞时不要太用力，把整把钞票往上轻轻一放就可以了，利用钞票本身的重量与机器胶轮向下捻搓的动作相配合就可以正常完成点钞动作。放钞时太过用力是造成卡钞的主要原因。
>
> （2）卡钞后不用按恢复键，只要把前面已经过了的钱拿起来再放下（后面未通过的部分不要拿起来），机器就会继续点钞并连续计数。机器在已经通过的钞票位置那儿有个电子感光眼，这个动作就会使感光眼做出反应使点钞机继续工作。

7.2　机器点钞操作要领及注意事项

7.2.1　机器点钞操作要领

由于机器点钞速度快，要求两手动作要协调，各个环节要紧凑，下钞、拿钞、扎把等动作要连贯。连续点钞时，当右手将一把钞票放入落钞台后，马上拆开第二把，准备下钞，眼睛注意观察传送带上的钞票。当传送带上最后一张钞票落到接钞台后，左手迅速把钞票拿出，同时右手将第二把钞票放入落钞台，然后对第一把钞票进行扎把。扎把时眼睛仍应注意观察传送带上的钞票。当左手将第一把钞票放在机器左侧的同时，右手从机器右侧拿起的第三把钞票做好下钞准备，右手顺势抹掉第三把的腰条纸后，左手迅速从接钞台上取出第二把钞票进行扎把。这样顺序操作，连续作业，才能提高工作质量和工作效率。

在连续操作的过程中，须注意以下问题：

（1）原把腰条纸要顺序更换，不得将前把与后把腰条纸混淆，以分清责任。

（2）钞票进入接钞台后，左手取钞必须取净，然后右手再放入另一把钞券，以防止串把。

（3）如发现钞票把内有其他券种或残破券及假币时，应随时挑出并补上完整券后才能扎把。

> **小提示** 机器点钞连续操作，归纳起来要做到“五个二”：
> 二看。看清票面，看准计数。
> 二清。券别、把数分清，接钞台取清。
> 二防。防留张，防机器吃钞。
> 二复。发现钞票有裂缝和夹带纸片要复点，计数不准时要复点。
> 二经常。经常检查机器底部，经常保养，维修点钞机。

7.2.2 机器点钞容易发生的差错和防止方法

1. 接钞台留张

左手到接钞台取钞时，有时会漏拿一张，造成上、下把不符的情况。

防止留张的方法就是取净接钞台内的钞票，或者采取不同的票面交叉进行清点的方法。

2. 机器“吃钞”

引起机器吃钞的主要原因是：钞票较旧，很容易卷到输钞轴上或带进机器肚内；出钞歪斜，容易引起输钞紊乱、挤压或飞张等，也有可能是下钞轮将钞票带进机器肚内。

防止“吃钞”的方法：调整好面板和调节螺丝，使下钞流畅、整齐；输钞紊乱、挤压时要重新清点一遍；检查机器底部和前后输钞轴是否有钞票夹住。

3. 多计数

造成多计数的原因主要有：机器在清点辅币、旧币时容易发生飞张，造成多计数；钞券开缝破裂，或一把钞券内残留纸条、杂物等，也会造成多计数。

防止多计数的方法是：可将钞票调头后再清点一遍，或将机器内杂物、纸条取出后再点一遍。

4. 计数不准

计数不准除了电路毛病和钞票本身的问题外，光电管、小灯泡积灰、或电源、电压大幅度升降都会造成多计数或少计数。

防止计数不准的方法：经常打扫光电管和小灯泡灰尘；如果数码管突然计数不准，要立即停机，检查机器的线路或测试电压等。

7.2.3 点钞机的辨伪功能及原理

辨伪是通过检测人民币的固有特性来分辨真假。点钞机是机电一体化产品，涉及机械、电、光、磁等多个领域的知识，需要各方面互相配合。

1．荧光检测

荧光检测的工作原理是针对人民币的纸质进行检测。人民币采用专用纸张制造，假钞通常采用经漂白处理后的普通纸进行制造，经漂白处理后的纸张在紫外线的照射下会出现荧光反应，而人民币则没有荧光反应。所以，用紫外光源对运动的钞票进行照射并同时用硅光电池检测钞票的荧光反映，可判别钞票真假。为排除环境光对辨伪的干扰，必须在硅光电池的表面安装一套透过波长与假钞荧光反应波长一致的滤色片。

在荧光检测中，需要注意如下两个问题：

（1）检测空间的遮光。外界光线进入检测空间会造成误报。

（2）紫外光源和光电池的防尘。在点钞过程中有大量粉尘，这些粉尘黏附在光源表面会削弱检测信号，造成漏报。

另外，对第五版人民币，可同时检测荧光字以提高辨伪效果。

2．磁性检测

磁性检测的工作原理是利用大面额真钞（20 元、50 元、100 元）的某些部位是用磁性油墨印刷，通过一组磁头对运动钞票的磁性进行检测，或通过电路对磁性进行分析，可辨别钞票的真假。

在磁性检测中，要求磁头与钞票摩擦良好。磁头过高则冲击信号大，造成误报；磁头过低则信号弱，造成漏报。通过控制磁头的高度和在磁头上方装压钞胶轮可满足检测需要。

人民币的磁性检测方法可分为如下四种：

（1）检测有无磁性。市场上的点钞机多采用此种方法，由于制造容易，故此种方法伪钞辨出率低。

（2）按磁性分布于什么位置检测磁性。采用两组或三组磁头分路检测磁性，辨伪水平可提高一个档次，市场上部分点钞机采用此种方法。

（3）检测第五版人民币金属丝磁性。目前水平停留在检测有无磁性。

（4）检测第五版人民币横号码磁性。目前水平停留在检测有无磁性。由于横号码是一组带有一定磁性的数字，如对横号码的磁性数量和大小进行检测，辨伪水平可大大提高。

3．红外穿透检测

红外穿透的工作原理是利用人民币的纸张比较坚固、密度较高，以及用凹印技术印刷，油墨厚度较高，对红外信号的吸收能力较强等，来辨别钞票的真假。人民币的纸质特征与假钞的纸质特征有一定的差异，用红外信号对钞票进行穿透检测时，它们对红外信号的吸收能力将会不同，利用这一原理，可以实现辨伪。

4．激光检测

用一定波长的红外激光照射第五版人民币上的荧光字，会使荧光字产生一定波长的激光，通过对此激光的检测可辨别钞票的真假。由于仿制困难，故用于辨伪很准确。

5．光谱图像检测

点验钞票时，对纸币进行一个波段或两个以上（含两个）波段独自全幅成像、采集、分析、记录，而实现纸币的真伪鉴别。光谱图像检测技术包含紫外图像分析鉴别技术、白光图像分析鉴别技术、红外图像分析鉴别技术、多光谱图像分析鉴别技术等。

7.2.4 点钞机的故障处理方法

点钞机属于电子、机械产品，随着使用的时间和其工作量的增长，或多或少都会出现问题，这时候就需要对点钞机进行维修保养。下面列举点钞机常见的故障问题及其解决方法。

1．启动故障

（1）开机无反应。检查电源插座是否有电，点钞机电源线是否插好，点钞机保险丝是否已熔断。

（2）启动方式失灵。一般为送钞传感器堆积灰尘，通过除尘可解决此问题；或者送钞传感器电源线与主电路板连续开路，这时将其插好即可；或者点钞机传动皮带折断，这种情况下需要更换皮带。

2．大电动机故障

电动机故障现象有几种，包括电动机不转、电动机反转、电动机颤抖、电动机常转、电动机转速慢等。归根结底，电动机故障主要是由可控硅、电源板和电动机本身所引起的，其他的原因还包括主板的控制信号出错、启动电容问题等。

（1）电动机不转、电动机颤抖、电动机转速慢故障的处理方法。先将电源线拔掉，再将电动机控制线从电源板上拔出来，用一条焊锡或导线将正转线与公共线短接，再将电源线插上，打开电源形状，看电动机转动是否正常。如果电动机转动正常，则是可控硅故障；如果电动机转动不正常，则是电动机故障。

（2）电动机反转、电动机常转故障的处理方法。直接将可控硅换掉，则可解决故障。

（3）如果在确定电动机是没有故障的，而又换了可控硅，但机器还是不能正常转动，则直接将整块电源板给换掉。

（4）电动机故障的故障点有时还要注意导线的插头是否插好、线头的端子有没有滑脱下来等。

3．小电动机故障

小电动机不转的故障点主要在小电动机、小电动机驱动电路和变压器上。

（1）首先要检查小电动机的输出端口有没有电压输出，一般小电动机的输出端口在空载时的输出电压要大于 9V，如果有输出电压而小电动机依然是不转，则是小电动机损坏了。

（2）小电动机的驱动电路最容易损坏的是驱动三极管，如果能将故障点锁定在驱动电路上，则最可能被损坏的元件就是驱动三极管，直接将这个三极管换掉即可。

（3）点钞机的变压器都有好几路输出电压以供各路工作，其中有一路是供到小电动机的，所以小电动机不工作的情况下，也要测量一下变压器的各种输出电压是否在正常范围之内。

4．计数不准

计数不准是常见的点钞机故障现象，一般主要是指少计数。比如，点钞 100 张，计数显示只有 98 张、99 张。造成计数不准主要是由落钞台和计数传感器造成的。

（1）要保证阻力橡皮的前沿不能起坑。如果起坑，要将阻力橡皮设置反面使用或更换新配件。

（2）滑钞舌的位置装配不能过前或过后，如若过前，则会容易使两张一下都被捻过，造成少计数；如若过后，则会下钞不顺畅，下钞慢。

（3）调节螺丝决定了整个落钞台的大小。顺时针调整调节螺丝，使调节螺丝往下沉，则会顶起落钞台，那么拉力将会增大；逆时针调整调节螺丝，使调节螺丝往上升，则会降低落钞台，那么拉力将会减小；如果拉力过小，则会计数不准，如果拉力过大，则会使钞票起皱。

（4）捻钞胶圈是一处带齿的橡胶轮，如果表面的齿磨平了或者沾上了一些油渍污垢，则会使摩擦力减小或打滑，最终导致计数不准，这时需要更换新的捻钞胶圈。

根据以上落钞台各部件的介绍，可知道出现计数不准的故障现象，最常用的解决办法就是通过调整调节螺丝，增大拉力；出现下钞不顺畅的故障现象时，最常用的解决办法则是通过调整滑钞舌的位置来解决。另外，计数传感器积灰也会使计数不准确，清理传感器的灰尘即可解决故障。

5．点钞机不计数

如果点钞机出现不计数的故障，则在机器开机进行故障自诊断时，会将故障点给检测出来。所以在开机时，要注意观察开机瞬间在显示屏上出现的故障代码。不同型号或品牌的点钞机，故障代码不相同，可根据本品牌的说明书，查看故障代码对应的故障原因。点钞机不计数的故障一般是由码盘或计数管产生问题造成的。

（1）码盘故障。先观察码盘有无断齿、积尘，码盘传感器的发射管和接收管之间的缝隙是否有积尘堵塞。如果有灰尘，则进行清尘或者更换。如果故障还不能解决，则检查码盘传感器的连续线、插口，并调整主板上码盘电压电位器，一般的码盘电压都是 2.5 ~ 3V。

（2）计数管故障。首先检查红外发射、接收管有没有积尘，如有积尘，则须将灰尘清扫干净。然后测量发射管电压，发射管在正常工作情况下的电压是 1.1V 左右，如果电压相差太大，则是发射管出现故障引起的。若发射管电压正常，然后再测量接收管的电压。根据经验，在计数管出现故障的现象中，接收管并不容易出现问题，更多的是发射管老化所造成的。

6. 显示器乱码

显示器乱码主要是由芯片、晶振和某些地方短路或没有接地所引起的。

（1）首先观察芯片有没有插到底。一般出现乱码时，先将机器关掉，将盖子打开，用手压一压芯片，将它插到底，同时，注意观察芯片的每个脚有没有弯曲变形。

（2）短路或显示乱码很容易引起的地方是开关。如果按完芯片后还不能解决问题，则将开关线拔掉，再试机。

（3）晶振也是引起显示器乱码的一个地方。如果晶振或其外围的起振电容坏掉了，导致不能起振，也会引起显示乱码的现象。

另外，还要注意观察一下显示板的连接线有没有断开的现象。

7.2.5 点钞机使用中应注意的事项

（1）机器的工作环境，应当放在通风的室内操作，避免潮湿、强光的照射和强磁场的干扰。

（2）点钞机的电源插头一定要接在有安全地线的电源插座上，以确保计数显示和人身安全。

（3）点钞机所使用的电源电压必须在220V（±10%）范围内，超出范围会影响机器的正常工作。

（4）每日工作终止不用时，应拔掉电源插头。应每月对点钞机的紫外发光管、红外光管、点钞机的通道进行两次的灰尘清扫，如工作量较大，应每周对其进行一次灰尘清扫。

（5）开关机的时间间隔不能小于3秒，避免显示窗数字受干扰。

7.2.6 点钞机的日常保养

“工欲善其事，必先利其器。”仅仅使用好的点钞机还是不够的，还应注意对点钞机进行日常的保养和维护。

保养点钞机最重要的一点就是除尘。在潮湿地区，如果灰尘积留得比较多，会对机器的强电部分产生很大影响。在干燥地区，灰尘中带有大量自由电荷，而点钞机在清点的过程中也会产生一部分自由电荷，这样就会造成自由电荷在钞票上积累，最终产生尖端放电，这也就是我们常说的“静电”。静电产生放电现象就会对机器产生影响，轻则影响鉴伪，重则对机器的集成电路造成无法补救的损害。抛开这些对机器的不利影响不说，灰尘多了对人体也是有害的。所以保养机器的最重要任务就是除尘。

在机器内灰尘积累较多的地方是紫外灯管。紫外灯管是点钞机利用光学技术进行鉴伪的光源，当它被遮挡时，光源的强度就要下降，这样鉴伪的灵敏度也要随之下降。在多数情况下，光学传感器距离光源很近，如果灯管的积灰多，也会将传感器遮盖住，这样鉴伪的灵敏度就更低了。这里的灰尘可以用毛刷或抹布进行清理，不过一定要记住必须先将机器的电源线拔下来，以免触电。清除了灯管上的灰尘后就要对机器的积尘盒进行清理了。带有吸尘装置的点钞机，其吸尘装置吸取的灰尘都装在积尘盒里，可以将它拆下来进行清理。点钞机的机构是很复杂的，用毛刷或抹布不能碰到的地方就不要非得去碰，否则容易损坏机器。

接下来的工作是更换易损件。点钞机的易损件主要包括橡胶器件和紫光灯管。点钞机是模仿人类点钞的机器。它主要模仿的是摩擦作用，因此，使用了部分橡胶器件。橡胶器件使用一段时间后会由于磨损而摩擦力下降，从而导致机器的性能随之下降，在这种情况下就需要更换相应的橡胶器件。另外，紫外灯管工作一段时间后紫外光的发射能力也要下降，从而导致机器鉴伪能力下降，这样也需要更换紫外灯管。更换它们的方法一般是很容易的，只要按使用说明书要求的方法拆下相应的部分，然后将新的器件安装上就可以了。

最后一项保养工作是调节点钞的间隙。点钞机有一个调节摩擦力的机构，大多数点钞机的这个机构都设在机器的后部，其外形类似于圆形的钮，可称它为“旋钮”。旋钮的调整一般符合这样的规律——“顺时针调整，摩擦力增加；逆时针调整，摩擦力减小”，知道这个规律后调整起来就方便很多，一般调节两圈就可以了。

7.3　硬币基本知识

硬币即金属铸造的货币。用金属铸造货币在我国已有几千年历史，最早的金属铸币是商代的宝德铜贝，距今已 3 000 多年。金属币具有使用方便、耐磨损、流通寿命长等优点。它除了自身所具备的货币职能外，还有很高的艺术欣赏和收藏保值功能。

7.3.1　硬币的分类

硬币“本职”是充当流通中介。但随着收藏和投资需要，又派生出一些其他用途硬币。虽然对硬币可有不同的分类标准，但从收集、收藏需要出发，按照发行目的进行分类应是最本质和最基本的方法。由此，可分为如下几类。

1．流通币

这是原本意义上的硬币，发行的目的是“流通”。主权发行机构按面值投放市场，交换中按面值流通。流通币由普通金属或贵金属制成；发行量不限，一般较大；发行年代可以间断或连续；同一面值同一图案硬币有不同发行年代。按其实际使用情况，又可分为“已退出流通”和“正在流通”两种流通币。

（1）主币与辅币。流通硬币元币（长城币、牡丹币、菊花币一元）是人民币主币；流通硬币中角币、分币叫人民币“辅币”。

（2）流通币的收藏。流通币本意是“流通”而不是“收藏”。但流通币可被收藏，当前对初涉硬币集藏的币友来说流通币收藏还是主体。

当然，流通币的"收藏"价格通常高于甚至远高于其"流通"价格，所以对这类币来说，最好的收藏方式是在"流通"中"收藏"，即在日常流通中将品相优美的、面值较小的币"攒"起来，即以"流通"价格代替了"收藏"价格。但是，这种办法受到国别、面值、年代的限制，很难集全。

2. 收藏币

收藏币发行的目的不是为"流通"服务，而是为硬币"收藏"服务，通常由主权发行机构以高于或远高于面值的价格售出。它不充当商品交换中的一般等价物，但可作为收藏品（商品）在市场流通。例如，我国 1984 年面值 10 元的熊猫银币发行价不是 10 元而是 100 多元。面值 10 元只不过说明它是"币"而不是"章"，也绝不会有人用此币作为 10 元流通使用。

收藏币一般由贵金属或普通金属制造，必须限量发行（几枚到上百万枚），而且要公布发行量。收藏币一般只有一个特定的发行年代，不能连续发行。

所以，收藏币虽是硬币中的一种，但一般只在一个有限的圈子里"流通"。广大公众或从未使用过，或从未见过，甚至从未听说过。

3. 投资币

发行投资币的目的既不是通常意义上的"流通"，也不是常规的"收藏"，而是为了保值和增值。投资币是用高成色（一般 99.9%以上）贵金属（银、金、铂、钯）制成的固定重量（如 1/4 盎司、1/2 盎司、1 盎司）的"币"形金属锭块。

投资币虽也由主权发行机构发行，但常无面值或面值是象征性的（表示为主权发行机构认可的"币"），发行量和发行年代并不重要，市面图案相对固定，便于辨认（如加拿大枫叶银币，见图 7.4）。投资币重要的是制币贵金属成色和币重。

图 7.4　加拿大枫叶银币正面

投资币价格主要根据贵金属价格变化而涨落，一般为所含金重量或纯银重量再加以 3%～10%的附加费。

所以，投资币不过是"币"形贵金属，便于保存和交易（较之金锭、金条、金项链、金戒指），并能保值和增值。这类币按其本质似应译为"锭"币，但不通俗；因其成色较高，应称为"纯"金银币，但多加一"纯"字似乎累赘。若简称为金银币，又易与金银收藏纪念币混淆。所以，建议仍以"（贵金属）投资币"这个名称为最佳选择。事实上一般硬币收藏者并不涉及此领域。

阅读提高

纪念币

长久以来，纪念币这一名词很流行，似乎成了收藏币的同义语。事实上，它们之间是有区别的。纪念币是主权发行机构经过批准（美国需经国会通过），为了纪念某人、某事、某物而特殊发行的硬币，其目的是借助硬币这一“大众传媒”来充分发挥其宣传功能。纪念币可以是流通币也可以是收藏币。就其目的而言，流通币似乎更具有宣传优势。例如，美国 1976 年美国独立 200 周年 1/4 美元流通纪念币（见图 7.5）在实际流通中和常规 1/4 美元硬币完全等同，如可用于打投币电话。而美国 1994 年世界杯足球赛 1/2 美元收藏纪念币发行价即 11.5 美元，只有在钱币商和收藏者手中才能看到此币，一般美国公众不了解，也见不到此币。

图 7.5 美国 1/4 美元硬币正面

虽然当今世界上绝大部分收藏币为纪念币，但收藏币的内涵要比纪念币宽广。它应该包括纪念币、生肖币、风光币和各种主题币（如保护珍稀野生动物）。各种主题币似乎很难套用“纪念”这一概念，但属于收藏币无疑，即由主权发行机构以高于面值出售，一般用贵金属或普通金属制造和精制，限量发行并公布发行量，一般每种币只有一个特定的发行年代。

因此，纪念币只是收藏币的一部分。为了充分发挥硬币在流通中的宣传教育作用，应该多发行流通纪念币，少发行收藏纪念币。为了满足广大收藏者的需要，应该扩大纪念币以外的各种收藏币发行，并建议在收藏界中逐步熟悉收藏币这一名称，将收藏币与纪念币加以区别。

7.3.2 人民币硬币

我国人民币流通硬币总目录如下：

第一套 1955—1992 年，18 枚，0.37 元；1965—1970 年暂停发行；1971—1992 年，66 枚，1.65 元。共计 2.02 元，俗称“硬分币”。

第二套 1980—1986 年，28 枚，12.6 元，俗称“长城币”。

第三套 1991—2001 年，31 枚，16.5 元，俗称“牡丹币”。

第四套 1999—2010 年，45 枚，29.7 元，俗称“菊花币”。

1. 第一套硬币介绍

新中国成立前，中国人民银行没有发行过硬币；新中国成立后，中国人民银行于 1955 年开始铸造第一套硬币，于 1957 年 12 月 1 日正式发行。1955 年版铝镁合金的流通金属硬币，作为人民币的辅币，共计有三种面值，分别为壹分、贰分、伍分。硬币呈圆形，边上有齿，材质为铝镁合金。硬币正面图案均为国名和国徽，背面图案均由麦穗、面值和发行年份组成。1965—1970 年，因特殊情况，三种铝分币均停止生产和发行。图 7.6 为我国第一套人民币硬币 2 分币的背面图。

图 7.6 第一套人民币硬币 2 分币

这套铝质硬分币，迄今为止，仍属我国法定的现行货币，可以和第四、第五套人民币等值混用，没有只收不付和停止流通的通知。根据《中华人民共和国中国人民银行法》规定，任何单位和个人不得拒收硬分币。只是在物资丰富、人民生活提高的今天，货币面额增大了，硬分币已自动失去流通职能。只有银行柜台上支付利息用铝质分币，市场上买卖双方不计硬分币了，这套铝质硬分币流通至今已经历 50 年，在流通领域中发挥了重要作用。

> **小提示** 1979—1984 年发行的分币有如下两种：
> （1）在图案背面麦穗的部分麦芒被细带遮住，叫平芒币。
> （2）在图案背面麦芒没有被细带遮住，叫出芒币。

2. 第二套硬币介绍

第二套硬币于 1980 年 4 月 15 日发行，面值分别为壹角、贰角、伍角和壹元四种。第二套硬币呈圆形，边上有齿，材质的铜、镍等有色金属。其中，壹角、贰角、伍角面值的正面图案均为国名和国徽，背面图案均为麦穗、面值和发行年份；壹元面值正面图案为国名、国徽和发行年份，背面图案为万里长城和面值。到 1986 年年底，中国人民银行共发行了七个不同年份的硬币。但由于我国当时铜、镍资源相当少，不能满足大量发行的需要，故只在 1980—1986 年进行了少量的铸造，只能象征性发行，没有真正发挥流通作用。经国务院批准，中国人民银行从 2000 年 7 月 1 日起停止使用。1980—1986 年共有七个不同年份的硬币在市场上流通使用。图 7.7 为第二套人民币壹元硬币的背面图。

图 7.7　第二套人民币壹元硬币背面

3．第三套硬币介绍

第三套硬币从 1991 年开始铸造，于 1992 年 6 月 1 日起在全国发行 1991 年版新的壹角、伍角、壹元三种流通金属币。第三套硬币均呈圆形，壹角的材质为铝镁合金，取消了边缘齿，采用内九边形；伍角的材质为钢芯镀铜合金，边形由周边连续丝齿改为间断丝齿；壹元的材质为钢芯镀镍，边形由周边连续丝齿改为无丝齿外形。这套硬币元角币的图案设计注重货币特征和结构艺术的有机结合，正面图案均以国徽为主景，国徽下边有国名和铸造年份，国徽上方增加汉语拼音国名。在元角币背面图案突出货币面值的同时，分别表现了壹元币牡丹、伍角币梅花、壹角币菊花为主，配以绿叶或少许花苞的图案，在构图上采用非对称艺术手法。这套硬币从 1991—2000 年共有十个不同年份硬币发行，在这十个年号的硬币里，仅见 2001 年伍角币一种在市场上流通。图 7.8 为第三套人民币硬币背面的图案。

图 7.8　第三套人民币硬币背面

4．第四套硬币介绍

第四套硬币从 1999 年开始铸造。从 1999 年新版流通硬币与前三套所发行铸造流通硬币已发生了重大变化，这个变化自 2000 年 10 月 16 日起，新版流通硬币铸有“中国人民银行”行名，正式明确中国人民银行为流通硬币的发行银行。第四套硬币于 2000 年 10 月 16 日先发行了 1999 年新版壹元、壹角币两种，后于 2002 年 11 月 18 日发行新版伍角币，全套计三种币种。第四套硬币均呈圆形，壹元币的材质为钢芯镀镍，币外缘为圆柱面，并印有“RMB”字符标记；伍角币的材质为钢芯镀铜合金，外缘为间断丝齿；壹角币的材质为铝合金，边无齿。自 2005 年 8 月 31 日起，发行 2005 版年号壹角币，材质由铝合金改为不锈钢。该套三枚硬币正面图案均突出面值，面值上方为“中国人民银行”行名，下方为发行年份。背面图案壹元币为菊花及行名的汉语拼音字母、伍角币图案为荷花及行名的汉语拼音字母、壹角币图案为兰花及行名的汉语拼音字母。图 7.9 为第四套人民币硬币背面的图案。

图 7.9　第四套人民币硬币背面

7.4　硬币整点技术

硬币的整点法一般分为两种：手工整点和工具整点。在实际工作中，无论是手工整点还是工具整点，都需要人工进行操作方可完成清点任务。下面就对两种方法的具体操作过程做简要介绍。

7.4.1　手工整点硬币技术

手工整点硬币可分为拆卷、清点、记数、包装和盖章五个操作环节。每个环节的操作过程如下。

1．拆卷

首先将包装纸平放在桌面上，右手持硬币卷的 1/3 处，放在包装纸的中间，左手撕开硬币上包装纸的一头，然后右手拇指向下从左端至右端用力压开包装纸，把纸压开后左手食指平压硬币，右手立即抽出已压开的包装纸，拆卷工作便完成了。

2．清点

清点时由右向左分组清点，以右手拇指和食指持币分组清点，每次清点的枚数因个人技术熟练程度而定，可一次清点 5 枚或 10 枚，也可一次清点 12 枚、14 枚、16 枚等。为保证清点的准确性，可用中指从每组中间分开查看，使两边的数量很快看清，如一次清点 14 枚硬币，可从中间分开一边 7 枚；如一次清点 16 枚，可从中间分开一边 8 枚，依次类推。

3．记数

记数采用分组记数法，每组为一次，每组的枚数相同，一次清点 5 枚，点到 20 次，即 100 枚；一次清点 10 枚，点到 10 次即 100 枚。如一组 14 枚，则记 7 次后余 2 枚即 100 枚；如一组 16 枚，则记 6 次后余 4 枚即为 100 枚。如果是以 50 枚作为一次来进行包装的，则记数相应更改，如一组点 16 枚，则记 3 次后余 2 枚；如一组点 12 枚，则记 4 次后余 2 枚。

4．包装

清点完毕后，用双手的无名指分别顶住硬币的两头，用拇指、食指和中指捏住硬币的两端，将硬币取出放在已备好的包装纸的 1/2 处，再用双手拇指把包装纸从底端掀起，接着用食指将硬币卷在纸内，然后用右手掌心用力向外推卷（见图 7.10），紧接着用双手的拇指、食指和中指分别将两头包装纸压下并贴到硬币上，方法是：中指将两端包装纸上面压到下面，拇指将后面的包装纸向前压，食指将前面的包装纸向后压，均贴到硬币上，再用拇指、食指向前推硬币。

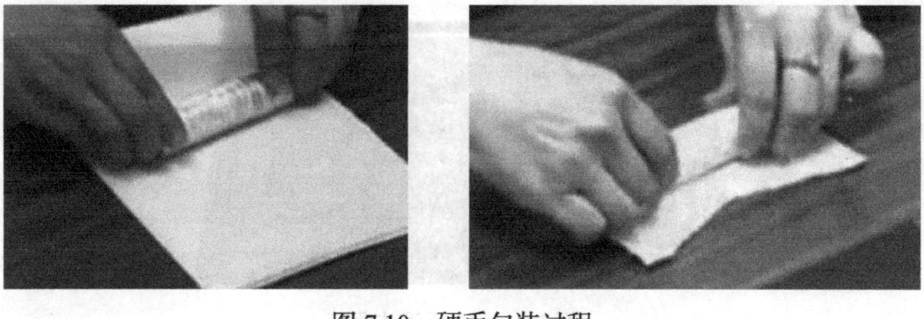

图 7.10　硬币包装过程

5. 盖章

在硬币包装完后，整齐地放在桌上，卷缝的方向一致。右手拿名章，用左手掌心推动硬币向前滚动，右手将图章盖在硬币的右端，顺势同时滑动，使印章盖得又快又清晰。对不足 100 枚的硬币卷要标明数量和金额。

手工清点硬币也可以先在撕开的纸上清点，清点后再抽纸。要熟练掌握手工清点硬币的速度，要加强视力的锻炼，两手配合协调。

7.4.2　工具整点硬币技术

工具整点硬币是指用硬币整点器整点硬币。可分为拆卷、清点、包装和盖章四个步骤。具体操作方法如下。

1. 拆卷

拆卷可使用如下方法：

（1）刀划法拆卷。在硬币整点器的右端安装一个刀刃向上的刀片，拆卷时用双手的拇指、食指和中指捏住硬币的两端，从左向右在刀刃上划过，使包装纸被刀刃划开一道口，然后双手手腕同时向里转，硬币进入整点器盘内，随后把被划开的包装纸取出准备清点。

（2）震裂法拆卷。用双手的拇指、食指和中指捏住硬币的两端向下震动，在震动的同时左手向里扭动，右手稍向外扭动，使包装纸裂开。注意，用力要适度，不要使硬币震散。在包装纸震裂后，用两手的无名指顶住硬币两端，拇指、食指和中指捏住硬币的两端，其中拇指在卷里侧，中指和食指在卷外侧，两手腕同时向里转，使硬币进入整点器盘内，然后取出已震裂的包装纸准备清点。

（3）撕角法拆卷。双手拇指、食指和中指捏住硬币卷两端，将硬币放在币槽内的同时撕去两端折角，顺势将硬币包装纸抽出准备清点。

2. 清点

硬币放入整点器内进行清点，用双手食指扶在整点器的两端，拇指推动整点器上的弹簧轴，眼睛从左端看到右端，看清每格内的硬币是否有 5 枚，一次看清。图 7.11 为硬币清点器的样式。

图 7.11 硬币清点器

硬币落入清点器内后，两手的食指和中指放在清点器两端，将清点器夹住，再用右手食指将硬币顶向左端，然后两手拇指放在清点器两边的推钮上用力推动推钮。通过动槽的移动，把槽内硬币前后交错分开，眼睛从左端看到右端，检查每槽是否是 5 枚，重点检查右边最后一个槽。准确无误后，两手松开，硬币自动回到原位。如有氧化变形或伪币应随时剔出并补充规定足额硬币。

3. 包装

此步骤与手工整点的包装方法相同。

4. 盖章

此步骤与手工整点的包装方法相同。

小提示 用工具清点硬币技巧

用工具清点硬币，要注意拆卷动作，用震裂法拆卷时双手用力要适度，不要使硬币震散以致硬币掉落；撕角法拆卷拇指指尖要用力作用；包装时要两手同时操作，卷纸和折角要在同一时间内完成；盖章时要左手滚动币卷，右手顺着滚动的方向盖章。

现在，已经有了硬币自动清点机，这种清点机能够准确地把各种硬币区分开来，并清点各种硬币的数量。目前的硬币自动清点机的清点速度可达到每分钟约 2 500 枚硬币，这大大减轻了清点硬币的工作量。

实训 18

机器点钞和硬币整点练习

实训要求：熟悉点钞机的构造，练习点钞机点钞技术；用手工整点硬币的方法清点硬币，严格按拆卷、清点、记数、包装及盖章五个操作步骤进行操作训练；用工具整点硬币的方法清点硬币，注重训练拆卷、清点、包装及盖章四个操作步骤。

实训内容：

1．点钞机练习。

准备点钞机一台，钞票300张，不同面额、不同版别的钞票若干。

（1）通过观察点钞机，熟悉点钞机的各个主要部分，如捻钞、过钞、接钞、传动、机架和电子部分。

（2）准备的300张（可用小额钞票）钞票用于清点，用这300张钞票练习点钞机的正确使用，要严格按照机器点钞的过程练习钞票的机器清点。

（3）若干不同面额、不同版别的钞票用于鉴别。将不同面额或不同版别的钞票混入300张钞票中，在用点钞机练习清点时注意将这些不同面额、不同版别的钞票鉴别并挑出来。

2．手工整点硬币练习。

准备金额大小相同的硬币100枚以上，硬币包装纸若干张，自己的印章一枚，严格按拆卷、清点、记数、包装及盖章五个操作步骤进行操作训练。

（1）用每组清点5枚硬币的方法整点这100枚硬币，共点10次并记录清点时间。

（2）用每组清点10枚硬币的方法整点这100枚硬币，共点10次并记录清点时间。

（3）用每组清点14枚硬币的方法整点这100枚硬币，共点10次并记录清点时间。

（4）用每组清点16枚硬币的方法整点这100枚硬币，共点10次并记录清点时间。

3．工具整点硬币练习。

准备金额大小相同的硬币100枚以上，硬币包装纸若干张，自己的印章一枚，硬币整点器一台（无此条件的学校，可由教师演示），严格按照拆卷、清点、包装及盖章四个操作步骤进行操作训练。

第 8 章　真假人民币识别

本章知识技能要点与要求

※ 掌握第五套人民币纸币的票面特征和防伪特征，掌握识别人民币假钞和假硬币的方法；

※ 了解如何对假钞进行处理。

引导案例　何谓假钞

《中国人民银行假币收缴鉴定管理办法》定义：假钞亦称伪钞，是指假的钞票或纸币，也就是指伪造、变造的货币。伪造的货币是指仿照真币图案、形状、色彩等，采用各种手段制作的假币。变造的货币是指在真币的基础上，利用挖补、揭层、涂改、拼凑、移位、重印等多种方法制作，改变真币原形态的假币。2011 年 8 月，以 TJ55、AZ88、WL15、YX86 开头的新版假钞开始在全国部分地区出现。

世界上所有国家和地区的法律均禁止任何人制造和使用伪钞。

我国从宋朝开始发行正式纸币，伪钞也开始涌现，宋高宗绍兴三十二年制定《伪造会子法》，涉案犯人处斩，举报者有赏。

大量伪钞流通可能导致经济问题，如通货膨胀。在交易中收到伪钞者会损失伪钞所标面值的金钱。伪钞泛滥不仅危及国内经济，更影响人民的生计。

8.1　第五套人民币的特征

现在社会上使用的人民币大多数是第五套人民币，这里也主要介绍第五套人民币的特征。

8.1.1　票面特征

现分券别将人民币的票面特征进行说明。

1．第五套人民币 100 元的票面特征

第五套人民币 100 元的主色调为红色。票幅长 155 毫米，宽 77 毫米。票面正面主景为毛泽东同志的头像，左侧为“中国人民银行”行名、阿拉伯数字“100”、面额“壹佰元”

和椭圆形花卉图案。票面左上角为中华人民共和国“国徽”图案，票面右下角为盲文面额标记，票面正面印有横竖双号码。

背面特征：票面背面主景为“人民大会堂”图案，左侧为人民大会堂内圆柱图案。票面右上方为“中国人民银行”的汉语拼音字母和蒙、藏、维、壮四种民族文字的“中国人民银行”字样和面额。

2．第五套人民币 50 元的票面特征

第五套人民币 50 元的主色调为绿色。票幅长 150 毫米，宽 70 毫米。票面正面主景为毛泽东同志的头像，左侧为“中国人民银行”行名、阿拉伯数字“50”、面额“伍拾元”字样和花卉图案。票面左上角为中华人民共和国“国徽”图案，票面右下角为盲文面额标记，票面正面印有横竖双号码。

背面特征：票面背面主景为“布达拉宫”图案，票面右上方为“中国人民银行”的汉语拼音字母和蒙、藏、维、壮四种民族文字的“中国人民银行”字样和面额。

3．第五套人民币 20 元的票面特征

第五套人民币 20 元的主色调为棕色，票幅长 145 毫米，宽 70 毫米。票面正面主景为毛泽东同志的头像，左侧为“中国人民银行”行名、阿拉伯数字“20”、面额“贰拾圆”和花卉图案，票面左上方为中华人民共和国“国徽”图案，左下方印有双色横号码，右下方为盲文面额标记。

背面特征：票面背面主景为“桂林山水”图案，票面右下方为“中国人民银行”汉语拼音字母和蒙、藏、维、壮四种民族文字的“中国人民银行”字样和面额。

4．第五套人民币 10 元的票面特征

第五套人民币 10 元的主色调为蓝黑色。票幅长 140 毫米，宽 70 毫米。票面正面主景为毛泽东同志的头像，左侧为“中国人民银行”行名、阿拉伯数字“10”、面额“拾元”字样和花卉图案。票面左上角为中华人民共和国“国徽”图案，票面右下角为盲文面额标记，票面正面印有横竖双号码。

背面特征：票面背面主景为“长江三峡”图案，票面右上方为“中国人民银行”的汉语拼音字母和蒙、藏、维、壮四种民族文字的“中国人民银行”字样和面额。

5．第五套人民币硬币 1 元、1 角的主要特征

硬币 1 元色泽为镍白色，直径为 25 毫米，正面为“中国人民银行”、“1 元”和汉语拼音字母“YIYUAN”及年号。背面为菊花图案及中国人民银行的汉语拼音字母“ZHONGGUO RENMIN YINHANG”。材质为钢芯镀镍，币外缘为圆柱面，并印有“RMB”字符标记。

硬币 1 角色泽为铝白色，直径为 19 毫米，正面为“中国人民银行”、“1 角”和汉语拼音字母“YIJIAO”及年号。背面为兰花图案及中国人民银行的汉语拼音字母“ZHONGGUO RENMIN YINHANG”。材质为铝合金，币外缘为圆柱面。

8.1.2 设计特点

第四套人民币防伪技术有十几种，主要包括固定人像水印、安全线（1990 年版）、手工雕刻头像、雕刻凹版印刷、对印图案等。实践证明，传统的一些防伪技术是行之有效的。研制开发第五套人民币时，加强了对传统防伪技术更深层次的研究，在质量和可靠程度上下工夫，重点是提高其技术含量。例如，雕刻人像，重点突出人像的层次；安全线，增加了缩微文字和磁性、全息开窗等；雕刻凹版印刷，突出其凹印手感等。同时，第五套人民币应用了多项成熟的具有国际先进水平的防伪技术，主要包括光变油墨印刷图案、隐行面额数字、横竖双号码、双色横号码、阴阳互补对印图案、胶印缩微文字、红蓝彩色纤维、白水印等多项防伪技术。此外，有多项专家防伪技术。与第四套人民币相比，第五套人民币在防伪技术上一项重要的突破是增加了机读技术，便于现代化机具清分处理。总体上讲，第五套人民币在整体设计、印制质量、综合防伪技术等方面基本达到了国际先进水平。

第五套人民币将国际先进的计算机辅助设计方法与我国传统手工绘制有机结合，既保留了中国传统钞票的设计特点，又具有鲜明的时代特征。其特点如下：

（1）突出“三大”，即大人像、大水印、大面额数字，既便于群众识别，又增强防伪功能。

（2）取消了传统设计中以花边、花球为框的设计形式，整个票面呈开放式结构，增加了防伪设计空间。

（3）背面主景设计采取组合风景方式、焦点透视和散点透视相结合的技艺，体现了中国文化特色。图案花边设计既保持了货币的传统风格和特点，又具有防伪功能。

（4）票面简洁，线条清晰，色彩亮丽。

（5）增加了机读技术，便于现代化机具处理。

8.1.3 防伪特征

1．水印

第五套人民币的五种纸币都含有水印。100 元和 50 元券的水印图案是立体感很强的毛泽东头像，20 元券是一朵荷花，10 元券是月季花和数字“10”两处水印图案，5 元券是水仙花和数字“5”两处水印图案。水印位于票面正面左侧空白处，迎光透视，可见立体感很强的水印图案。水印位置如图 8.1 中①所示。

真币水印有立体感，线条清晰。而假币是用淡黄色油墨印刷在票面正、背面，垂直观察，在票面的正背面均可看到一个淡黄色毛泽东同志头像印刷图案；迎光透视，水印轮廓模糊，没有浮雕立体效果。还有的假币是将水印夹在票面中间，这种假币的水印位置纸张较厚。

2．双色横号码

第五套人民币的 100 元、50 元、20 元、10 元和 5 元券均采用了双色横号码，号码的左侧部分为红色，右侧部分为黑色。真币黑色部分有磁性，假币无磁性。双色号码位置如图 8.1 中②所示。

3．胶印缩微文字

第五套人民币的五种纸币都含有胶印缩微文字。100 元、50 元、10 元和 5 元券的正上方的椭圆形图案中，20 元券的正面右侧和下方及背面图案中，多处印有胶印微缩文字。假币胶印缩微文字模糊不清。如图 8.1 中③所示。

4．雕刻凹版印刷

雕刻凹版印刷技术广泛应用于人民币的毛泽东同志头像、中国人民银行行名、面额数字、盲文标记等处，形象逼真、传神，图文线条精细、层次丰富、立体感很强，用手触摸有明显的凹凸感，易于识别。假币整张钞票手感平滑，无凹凸感。图 8.1 中④、⑨和⑩的位置都是雕刻凹版印刷。

5．隐形面额数字

第五套人民币的隐形面额数字印在钞票正面的右上方。面对光源，将钞票置于与眼睛将近平行的位置，做 45°或 90°旋转，可以看到面额数字。假币没有隐形面额数字。如图 8.1 中⑤所示。

6．光变油墨技术

第五套人民币首次采用了光变油墨技术，用来印刷 100 元和 50 元券正面左下角的面额数字，将垂直观察的票面倾斜到一定角度时，100 元券的面额数字由绿色变为蓝色；而 50 元券的面额数字则由金黄色变为绿色。假币面额数字不变色，有些假币用铅笔涂抹来仿照变色效果。如图 8.1 中⑥所示。

7．安全线

第五套人民币的五种纸币均采用了安全线技术。100 元和 50 元采用了磁性缩微文字安全线；20 元券采用了带有磁性且明暗相间的安全线；10 元券和 5 元券均采用了全息磁性开窗式安全线（开窗安全线，指局部埋入纸张中、局部裸露在纸面上的一种安全线）。钞票纸中的安全线，仪器检测有磁性。100 元券的安全线，迎光透视，可见“RMB100”微小文字。在图 8.1 中，明显可以看到在票面中间偏左有一条竖线，即安全线。

假币安全线是用油墨印在票面正面的表面，迎光透视，模糊不清；安全线的缩微文字模糊不清，有的没有缩微文字。也有的夹层中间夹一条线来模仿安全线，上下部位露头，裁剪不齐，比较容易抽出。

8．阴阳互补对印

阴阳互补对印主要用于 100 元、50 元和 10 元券正面左下方和背面右下方，印有一个圆形局部图案。迎光观察，正背面两幅图案准确对接，并组合成一个完整的古钱币图案。假币对印图案错位或重叠。如图 8.1 中⑧所示。

① 固定人像水印：位于正面左侧空白处，迎光透视，可见与主景人像相同、立体感极强的毛泽东头像水印。

② 双色异形横号码：位于正面左下角，左侧部分为暗红色，右侧部分为黑色。字符由中间向左右两边逐渐变小。

③ 胶印缩微文字：正面上方椭圆形图案中，多处印有胶印缩微文字，在放大镜下可看到“RMB”和“RMB 100”字样。

④ 手工雕刻头像：正画主景毛泽东头像采用手工雕刻凹版印刷工艺，逼真、传神、凹凸感强，易于识别。

⑤ 隐形面额数字：正面右上方有一椭圆图案，将钞票与眼睛近于平行，面对光源旋转 45°或 90°，可看到“100”字样。

⑥ 光面油墨面额数字：正面左下方“100”字样，与票面垂直角度观察为绿色，倾斜一定角度变为蓝色。

⑦ 白水印：位于正面双色异形横号码下方，迎光透视，可以看到透光性极强的水印“100”字样。

⑧ 阴阳互补对印图案：正面左下方和背面右下方均有一圆形局部图案，迎光观察，正背面图案组成一完整古钱币。

⑨ 雕刻凹版印刷：正面主景毛泽东头像、中国人民银行行名、盲文及背面人民大会堂等，用手指触摸有明显凹凸感。

⑩ 凹印手感线：正面主景图案右侧，有一组自上而下规划排列的线纹，采用凹版印刷，用手指触摸有较强的凹凸感。

图 8.1 第五套人民币 100 元防伪特征

9．凹印缩微文字

第五套人民币的五种纸币都含有凹印缩微文字，必须借用放大镜才能分辨出来，它们分布于 100 元、50 元和 5 元券的背面主景下方和右下角的面额数字内，以及 20 元、10 元和 5 元券正面右上方的装饰图案中。假币凹印缩微文字模糊不清。

10．红、蓝彩色纤维

第五套人民币纸张中都含有不规则分布的红色或蓝色纤维丝。

假币墨色平滑，票面主景线条粗糙，立体感差；票面线条由网、点组成，呈点状结构；无红蓝彩色纤维。

11．有色荧光油墨印刷图案

第五套人民币 100 元背面正上方印制有色荧光油墨图案，在紫外灯下呈金黄色。而假币图案在紫外灯下图案色彩单一、较暗淡。颜色浓度及荧光强度较差。

图 8.1 是以 100 元券为例显示说明了第五套人民币的防伪特征。50 元券的防伪特征基本与 100 元券相同，20 元、10 元、5 元的防伪特征除第 2 和第 6 条防伪特征外，其他都与

100 元基本相同。

8.2 假币识别方法

在我国经济迅速发展的今天，一些不法分子为了牟取经济利益，利用高科技手段制造假钞。因此，不论是从事收款、付款工作的人员，还是普通民众，都应该掌握识别真假钞票的基本要领及其常识，不断提高自己鉴别假钞的能力。

8.2.1 假钞的识别

1．假钞的种类

目前在流通中常见的假钞主要有以下两种。

（1）机制假钞。机制假钞是模仿真钞票的形象，非法印制、影印、描画、加工制作的钞票。用非法制作的假钞冒充国家统一发行的合法货币，投入市场流通使用，以假乱真，扰乱金融市场，对国家和人民的经济利益危害极大。

（2）变造假钞。变造假钞是采用真钞正面或反面揭开，剪割凑、涂改面额等手段制作的钞票。变造假钞是破坏票券的一种手段，其目的是以一张变两张或经过分割拼接，以少变多，从中牟取经济利益。

2．机制假钞的识别

在日常工作和生活中，人工识别假人民币的最简单方法可以概括为“一看、二摸、三听、四测、五拓”，也就是靠眼看、手摸、耳听等感官的感觉，从钞票的纸质、印刷效果、颜色图案、水印、油墨等几个方面来识别。

（1）“一看”。仔细观察票面的颜色、图案、花纹、水印等外观情况，真币清晰流畅，立体感很强，具体如下：

1）看钞票的水印是否清晰，有无层次感和立体效果，真币水印立体感强，灰度清晰，层次分明。假币水印则显得呆板、失真、模糊不清，有的明显可见是无色或黄色油墨加盖上去的。

2）看安全线。前文中提到过，第五套人民币纸币在券别票面正面中间偏左，均有一条安全线，看这条安全线线条是否清晰。

3）看光变油墨。旋转票面观察票面正面左下方的面额数字是否会变颜色。假钞是完全不变的。

4）100 元面值纸币。在票面正面右上角“100”字样下面的几何图形上有隐形的“100”字样，需要把票面放得和眼睛接近平行，对着光源才能看到。而假币有的没有，如果有也是直接印上去的，任何角度都能看到 100 字样。

5）看整张票面图案是否统一。真币图案清晰自然，立体感强，对接的古钱币图案可以对接上，而假币图案呆板生硬。

6）看底纹线。主要用于鉴别 50 元、100 元大面额境外注入的机制假币，通过仔细观察，可以发现真币底纹线光洁、连续，而假币底纹线则模糊、间断，呈不连续的网点状。

7）用五倍以上放大镜观察票面，看图案线条、缩微文字是否清晰干净。

（2）“二摸”。从第四套人民币开始，5 元以上券别均采用了凹版印刷，用手触摸票面上凹印部位的线条，有凹凸感，反映在手感上就是人们俗称的“打手”。真币识别时，只要用大拇指和食指适当用力夹住主景图案、文字、盲文、手感纹等部位来回慢慢拉动，“打手”的感觉就相当明显。而假币一般手感平滑，没有“打手”的感觉。还有的假币用涂抹胶水来模仿凹印效果，这种很容易分辨出来，凹凸感会很不均匀。

（3）“三听”。通过抖动钞票使其发出声响，根据声音来分辨人民币真伪。钞票使用的纸张是特殊纸张，纸质光洁，质地坚韧，挺度好，耐折，不易撕裂。两手抓住钞票两端用力抖动、手指轻弹票面或两手一张一弛轻轻对称抖动，钞票发出的声音清脆、响亮。假币纸张一般均使用普通胶版纸，两手抓住纸张两端抖动时，发出的声音沉闷、混浊。

（4）“四测”。借助一些简单的工具和专用仪器来分辨人民币真伪。例如，借助放大镜可以观察票面线条清晰度、胶印和凹印缩微文字、接线技术及底纹线条等；用紫外光灯照射票面，可以检测无色荧光图纹；用磁性检测仪可以检测黑色横号码的磁性印记。假币大多不含荧光纤维，缺少荧光图案，即使有荧光图案，其颜色也往往不正，亮度偏暗。

（5）“五拓”。将要检测的人民币放于一光滑的玻璃板上，上面覆盖一层薄白纸，用铅笔在人民币的水印、文字、盲文等处轻拓，如是真币，则上述图案、文字均会显现在白纸上，而假币则显现不清。

3．变造假钞的识别

变造假钞一般采用擦、刮、拼凑或用化学药品，除去原面额数字或部分图案，再印上或画上新的大面额数字或部分图案。变造假钞的特点是只能涂改钞票的一小部分，变造改动的数字、文字、图案与周边图案不协调、背面图案不一致。所以对于损伤券，要仔细鉴别钞票破损、断裂处是否自然，拼贴后花纹线条能否衔接，有无短缺，排列整体是否属于同一张。对变造假钞的鉴别，应从版面、局部与全部、正面与反面进行分析对比。另外，拼凑的变造假钞与真钞票最大的不同之处是大小不同，一般变造假钞会略短一些。

4．硬币假币的识别

虽然硬币的面值较小，但也存在假硬币，而一元硬币是我国目前面值最大的硬币，容易成为犯罪分子制造假币的目标。现在市面上流通的一元假硬币大多是仿造 1990 年版、正面是一朵牡丹花的第四套人民币硬币。

银行柜台收缴的假硬币基本上是假牡丹币。假牡丹币有多种版别。早期的假牡丹币用铅锡合金等劣质合金铸造的，币面色泽灰暗，没金属光泽，图案花纹粗糙模糊，声音沉闷，磁铁吸不起；有些假硬币表面镀一层金属，特别光亮，但镀膜极易脱落。这两年出现的假硬币已有改进，采用了钢芯材料压印制造，欺骗性强，极易使人上当。

真硬币与假硬币的区别如下：

（1）真硬币的制造工艺十分精细，外形规整，币质均匀，光洁亮泽，币的边缘光滑平整。假币则制造工艺粗糙，成色不正，厚薄及表面色泽不均，特别是币的边缘侧面有行刺或者起线不圆滑，有明显的用锉刀加工的直条纹路等痕迹。

（2）真硬币是以高级合金制成，一般不可能生锈。假硬币大多由铁等普通金属制成，且铸造工艺差，镀镍层薄，较易被磨损，易生锈被腐蚀。

（3）真硬币的边缘在锻压时压得很整齐，即使数枚一摞地摆放，也不会出现缝隙，内外轮廓滚边非常清晰、匀称。假硬币因制作机械工艺不过关，边缘锻压得很圆滑，摸着光溜溜的，内外轮廓滚边却深浅不一，用手触摸有明显的毛刺感。

（4）真硬币的图案花纹文字清晰、细腻、挺拔、层次丰富、立体感强。背面牡丹花的花芯做得很细腻，正面的图案中，特别是国徽、麦穗等处铸造非常清晰，天安门前的华表很有立体感和层次感，无论背面花蕊部分的点点还是正面麦穗部分的花纹虽然都很细小，但是能看得很清楚。而假硬币图纹模糊，细条纹分辨不清，正面汉字、拼音字母笔画较粗，国徽中五角星立体感差，五角星的角尖长短不一、顶部圆滑，国徽中的麦穗颗粒模糊、绶带层次感差、细条纹分辨不清，看不真切；背面牡丹花叶瓣上叶脉模糊、扁平且无层次感，牡丹花蕊模糊不清，甚至分辨不清或没有。

（5）真硬币反面的中轴线和正面的“1”字中轴线几乎没有偏差，而假硬币正反面中轴线的偏差绝大多数很明显。

（6）真硬币表面的凹凸手感明显；假币则基本无明显手感，而是摸上去感觉比较平滑。

（7）一元假硬币放在手上感觉轻飘飘的，而真硬币则比较明显感觉到其分量较重。

（8）真硬币有柔和的金属光泽，而假硬币的金属色泽发白发闷，有的虽然也有光泽，但其光泽发散，有的像翻砂出来的，币面有砂眼，用放大镜观察就一目了然。

8.2.2　假钞的处理

在日常现金收付中要特别注意鉴别人民币的真假，尤其是发现有新版假币出现或在当地发现有假币仿造活动时，应及时报告当地公安机关和人民银行。

1．假币的收缴

银行和其他指定机构，以及各行各业的收付款人员在工作中发现假票时，应由两名以上业务人员当面予以收缴，并在假人民币正、背面加盖“假币”戳记；对各种假硬币，应当面以统一格式的专用袋加封，封口处加盖“假币”戳记，并在专用袋上标明币种、券别、面额、张（枚）数、冠字号码、收缴人、复核人名单等细项，将假人民币登记造册。假票登记簿要由专人妥善保管，定期将假币上缴中国人民银行当地分支行。收缴单位向持有人出具中国人民银行统一印制的“假币收缴凭证”，并告知持有人如对被收缴的货币有疑议，可向中国人民银行当地分支机构或中国人民银行法令当地鉴定机构申请鉴定。收缴的假币，不得再交予持有人。假币决不允许继续流通，如有意继续使用，则属于违法行为，严重的将追究刑事责任。

2. 假币的鉴定

假币的鉴定步骤如下：

（1）持有人如果对被收缴货币有异议，可以自收缴之日起 3 个工作日内，持“假币收缴凭证”直接向中国人民银行当地分支机构或其授权的当地鉴定机构提出当面鉴定申请。

（2）人民银行分支机构或其授权的当地鉴定机构应提供无偿鉴定服务，并自受理之日起 15 个工作日内出具“货币真伪鉴定书”。因情况复杂不能在规定时间内完成鉴定的，可延长至 30 个工作日，但必须书面形式向申请人说明原因。

（3）经鉴定为真币的，由鉴定单位交收缴单位退还持有人，并收回“假币收缴凭证”。经鉴定为假币的，由鉴定单位将假币通过收缴单位依法收缴，并向收缴单位和持有人出具“货币真伪鉴定”。

附　录

附录 A　全国珠算技术等级鉴定标准

中国珠算协会于 1979 年 10 月 31 日成立。1981 年中珠协制定了《全国珠算技术等级鉴定试行标准》。1985 年 9 月，财政部颁发文件批准了中珠协制定的《全国珠算技术等级鉴定标准》，并在文件中规定，自 1986 年 7 月 1 日起，凡担任会计员专业职务的人员，对其珠算技能的考核，达到该《标准》普通五级的，即为珠算技能合格。也就是说会计人员珠算技能的合格级别是普通级五级。

1．等级的划分

全国珠算技术等级鉴定标准，把珠算技术等级分为两等十二级，即能手级六个级别（按从高到低的级别排列，分别为能手一、二、三、四、五、六级）和普通级六个级别（按从高到低的级别排列，分别为普通一、二、三、四、五、六级）。在鉴定时，各等级确定合格的方法是在加减算、乘算、除算三项考核中，在规定的时间内按最低一项对题数确定级别，不能按三项平均对题数确定级别。凡经当地珠算协会鉴定，达到相应级别的，由当地珠算协会颁发珠算技术等级合格证书，全国能用。

2．能手级的标准

能手级鉴定实行一套题，按完成正确题数确定六个级别。加减算、乘算和除算各 20 道题，计算要求保留小数四位，以下四舍五入。考试时间加减算为 10 分钟，乘算和除算各 5 分钟。加减算、乘算和除算可合并一场鉴定，时间为 20 分钟。也可以加减算 10 分钟、乘算 5 分钟、除算 5 分钟分三场考核。具体确定级别的标准如表 A-1 所示。

表 A-1　能手级的标准

达到级别	加减算		乘　算		除　算	
	总题数	对题数	总题数	对题数	总题数	对题数
能手一级	20	18	20	18	20	18
能手二级	20	16	20	16	20	16
能手三级	20	14	20	14	20	14
能手四级	20	12	20	12	20	12
能手五级	20	10	20	11	20	11
能手六级	20	8	20	10	20	10

注：若乘除限时 10 分钟，则题量加倍。

3. 普通级的标准

普通级加减算、乘算和除算各 10 道题，计算要求保留小数二位，以下四舍五入。考试时间加减算为 10 分钟，乘算和除算各 5 分钟。加减算、乘算和除算可合并一场鉴定，时间为 20 分钟。也可以加减算 10 分钟、乘算 5 分钟、除算 5 分钟分三场考核。

普通级可以用六个级别六套题来考核，具体确定级别的标准如表 A-2 所示。

表 A-2 普通级的标准（一）

达到级别	加减算		乘算		除算	
	总题数	对题数	总题数	对题数	总题数	对题数
普通一级	10	9	10	9	10	9
普通二级	10	9	10	9	10	9
普通三级	10	8	10	8	10	8
普通四级	10	8	10	8	10	8
普通五级	10	8	10	8	10	8
普通六级	10	8	10	8	10	8

注：若乘除限时 10 分钟，则量加倍。

普通级还可以采用两套题确定普通级六个级别，用普通一级考题鉴定普通级一、二、三级，用普通四级考题鉴定普通级四、五、六级，计算也要求保留小数二位，以下四舍五入。具体确定级别的标准如表 A-3 所示。

表 A-3 普通级的标准（二）

达到级别	加减算		乘算		除算		题型
	总题数	对题数	总题数	对题数	总题数	对题数	
普通一级	10	9	10	9	10	9	普通一级题型
普通二级	10	8	10	8	10	8	
普通三级	10	6	10	6	10	6	
普通四级	10	8	10	8	10	8	普通四级题型
普通五级	10	7	10	7	10	7	
普通六级	10	6	10	6	10	6	

在鉴定时，各等级确定合格的方法是在加减算、乘算、除算三项考核中，在上述规定的时间内按最低一项对题数确定级别，不能按三项平均对题数确定级别。

4. 鉴定注意事项

（1）鉴定时要按顺序运算，不能跳题。

（2）有下列情况之一的做错题论：

1）任意涂改数字，没有使用画线更正法。

2）一题有两个答案。

3）小数点漏点或错点的，及分节点错点的。

4）按规定小数点该入不入，该舍不舍。

附录 B　全国珠算技术等级鉴定普通四级试题及答案

表 B-1 《全国珠算技术等级鉴定标准》鉴定练习试卷（一）　　全卷限时 20 分钟

加减算				
（一）	（二）	（三）	（四）	（五）
8 965	7 365	2 539	531 906	706
190	540 876	35 912	387	8 043
4 073	683	807	30 256	–957
196	6 792	8 076	389	6 394
15 423	438	403	–2 471	534 967
3 281	2 810	527 961	214	140
182 307	693	1 709	–4 701	2 891
543	6 952	640	842	–79 125
5 094	497	824 957	–8 369	952
970	29 340	46 321	82 901	–12 408
874 652	1 702	178	–6 085	7 813
97 826	614	4 523	657	285
512	301 895	865	946 071	–3 864
6 837	518	6 438	–3 529	806 712
420	17 405	791	405	–603
（六）	（七）	（八）	（九）	（十）
1 753	5 016	5 941	4 073	3 879
541	452	639	–108	728
5 120	7 920	8 091	46 823	2 815
409	813	852 760	8 012	–360
7 053	3 725	204	507	5 017
749 368	20 897	7 842	49 718	907 281
186	756	157	–2 587	–914
506 873	7 462	645 913	456	5 436
315	984 671	586	–4 135	–734 165

续表

加减算				
（六）	（七）	（八）	（九）	（十）
9 058	163	34 697	715 348	41 690
249	31 405	8 902	–609	236
49 726	9 364	746	6 092	–27 859
312	852	3 827	963	963
49 026	410 983	103	–769 324	4 150
7 862	308	20 519	592	–208

乘、除小数题要求保留小数二位，第三位四舍五入。

乘算				
（一）	245	×	796	=
（二）	53	×	9 478	=
（三）	2 704	×	31	=
（四）	671	×	4 592	=
（五）	78.05	×	0.24	=
（六）	69	×	1 085	=
（七）	140	×	673	=
（八）	9 382	×	510	=
（九）	0.61	×	72.83	=
（十）	8 914	×	60	=
除算				
（一）	18 240	÷	240	=
（二）	2 610	÷	18	=
（三）	54 180	÷	180	=
（四）	21 460	÷	29	=
（五）	31 675	÷	905	=
（六）	714 025	÷	845	=
（七）	150.275 6	÷	56	=
（八）	93 218	÷	734	=
（九）	6.18	÷	6.73	=
（十）	598 104	÷	639	=

表 B-2 《全国珠算技术等级鉴定标准》鉴定练习试卷（二）　全卷限时 20 分钟

加减算

（一）	（二）	（三）	（四）	（五）
7 890	539	5 734	659	9 836
178	73 021	981	30 514	−184
910 524	340	2 517	196	9 028
2 435	1 027	64 301	21 079	501
370	851	542	−2 841	6 072
6 049	1 596	3 025	365	21 956
75 196	254	917	−3 729	−731
314	7 142	1 275	287 436	3 407
263 598	89 365	402	945	−726
801	2 974	78 910	−6 583	681 304
7 068	350 741	736	708	9 743
397	607	635 908	−6 051	857
4 182	860 243	864	208	−684 905
35 268	689	364 082	−7 094	514
625	9 864	6 819	278 349	−32 059
（六）	（七）	（八）	（九）	（十）
186	865	358	958	765
8 394	597 283	72 035	2 809	67 183
419	374	504	732	−854
258 306	7 249	4 219	64 325	4 183
5 734	486	984	608	−356
176	1 649	83 762	460 391	7 908
9 682	432	4 306	−7 015	−317
57 216	23 680	147	541	583 046
957	2 718	3 978	−6 034	7 921
5 718	136	856 417	10 275	−209 174
81 047	9 053	806	−279 168	5 219
392	985 370	1 265	6 547	423
952 034	7 015	597 021	−259	−92 806
260	42 150	2 169	9 813	4 670
3 024	901	690	−384	902

乘、除小数题要求保留小数二位，第三位四舍五入。

乘算					
（一）	5 726	×	43	=	
（二）	58	×	1 697	=	
（三）	3 174	×	28	=	
（四）	96	×	7 435	=	
（五）	851	×	290	=	
（六）	894	×	6 201	=	
（七）	5 309	×	78	=	
（八）	1.02	×	8.96	=	
（九）	4 302	×	167	=	
（十）	0.61	×	40.53	=	
除算					
（一）	35 742	÷	42	=	
（二）	4 859.83	÷	687	=	
（三）	4 758	÷	26	=	
（四）	31 675	÷	905	=	
（五）	5 560.53	÷	788	=	
（六）	6 519	÷	123	=	
（七）	72 105	÷	345	=	
（八）	40 837	÷	97	=	
（九）	268 037	÷	413	=	
（十）	76 104	÷	906	=	

表 B-3 《全国珠算技术等级鉴定标准》鉴定练习试卷（三） 全卷限时 20 分钟

加减算				
（一）	（二）	（三）	（四）	（五）
7 849	5 897	473	374	508
361	18 462	27 845	7 452	9 026
4 138	641	491	916	384
403	8 194	3 246	8 037	37 069
3 710	562	193	–986	–8 546
586	471 023	7 586	358 471	14 798
85 637	705	805	–3 928	–249

续表

加减算				
（一）	（二）	（三）	（四）	（五）
2 716	2 063	13 068	509	1 758
89 571	709	1 609	–61 345	–896
950	9 835	192 564	961	961 072
2 834	32 516	126	1 289	–7 310
859 602	490	2 738	–107	432
290	879 541	809	523 086	–107 325
267 054	324	5 720	–70 245	152
219	6 037	436 057	4 092	4 736
（六）	（七）	（八）	（九）	（十）
4 968	3 468	356	2 019	930
570	804	5 048	783	7 653
6 358	7 319	830	8 697	–361
764 083	20 475	1 406	247 018	5 672
192	643	680	–804	–184
7 540	6 754	2 856	389 216	68 517
418	501	978	503	2 849
28 571	352 649	90 742	–4 235	–278
910	9 752	2 653	564	4 701
5 402	72 016	812	–78 316	592 380
630	268	54 791	745	–50 927
129 563	107 839	943 127	4 652	403
7 439	193	7 491	–596	–365 049
59 382	3 982	105	3 219	401
216	850	391 672	–29 107	6 819

乘、除小数题要求保留小数二位，第三位四舍五入。

乘算					
（一）	962	×	581	=	
（二）	0.27	×	48.03	=	
（三）	1 460	×	23	=	
（四）	0.45	×	92.03	=	

续表

乘　算					
（五）	3 854	×	90	=	
（六）	758	×	164	=	
（七）	4 170	×	586	=	
（八）	103	×	2 579	=	
（九）	2 986	×	73	=	
（十）	93	×	1 746	=	
除　算					
（一）	298 450	÷	470	=	
（二）	286.88	÷	82	=	
（三）	9 408	÷	147	=	
（四）	359 640	÷	370	=	
（五）	14 820	÷	52	=	
（六）	149 568	÷	304	=	
（七）	24 570	÷	315	=	
（八）	501 862	÷	698	=	
（九）	88.47	÷	68	=	
（十）	23 571	÷	291	=	

表 B-4 《全国珠算技术等级鉴定标准》鉴定练习试卷（四）　　全卷限时 20 分钟

加减算				
（一）	（二）	（三）	（四）	（五）
8 106	246	7 943	803	591
417	3 921	516	5 482	8 760
7 384	692	6 208	–201	123
839	7 815	720	69 314	124 396
5 491	15 942	246 385	928 637	–673
674	810	32 167	754	6 097
9 152	9 704	928	–652 978	140
520	687	84 057	102	–9 327
549 267	463 710	910	5 067	623 078
13 480	965	3 096	–64 103	–906
943	37 208	953	9 351	9 652

续表

加减算				
(一)	(二)	(三)	(四)	(五)
837 052	1 589	6 419	–539	–58 140
601	703	180 745	4 012	384
98 276	564 320	1 378	–478	7 548
6 523	3 085	547	8 962	–81 425
(六)	(七)	(八)	(九)	(十)
1 748	649	647	24 536	8 763
973	8 026	9 052	219	–172
50 134	401	295	749 601	7 013
7 902	318 754	2 164	–1 328	–865
697	6 321	258	106	971 458
2 018	690	2 730	–3 549	507
629	4 735	425 068	97 805	5 360
4 508	219	971	–698	654
67 342	9 708	59 013	8 703	–35 072
279	920	894	–205 647	621
6 835	2 845	87 563	194	2 349
984 351	80 796	308 714	8 716	–964
540	471 253	1 683	–107	93 028
831 605	635	138	8 425	–140 839
521	15 379	4 067	352	2 984

乘、除小数题要求保留小数二位，第三位四舍五入。

乘算	
(一)	5 142 × 70 =
(二)	1.79 × 5.03 =
(三)	65 × 8 921 =
(四)	870 × 932 =
(五)	32 × 7 469 =
(六)	5.96 × 70.84 =
(七)	40 × 9 685 =
(八)	4 018 × 36 =

续表

乘　算					
（九）	8 937	×	142	=	
（十）	3 260	×	15	=	
除　算					
（一）	97 152	÷	253	=	
（二）	50 176	÷	64	=	
（三）	713 284	÷	754	=	
（四）	31 960	÷	376	=	
（五）	153 640	÷	920	=	
（六）	10 725	÷	15	=	
（七）	8 723	÷	143	=	
（八）	1 896.360 7	÷	908	=	
（九）	5 376	÷	168	=	
（十）	178.36	÷	89	=	

表 B-5 《全国珠算技术等级鉴定标准》鉴定练习试卷（五） 全卷限时 20 分钟

加减算				
（一）	（二）	（三）	（四）	（五）
1 564	837	603	983	29 708
804 953	6 325	762 019	8 425	470
9 027	25 980	138	–509	–6 135
260	205	7 209	6 084	316
4 752	3 842	160	–741	–7 039
206	490	1 298	741 965	345
9 714	361 754	702	126	652 983
387	870	83 427	–542 961	261
35 078	8 312	548	4 058	–8 072
162	721	584 306	–68 273	903 718
638 741	9 064	5 467	3 749	351
319	57 349	154	107	–6 814
34 526	961	9 512	20 936	54 706
809	971 086	84 139	5 367	248
5 914	5 618	5 397	–803	–4 592

续表

加减算				
（六）	（七）	（八）	（九）	（十）
406	4 681	870	509	368
5 127	714	2 583	3 081	629 735
640	5 162	431	–874	4 179
761 983	217	3 615	6 427	–201
649	5 084	296	903 142	8 350
2 750	913	3 765	–231	–90 641
318	402 697	56 914	80 127	852
187 950	285	219 705	–1 968	–86 473
2 314	4 867	362	305	5 026
853	829 135	8 017	86 513	–935
6 139	36 792	380	879	391 204
94 528	420	80 249	–6 057	4 917
607	8 903	8 754	264	174
47 982	360	704 915	–402 395	–2 857
2 509	70 539	469	4 659	768

乘、除小数题要求保留小数二位，第三位四舍五入。

乘　算					
（一）	82	×	7 403	=	
（二）	2 734	×	51	=	
（三）	830	×	4 572	=	
（四）	1 364	×	70	=	
（五）	9.01	×	2.56	=	
（六）	1 480	×	936	=	
（七）	70	×	8 963	=	
（八）	569	×	142	=	
（九）	0.52	×	81.93	=	
（十）	7 956	×	80	=	
除　算					
（一）	293 706	÷	518	=	
（二）	170.51	÷	193	=	

续表

除算					
（三）	2 950	÷	10	=	
（四）	71 829	÷	207	=	
（五）	4 968	÷	24	=	
（六）	158.18	÷	569	=	
（七）	413 952	÷	768	=	
（八）	21 045	÷	345	=	
（九）	34 216	÷	329	=	
（十）	6 901	÷	67	=	

表 B-6 《全国珠算技术等级鉴定标准》鉴定练习试卷（六） 全卷限时 20 分钟

加减算				
（一）	（二）	（三）	（四）	（五）
469	984	83 571	203	530
7 295	9 215	125 706	7 091	5 091
317	402	280	−164	−368
2 854	6 587	9 502	6 043	865 720
825 036	360	987	639	1 049
79 304	762 081	9 428	−7 258	−760
7 519	673	384	65 307	4 856
351	16 927	9 843	841	−914
61 948	9 184	310	−7 408	1 896
6 582	742	9 065	216	−12 057
918	1 430	798 234	812 954	473
8 603	203	526	−309	−539 248
150	3 815	3 601	81 275	17 692
304 762	807 596	746	−195 623	8 724
204	54 379	14 675	4 975	293
（六）	（七）	（八）	（九）	（十）
376	613	467	683	176
6 410	6 105	5 392	302 495	1 069
187	830	450	−1 564	753
4 032	4 085	249 718	975	35 018

续表

加减算				
（六）	（七）	（八）	（九）	（十）
923	615 943	4 187	−1 759	−549
2 675	296	248	278	7 214
781	4 580	6 812	−8 026	942
123 546	736	74 209	501	−9 620
835	1 829	827	−4 397	603 894
4 760	982	176 503	653 071	−748
628	843 759	950	426	69 235
874 290	7 290	3 198	16 274	−7 312
85 903	56 174	10 369	948	408
1 095	702	530	89 213	7 580
15 439	36 271	6 345	−8 302	−186 053

乘、除小数题要求保留小数二位，第三位四舍五入。

乘算					
（一）	95	×	6 372	=	
（二）	530	×	1 749	=	
（三）	4 861	×	503	=	
（四）	1 872	×	56	=	
（五）	934	×	812	=	
（六）	27	×	4 098	=	
（七）	9 580	×	71	=	
（八）	1.06	×	3.82	=	
（九）	7 836	×	49	=	
（十）	0.24	×	68.05	=	

除算					
（一）	6 084	÷	26	=	
（二）	184 705	÷	901	=	
（三）	50 796	÷	612	=	
（四）	12 360	÷	40	=	
（五）	13 427	÷	463	=	
（六）	2 907.78	÷	575	=	

续表

除　算				
（七）	24 138	÷	298	=
（八）	72 369	÷	387	=
（九）	282.41	÷	57	=
（十）	428 706	÷	918	=

表 B-7 《全国珠算技术等级鉴定标准》鉴定练习试卷（七）　全卷限时 20 分钟

加减算				
（一）	（二）	（三）	（四）	（五）
153 479	2 948	7 364	3 459	318
12 308	321	42 975	–275	2 730
635	4 013	281	8 564	–549
6 719	370	4 856	–186	587 901
102	90 147	639	15 307	8 263
8 053	651	4 150	7 423	645
836	1 768	612	41 792	–485 169
4 529	236	287 130	603	6 497
96 104	638 907	287	527 169	–702
925	765	861 430	832	3 519
2 190	2 531	32 508	298 043	–21 367
568	425	975	901	695
4 783	254 869	7 409	–5 374	82 704
468 207	7 948	196	608	–830
740	50 897	5 908	–1 069	2 604
（六）	（七）	（八）	（九）	（十）
9 605	251	349	5 147	908
357	5 693	4 651	–305	217 395
5 274	382	58 074	183 062	530
789 312	2 741	149	109	529 807
104	65 308	5 723	–37 964	–2 674
478 231	476	876	483	786
7 325	371 952	6 302	–2 109	–8 905
563	238	958	796 542	294
80 126	27 610	320 145	9 053	–4 620

续表

加减算				
（六）	（七）	（八）	（九）	（十）
691	106 478	51 270	214	23 418
3 148	7 863	7 164	–14 827	306
906	490	628	2 765	46 751
5 872	1 259	670 895	807	–5 319
940	940	9 380	6 384	691
49 081	4 098	913	–865	–1 783

乘、除小数题要求保留小数二位，第三位四舍五入。

乘算					
（一）	1 687	×	39	=	
（二）	194	×	307	=	
（三）	0.56	×	14.38	=	
（四）	9 538	×	602	=	
（五）	2.31	×	59.87	=	
（六）	20	×	8 475	=	
（七）	4 725	×	61	=	
（八）	874	×	930	=	
（九）	70	×	6 125	=	
（十）	3 960	×	24	=	

除算					
（一）	17 639	÷	569	=	
（二）	239 876	÷	364	=	
（三）	15 974	÷	98	=	
（四）	162 954	÷	198	=	
（五）	31 590	÷	702	=	
（六）	179 860	÷	340	=	
（七）	183.532 6	÷	27	=	
（八）	63 729	÷	657	=	
（九）	482.841 8	÷	241	=	
（十）	7 840	÷	10	=	

表 B-8 《全国珠算技术等级鉴定标准》鉴定练习试卷（八） 全卷限时 20 分钟

加 减 算

（一）	（二）	（三）	（四）	（五）
549	847	891	2 695	6 493
37 896	8 792	1 627	504 378	−271
713	534	349	−803	9 546
6 124	654 127	862 053	2 396	612
293	3 619	7 586	−741	7 021
4 927	908	890	8 127	803
584	461 579	1 029	583	−1 072
4 712	40 832	351	71 065	782 639
638	5 703	58 407	−468 793	107
6 850	385	378	439	−38 065
907 621	2 570	76 104	4 012	3 857
9 805	349	7 513	649	−964
62 013	19 062	946	−62 015	219 435
105	271	694 052	7 182	540
683 540	6 810	2 340	−259	−84 953
（六）	（七）	（八）	（九）	（十）
8 796	185	5 371	251	140
602	1 324	864	170 485	6 913
6 957	896	4 708	−108	20 836
219	62 184	107 249	4 927	−328
14 052	6 078	523	−398	9 086
3 104	720	57 802	7 586	785 102
526 413	65 914	1 426	106 734	−265
781	4 175	980	683	5 197
3 624	716 029	3 197	−3 569	625
408	357	579	903	−17 064
372 860	8 572	810 462	−74 025	458
385	831 609	309	803	−509 143
7 958	930	38 956	6 942	4 357
495	3 254	463	−42 716	−798
71 980	430	9 625	9 241	7 239

乘、除小数题要求保留小数二位，第三位四舍五入。

乘　算					
（一）	95	×	2 438	=	
（二）	890	×	526	=	
（三）	85	×	6 297	=	
（四）	3 081	×	975	=	
（五）	2 763	×	41	=	
（六）	3.57	×	6.81	=	
（七）	79	×	2 140	=	
（八）	2 046	×	93	=	
（九）	6.14	×	83.07	=	
（十）	4 128	×	50	=	
除　算					
（一）	375 046	÷	602	=	
（二）	298.54	÷	419	=	
（三）	36 952	÷	62	=	
（四）	2 830	÷	283	=	
（五）	7 997.091 3	÷	941	=	
（六）	74 865	÷	805	=	
（七）	273 168	÷	504	=	
（八）	7 659	÷	37	=	
（九）	107 824	÷	586	=	
（十）	8 279	÷	17	=	

表 B-9 《全国珠算技术等级鉴定标准》鉴定练习试卷（九）　　全卷限时 20 分钟

加减算

（一）	（二）	（三）	（四）	（五）
681	4 893	9 671	4 813	384
1 293	107	416	638	8 671
485	5 086	8 937	8 921	–512
850 163	725	769	–486	6 730
5 037	6 109	48 072	9 054	804
243	432	625	305	79 016
6 475	7 081	1 970	4 052	–670

续表

加减算				
（一）	（二）	（三）	（四）	（五）
709 342	648	930 452	748	4 392
80 617	645 932	745	–1 097	–79 218
436	291	1 420	702	927 685
79 851	1 430	856	–20 475	–934
102	43 067	63 581	657 981	2 501
2 789	678 259	8 103	–89 623	425
340	195	659 032	671 932	–685 340
5 692	85 927	243	–153	3 059
（六）	（七）	（八）	（九）	（十）
905	654	901	706	104
169 724	780 362	1 784	2 148	4 217
863	450	172 896	–972	–953
6 538	76 532	358	685 024	1 837
72 385	780	4 597	–6 549	–768
8 604	927 301	983	603	87 093
510	9 813	3 694	6 357	9 216
1 398	791	230	735	863 504
483 951	4 975	3 502	–60 318	6 239
209	350	726	983	952
1 456	9 164	5 471	9 801	–561 290
742	219	43 605	–83 152	758
21 097	2 781	924 586	5 941	–47 230
3 172	80 623	16 840	917 425	6 024
764	6 584	102	–704	–148

乘、除小数题要求保留小数二位，第三位四舍五入。

乘算				
（一）	87	×	9 105	=
（二）	4 193	×	27	=
（三）	80	×	9 164	=
（四）	5.41	×	6.27	=

续表

乘 算					
（五）	2 083	×	46	=	
（六）	6.71	×	80.35	=	
（七）	5 628	×	73	=	
（八）	39	×	2 051	=	
（九）	496	×	813	=	
（十）	3 725	×	904	=	
除 算					
（一）	6 593	÷	19	=	
（二）	3 787.03	÷	550	=	
（三）	35 862	÷	86	=	
（四）	65 819	÷	793	=	
（五）	6 149	÷	43	=	
（六）	175 968	÷	234	=	
（七）	7.28	÷	8.05	=	
（八）	201 376	÷	217	=	
（九）	4 368	÷	168	=	
（十）	279 510	÷	462	=	

表 B-10 《全国珠算技术等级鉴定标准》鉴定练习试卷（十） 全卷限时 20 分钟

加减算				
（一）	（二）	（三）	（四）	（五）
941	804	760	158	9 064
97 536	2 961	2 305	4 682	97 418
370	613	730	–574	590
801 546	3 802	7 042	6 452	7 603
4 801	520	104	812 709	581
412	7 462	41 086	5 931	–4 310
2 534	134	928	359	294
713	796 548	843 716	–560 798	36 108
2 657	706	8 925	1 346	–862
981 275	1 695	753	–294	835 246
984	23 901	8 497	83 947	–1 863

续表

加减算				
(一)	(二)	(三)	(四)	(五)
2 307	254	659	706	712
683	15 087	924 361	–83 261	–524 970
9 860	694 378	8 519	7 023	7 324
25 097	8 539	10 265	–301	–579
(六)	(七)	(八)	(九)	(十)
7 601	147 653	3 195	406	721
91 765	960	904	6 097	471 852
253	9 274	3 485	23 761	–6 978
8 476	102	847 136	6 813	805
701	4 258	582	198	–6 078
9 042	25 670	2 640	–12 809	15 369
435	317	562	829 514	943
256 713	9 580	79 436	–671	94 570
891	437	920	7 805	–3 049
5 038	1 084	58 702	–658 294	810
593	42 813	4 210	529	649 732
890 614	159	609	8 354	206
7 820	3 961	5 873	–503	–2 315
43 962	207 856	613 987	7 034	263
285	638	719	–347	–5 412

乘、除小数题要求保留小数二位，第三位四舍五入。

乘算	
(一)	15 × 7 064 =
(二)	560 × 842 =
(三)	8 743 × 51 =
(四)	2.79 × 5.18 =
(五)	1 345 × 60 =
(六)	60 × 2 519 =
(七)	2 047 × 39 =
(八)	0.23 × 96.78 =

续表

乘算				
（九）	189	×	3 704	=
（十）	4 869	×	312	=
除算				
（一）	819 720	÷	891	=
（二）	2 058	÷	147	=
（三）	0.558 5	÷	0.52	=
（四）	815 409	÷	903	=
（五）	37 142	÷	49	=
（六）	270 368	÷	476	=
（七）	106.72	÷	255	=
（八）	41 076	÷	63	=
（九）	93 204	÷	108	=
（十）	3 640	÷	260	=

表 B-11 《全国珠算技术等级鉴定标准》鉴定练习试卷（一）答案

加减算				
（一）	（二）	（三）	（四）	（五）
1 201 289	918 580	1 462 120	1 568 873	1 271 946
（六）	（七）	（八）	（九）	（十）
1 387 851	1 484 787	1 590 927	55 821	208 689
乘算				
（一）	（二）	（三）	（四）	（五）
195 020.00	502 334.00	83 824.00	3 081 232.00	18.73
（六）	（七）	（八）	（九）	（十）
74 865.00	94 220.00	4 784 820.00	44.43	534 780.00
除算				
（一）	（二）	（三）	（四）	（五）
76.00	145.00	301.00	740.00	35.00
（六）	（七）	（八）	（九）	（十）
845.00	2.68	127.00	0.92	936.00

表 B-12 《全国珠算技术等级鉴定标准》鉴定练习试卷（二）答案

加减算				
（一）	（二）	（三）	（四）	（五）
1 314 895	1 399 253	1 167 013	594 161	24 613
（六）	（七）	（八）	（九）	（十）
1 383 545	1 679 361	1 628 661	264 139	378 713
乘　算				
（一）	（二）	（三）	（四）	（五）
246 218.00	98 426.00	88 872.00	713 760.00	246 790.00
（六）	（七）	（八）	（九）	（十）
5 543 694.00	414 102.00	9.14	718 434.00	24.72
除　算				
（一）	（二）	（三）	（四）	（五）
851.00	7.07	183.00	35.00	7.06
（六）	（七）	（八）	（九）	（十）
53.00	209.00	421.00	649.00	84.00

表 B-13 《全国珠算技术等级鉴定标准》鉴定练习试卷（三）答案

加减算				
（一）	（二）	（三）	（四）	（五）
1 325 920	1 436 999	693 330	768 576	905 609
（六）	（七）	（八）	（九）	（十）
1 016 242	587 513	1 503 547	544 358	273 526
乘　算				
（一）	（二）	（三）	（四）	（五）
558 922.00	12.97	33 580.00	41.41	346 860.00
（六）	（七）	（八）	（九）	（十）
124 312.00	2 443 620.00	265 637.00	217 978.00	162 378.00
除　算				
（一）	（二）	（三）	（四）	（五）
635.00	3.50	64.00	972.00	285.00
（六）	（七）	（八）	（九）	（十）
492.00	78.00	719.00	1.30	81.00

表B-14《全国珠算技术等级鉴定标准》鉴定练习试卷（四）答案

加减算				
（一）	（二）	（三）	（四）	（五）
1 538 725	1 111 397	572 972	314 185	630 298
（六）	（七）	（八）	（九）	（十）
1 960 082	921 331	903 257	687 328	914 825
乘　算				
（一）	（二）	（三）	（四）	（五）
359 940.00	9.00	579 865.00	810 840.00	239 008.00
（六）	（七）	（八）	（九）	（十）
422.21	387 400.00	144 648.00	1 269 054.00	48 900.00
除　算				
（一）	（二）	（三）	（四）	（五）
384.00	784.00	946.00	85.00	167.00
（六）	（七）	（八）	（九）	（十）
715.00	61.00	2.09	32.00	2.00

表B-15《全国珠算技术等级鉴定标准》鉴定练习试卷（五）答案

加减算				
（一）	（二）	（三）	（四）	（五）
1 546 412	1 453 414	1 545 079	149 513	1 610 454
（六）	（七）	（八）	（九）	（十）
1 114 755	1 370 769	1 091 325	674 381	864 466
乘　算				
（一）	（二）	（三）	（四）	（五）
607 046.00	139 434.00	3 794 760.00	95 480.00	23.07
（六）	（七）	（八）	（九）	（十）
1 385 280.00	627 410.00	80 798.00	42.60	636 480.00
除　算				
（一）	（二）	（三）	（四）	（五）
567.00	0.88	295.00	347.00	207.00
（六）	（七）	（八）	（九）	（十）
0.28	539.00	61.00	104.00	103.00

表 B-16 《全国珠算技术等级鉴定标准》鉴定练习试卷（六）答案

加减算				
（一）	（二）	（三）	（四）	（五）
1 306 312	1 674 578	1 066 858	768 782	352 977
（六）	（七）	（八）	（九）	（十）
1 121 880	1 580 195	540 205	1 040 816	522 007
乘　算				
（一）	（二）	（三）	（四）	（五）
605 340.00	926 970.00	2 445 083.00	104 832.00	758 408.00
（六）	（七）	（八）	（九）	（十）
110 646.00	680 180.00	4.05	383 964.00	16.33
除　算				
（一）	（二）	（三）	（四）	（五）
234.00	205.00	83.00	309.00	29.00
（六）	（七）	（八）	（九）	（十）
5.06	81.00	187.00	4.95	467.00

表 B-17 《全国珠算技术等级鉴定标准》鉴定练习试卷（七）答案

加减算				
（一）	（二）	（三）	（四）	（五）
760 178	1 056 796	1 256 720	897 797	187 259
（六）	（七）	（八）	（九）	（十）
1 431 535	595 779	1 134 477	948 496	797 585
乘　算				
（一）	（二）	（三）	（四）	（五）
65 793.00	59 558.00	8.05	5 741 876.00	138.30
（六）	（七）	（八）	（九）	（十）
169 500.00	288 225.00	812 820.00	428 750.00	95 040.00
除　算				
（一）	（二）	（三）	（四）	（五）
31.00	659.00	163.00	823.00	45.00
（六）	（七）	（八）	（九）	（十）
529.00	6.80	97.00	2.00	784.00

表B-18 《全国珠算技术等级鉴定标准》鉴定练习试卷（八）答案

加减算				
（一）	（二）	（三）	（四）	（五）
1 726 370	1 206 388	1 714 516	68 915	905 728
（六）	（七）	（八）	（九）	（十）
1 018 634	1 702 657	1 042 514	187 739	312 355
乘　算				
（一）	（二）	（三）	（四）	（五）
231 610.00	468 140.00	535 245.00	3 003 975.00	113 283.00
（六）	（七）	（八）	（九）	（十）
24.31	169 060.00	190 278.00	510.05	206 400.00
除　算				
（一）	（二）	（三）	（四）	（五）
623.00	0.71	596.00	10.00	8.50
（六）	（七）	（八）	（九）	（十）
93.00	542.00	207.00	184.00	487.00

表B-19 《全国珠算技术等级鉴定标准》鉴定练习试卷（九）答案

加减算				
（一）	（二）	（三）	（四）	（五）
1 743 546	1 480 182	1 734 892	1 247 312	266 993
（六）	（七）	（八）	（九）	（十）
772 318	1 901 379	1 180 275	1 478 028	369 555
乘　算				
（一）	（二）	（三）	（四）	（五）
792 135.00	113 211.00	733 120.00	33.92	95 818.00
（六）	（七）	（八）	（九）	（十）
539.15	410 844.00	79 989.00	403 248.00	3 367 400.00
除　算				
（一）	（二）	（三）	（四）	（五）
347.00	6.89	417.00	83.00	143.00
（六）	（七）	（八）	（九）	（十）
752.00	0.90	928.00	26.00	605.00

表 B-20 《全国珠算技术等级鉴定标准》鉴定练习试卷（十）答案

加减算				
（一）	（二）	（三）	（四）	（五）
1 931 716	1 557 404	1 858 650	278 085	462 356
（六）	（七）	（八）	（九）	（十）
1 324 189	454 762	1 622 960	217 887	1 211 439
乘　算				
（一）	（二）	（三）	（四）	（五）
105 960.00	471 520.00	445 893.00	14.45	80 700.00
（六）	（七）	（八）	（九）	（十）
151 140.00	79 833.00	22.26	700 056.00	1 519 128.00
除　算				
（一）	（二）	（三）	（四）	（五）
920.00	14.00	1.07	903.00	758.00
（六）	（七）	（八）	（九）	（十）
568.00	0.42	652.00	863.00	14.00

附录 C　全国珠算技术等级鉴定普通一级试题及答案

表 C-1 《全国珠算技术等级鉴定标准》鉴定练习试卷（一）　　全卷限时 20 分钟

加减算				
（一）	（二）	（三）	（四）	（五）
64 851 203	9 871	642 573	4 702 583	1 974 362
2 976	34 520	3 084 197	96 138 407	–759 140
4 781 560	82 367 204	19 506	–59 631	25 389
32 198	592 472	8 254	1 596	–9 826
567 903	7 846 309	28 673 109	–740 829	37 680 514
96 014	653 091	91 763	3 257	–6 304 782
872 593	19 047 852	78 452 306	–8 025 613	5 923
14 538 027	4 586	4 590	296 041	410 867
7 360 249	20 135	5 819 762	–64 925 807	–81 935
3 581	6 392 847	623 490	18 635	41 037 658
865 792	49 703	7 381	–3 174	9 621 803
56 102 483	2 658	4 502 879	6 702 481	592 347
9 470 156	1 370 594	980 614	80 135	–76 413 520
18 462	586 217	25 473	764 829	21 975
7 930	39 862 401	89 253 601	27 453 910	6 804
（六）	（七）	（八）	（九）	（十）
98.71	4 798.02	70 965.24	92 376.10	879.25
345.20	168 942.30	185 309.62	–254.98	50 163.49
891 024.56	95 213.76	431.78	4 587.02	–6 518.73
5 630.27	60.41	27.05	356 048.19	21.46
71 048.96	523.78	5 896.31	–67.03	764 839.05
6 790.81	2 431.96	61 984.05	8 613.57	40.78
168 235.94	75 824.01	847.39	–14 907.25	–192 463.50
42.73	37.96	3 701.25	52.94	3 809.12
204.58	856 310.47	946 085.37	736 924.10	–97 085.24

续表

加减算				
（六）	（七）	（八）	（九）	（十）
93 167.05	482.09	31.64	671.95	126.38
821.90	95.28	205.78	−231 058.69	−94.10
53.67	690 257.13	72 619.40	72 836.04	2 570.41
14 386.25	8 436.70	4 386.21	−1 467.83	−387.26
3 970.41	519.23	596 273.10	871.94	75 869.32
487 096.25	16 705.84	94.58	35.02	689 541.03

乘、除小数题要求保留小数二位，第三位四舍五入。

乘算					
（一）	6 357	×	9 108	=	
（二）	82.09	×	634.51	=	
（三）	18 204	×	5 379	=	
（四）	9 647	×	0.103 2	=	
（五）	31 845	×	7 062	=	
（六）	7 395	×	0.826 4	=	
（七）	5 206	×	49 187	=	
（八）	27.81	×	30.94	=	
（九）	4 961	×	2 705	=	
（十）	23.07	×	98.56	=	
除算					
（一）	3 265 296	÷	4 612	=	
（二）	51 962 201	÷	853	=	
（三）	30 146.22	÷	697	=	
（四）	17 747 752	÷	54 109	=	
（五）	0.961 329	÷	0.120 8	=	
（六）	1 398 348	÷	537	=	
（七）	450 606	÷	2 834	=	
（八）	290.374 8	÷	3.07	=	
（九）	36 373 176	÷	72 169	=	
（十）	7 576.264 2	÷	9.05	=	

表 C-2 《全国珠算技术等级鉴定标准》鉴定练习试卷（二） 全卷限时 20 分钟

加 减 算

（一）	（二）	（三）	（四）	（五）
790 568	30 614	10 492	2 048 573	847 026
8 403 219	47 615 289	8 359	69 187	2 193
35 406	7 823	31 852 746	−490 573	−94 518
57 801 962	2 193 758	9 543 607	1 057	61 539 047
4 273	619 504	608 129	36 479 512	4 297 568
671 025	59 837 412	4 201	924 036	−50 842 736
19 246 387	80 694	57 836 942	−5 862	35 810
9 450	1 063 572	75 360	8 341 257	−1 290 637
28 739	9 835	2 981 745	76 081	7 541
1 863 405	507 612	168 093	−27 409 613	−561 204
32 648 197	83 149	6 023 851	4 569	32 940
60 758	96 042 873	59 487	−98 107	7 805 193
7 943	4 521	340 621	802 743	184 672
4 035 812	2 607 439	8 794	−1 426 358	−9 837
291 650	715 608	91 675 230	60 382 195	29 380 546
（六）	（七）	（八）	（九）	（十）
6 052.19	830 647.59	468.23	8 056.13	14 573.02
17.68	9 126.05	189 270.45	49 183.27	−67.85
756.32	241.37	70 938.61	504 369.78	786 924.31
803 927.14	56.93	6 394.25	70.35	−341.02
39 085.46	34 728.51	37.18	−156.40	5 096.18
5 497.23	650 281.47	205 896.74	6 924.15	−81 304.92
268.10	7 905.63	510.89	−293 017.86	4 956.28
40.89	41.28	80 341.26	92.71	−253 790.86
93 674.15	10 935.74	9 074.52	−39 527.84	902.57
867 501.23	296.80	31.76	680.43	31.62
52.78	753 860.94	965 043.27	−8 572.01	540 876.93
4 963.10	81.20	184.76	507 896.42	18.72
783 540.26	49 325.16	73.92	12 635.74	−7 159.46
391.07	6 812.47	4 081.35	−94.63	804.12
69 418.25	579.03	21 968.50	301.98	40 695.37

乘、除小数题要求保留小数二位，第三位四舍五入。

乘　算				
（一）	793.08	×	62.45	=
（二）	6 251	×	4 739	=
（三）	254.63	×	90.18	=
（四）	1 879	×	5 304	=
（五）	84.07	×	321.69	=
（六）	5 102	×	9 867	=
（七）	9 634	×	0.215 08	=
（八）	8 504	×	7 321	=
（九）	4 162	×	8 375	=
（十）	0.357 9	×	160.4	=
除　算				
（一）	4 558 554	÷	598	=
（二）	102 698.71	÷	264	=
（三）	789 178	÷	3 107	=
（四）	1 364.205 5	÷	180.49	=
（五）	4 872 726	÷	9 726	=
（六）	4 059 786	÷	453	=
（七）	77 480.46	÷	608	=
（八）	6 655 220	÷	715	=
（九）	3 317 473	÷	8 273	=
（十）	2 724.626 9	÷	401.95	=

表 C-3 《全国珠算技术等级鉴定标准》鉴定练习试卷（三） 全卷限时 20 分钟

加减算				
（一）	（二）	（三）	（四）	（五）
63 710	5 961	42 906 873	93 276 518	972 631
1 984	3 174 826	21 365	5 047	6 038 592
8 564 023	68 140	802 194	−7 659 481	−5 470
97 083 254	492 573	5 934 721	431 856	70 183
502 697	20 178 359	9 068	−62 304	80 659 471
3 906	9 406 723	683 527	291 036	1 235
78 902 154	185 930	31 740	−3 189	−2 136 498

续表

加减算				
（一）	（二）	（三）	（四）	（五）
45 783	72 164	7 056	17 905	34 567 089
2 760 918	8 375	19 480 725	8 429 536	−430 625
931 456	40 956 812	8 364 912	−65 342 708	52 479
2 743	6 824 179	159 768	7 480 396	201 648
78 120	8 035	93 204 581	−917 520	−89 762 105
145 086	251 964	43 627	1 247	6 372
5 236 194	70 169 843	6 083	38 150	−37 981
32 509 786	37 502	5 402 197	47 520 986	4 593 108
（六）	（七）	（八）	（九）	（十）
521 409.37	97 518.06	49.18	986 047.25	240 691.37
168.20	752 864.39	76 205.39	−594.81	−13.65
2 453.87	6 103.24	609 153.84	70.13	856.19
79.60	251.83	524.68	−4 623.07	−74 902.83
83 614.59	49.70	1 702.93	62 319.48	6 547.20
391.42	31 954.87	269.75	−218 963.05	93.76
47.68	520.63	30.14	35.40	534 016.82
607 385.19	19.47	842 315.69	152.78	−307.21
92 456.01	8 625.01	97 852.04	8 469.53	45 793.10
1 042.87	396 240.87	4 710.68	−62 375.19	9 280.51
270 563.48	572.03	235.79	7 198.20	−63.87
91.05	136 958.47	638 109.25	−80.47	−5 694.28
5 738.24	92.60	9 840.73	20 976.81	74 823.95
86 490.51	84 157.36	14.56	435.97	−806 594.71
723.69	7 402.81	32 678.10	534 621.08	142.06

乘、除小数题要求保留小数二位，第三位四舍五入。

乘算					
（一）	6 901	×	3.275 4	=	
（二）	9 257	×	4 168	=	
（三）	34 801	×	6 795	=	
（四）	8 376	×	0.021 9	=	

续表

乘 算					
（五）	40 825	×	9 163	=	
（六）	795.4	×	0.820 3	=	
（七）	5 632	×	10 748	=	
（八）	0.196 8	×	705.4	=	
（九）	2 703	×	5 918	=	
（十）	0.571 4	×	832.6	=	
除 算					
（一）	1 373 580	÷	468	=	
（二）	6 557 760	÷	9 315	=	
（三）	1 336.831 2	÷	2.07	=	
（四）	45 963 768	÷	80 216	=	
（五）	583.337 7	÷	6.34	=	
（六）	2 211 822	÷	3 579	=	
（七）	3 650.871 6	÷	452.19	=	
（八）	17 658 303	÷	507	=	
（九）	3 631 767	÷	789	=	
（十）	0.249 615	÷	0.126 8	=	

表 C-4 《全国珠算技术等级鉴定标准》鉴定练习试卷（四） 全卷限时 20 分钟

加减算				
（一）	（二）	（三）	（四）	（五）
57 408	627 541	758 143	2 175 460	519 286
6 281 390	91 387	89 602	–4 298	1 408 367
7 462	4 635 290	35 941 267	36 817	75 082 139
34 652 079	35 812 746	4 039	–610 753	25 093
813 950	8 109	1 580 297	53 069 842	4 786
4 126	57 693 218	24 057 386	–8 541 637	–689 507
95 468 073	2 054	9 641 275	16 409 582	8 754 210
239 718	19 360	58 319	–92 460	–3 142
1 072 354	748 016	641 907	7 309	93 641 275
56 908	2 453 789	2 830	921 876	–14 387
421 075	314 865	73 218	–57 890 123	8 693

续表

加减算				
（一）	（二）	（三）	（四）	（五）
89 362	7 902	460 759	631 854	–4 965 021
95 478 601	54 763	1 349 502	3 705 462	94 180
1 394	9 825 104	8 659	70 934	–56 982 307
6 527 038	61 380 729	38 467 021	2 581	607 253
（六）	（七）	（八）	（九）	（十）
14 953.67	52 601.79	27 854.03	5 049.72	86.71
5 249.70	685 427.90	493 617.28	31 572.68	94 720.38
436.01	84.23	5 069.13	984.01	–7 809.65
78.20	2 490.81	814.36	269 513.84	631 074.59
392 185.46	761.53	75.90	85.60	–342.91
25 703.14	30.69	132.08	–7 126.53	28 461.50
96.85	452.17	6 754.29	439.20	475 302.19
863.94	18 237.06	348 096.15	–18 097.54	–56.37
610 274.53	9 853.47	90 457.83	653 284.71	197.23
1 927.08	285 906.14	61.72	–43.26	2 604.89
385.41	3 425.68	1 790.23	6 351.97	–91 082.43
829 734.06	897.10	78 546.90	–782 904.56	35.78
2 519.67	591 362.74	516 382.04	10 632.45	1 976.25
40.13	48 250.63	23.81	–309.18	–857 021.46
75 802.96	97.01	975.46	80.79	480.63

乘、除小数题要求保留小数二位，第三位四舍五入。

乘算					
（一）	24.17	×	86.05	=	
（二）	10 689	×	3 475	=	
（三）	56 073	×	9 241	=	
（四）	73.89	×	20.14	=	
（五）	8 542	×	67 913	=	
（六）	19.32	×	58.06	=	
（七）	9 406	×	78 325	=	
（八）	0.687 5	×	921.3	=	

续表

乘 算					
（九）	3 042	×	1 895	=	
（十）	0.421 5	×	470.6	=	
除 算					
（一）	3 440 124	÷	5 724	=	
（二）	259 996.12	÷	268	=	
（三）	6 469 785	÷	893	=	
（四）	4.808 853 8	÷	0.759 01	=	
（五）	506 974	÷	403	=	
（六）	637 274	÷	1 826	=	
（七）	988.627 3	÷	3.79	=	
（八）	3 627 512	÷	614	=	
（九）	7 434.504 9	÷	905.74	=	
（十）	3 881 438	÷	8 206	=	

表 C-5 《全国珠算技术等级鉴定标准》鉴定练习试卷（五） 全卷限时 20 分钟

加减算				
（一）	（二）	（三）	（四）	（五）
32 016 847	13 082 495	6 352	24 850	92 615 873
4 869 053	25 079	429 807	4 176 938	24 081
7 912	9 841 537	9 156 083	87 321 609	3 546
625 798	8 674	37 294 150	7 534	−641 350
84 013	735 061	17 286	−549 860	1 984 036
2 576	5 120 894	80 596 437	13 495 206	−72 639 804
51 490	362 501	2 417 906	−6 732	507 293
9 230 684	64 279 835	584 231	307 821	89 421
176 302	47 381	72 598	9 650 174	4 560
36 519 487	2 096	6 340	−21 503	−3 129 857
734 920	645 720	57 823 614	6 189	536 079
9 153 678	4 983 156	7 509	−1 784 902	−72 104
5 214	38 217 904	4 890 326	95 621	1 783 042
18 459 076	9 570	81 049	−83 167 459	−9 586
83 602	12 683	217 635	483 507	61 528 793

续表

加减算				
（六）	（七）	（八）	（九）	（十）
54.79	15.42	1 357.80	60 573.24	78 290.51
47 186.02	8 496.37	748 095.62	–825.31	–56.92
1 362.70	687 910.43	90 268.31	381 679.24	9 468.03
953.84	20 594.78	26.94	4 195.80	–180.47
758 219.06	326.15	401.37	–29.64	863 274.51
82.14	5 437.09	39.58	106.59	–6 387.94
6 950.37	42.68	506 124.97	–5 780.64	235 674.01
23 067.49	703 956.81	605.38	97.32	385.67
315 986.07	91 270.43	8 136.72	756 943.28	–45 201.93
241.85	526.81	95 412.07	–10 376.49	79.40
54 192.37	857 149.62	21.78	3 108.95	–165 708.23
480.69	4 038.57	364 907.15	26 470.18	381.52
73.81	16 920.38	496.52	729.01	5 890.14
310 425.69	63.29	6 309.85	–920 583.17	42.68
8 756.20	745.10	82 140.73	56.43	62 379.01

乘、除小数题要求保留小数二位，第三位四舍五入。

乘算				
（一）	9 103	×	7.428 6	=
（二）	1 256	×	4 908	=
（三）	924.87	×	60.53	=
（四）	7 405	×	8 913	=
（五）	28 763	×	5 941	=
（六）	4 153	×	0.260 7	=
（七）	5 068	×	32 917	=
（八）	670.9	×	0.624 3	=
（九）	8 214	×	9 735	=
（十）	0.367 9	×	108.5	=
除算				
（一）	3.346 992	÷	0.730 1	=
（二）	2 503 704	÷	294	=

续表

除　算				
（三）	19 830 055	÷	97 685	=
（四）	0.831 383	÷	0.140 2	=
（五）	35 221 342	÷	386	=
（六）	1 465 454	÷	859	=
（七）	1 525 580	÷	3 205	=
（八）	435.465 3	÷	6.14	=
（九）	13 745 496	÷	41 907	=
（十）	362 339.33	÷	532	=

表 C-6 《全国珠算技术等级鉴定标准》鉴定练习试卷（六）　全卷限时 20 分钟

加减算				
（一）	（二）	（三）	（四）	（五）
7 106 482	64 085 719	193 568	3 208	60 198
9 536	2 140 583	9 734 026	5 248 617	5 743
103 247	569 237	70 519	−162 954	927 680
89 563	4 628	8 453	96 712	32 490 816
64 092 187	97 103	69 701 842	70 964 358	4 758 123
35 071	86 754 019	5 438 706	−8 703	−1 758
49 153 728	348 692	321 987	65 341	219 043
5 042 869	7 125	42 069 158	−41 096 237	−8 923 406
279 405	10 382	2 946	257 940	76 052 384
5 680	8 154 637	67 301	−8 591 026	−23 946
630 712	17 963	359 784	62 038 517	9 618
4 358 971	3 294 056	4 512	3 149	−501 497
93 845 062	5 872	1 769 305	−78 453	67 850
21 634	701 495	90 823	102 586	−76 028 531
7 908	20 836 941	84 125 076	4 028 793	1 259 743
（六）	（七）	（八）	（九）	（十）
7 102.95	85.42	832 059.17	1 983.40	41 925.73
635.47	9 134.07	94.62	−98.35	−86.19
824 506.39	21 458.79	68 035.71	467 380.52	2 861.05
31.52	154 073.68	2 619.48	71 295.63	968 013.47

续表

加减算				
（六）	（七）	（八）	（九）	（十）
20 864.71	702.93	765.30	−347.21	−604.72
5 973.46	46.32	54.12	80.63	12.06
91 862.70	3 109.65	43 870.96	695 418.20	354.87
153 098.46	502 948.17	398.60	294.31	−5 791.30
47.93	69 750.81	1 529.07	−5 068.27	708 349.25
801.52	168.43	425 167.38	27 631.85	−93 284.50
314 259.68	35 824.67	285.74	−410 795.62	6 958.12
27.09	90.21	6 109.37	84.79	27.69
975.63	543.76	129 834.05	750.34	70 986.54
4 186.30	834 290.65	96.84	−31 064.89	−524 631.78
52 410.87	7 012.98	50 271.63	6 259.01	413.07

乘、除小数题要求保留小数二位，第三位四舍五入。

乘算					
（一）	84 701	×	0.536 2	=	
（二）	4 692	×	3 805	=	
（三）	87 532	×	0.041 9	=	
（四）	9 061	×	2 547	=	
（五）	3 865	×	9.214 7	=	
（六）	2 903	×	1 768	=	
（七）	6 154	×	79 083	=	
（八）	0.017 5	×	629.3	=	
（九）	7 942	×	8 506	=	
（十）	508.3	×	0.274 1	=	

除算					
（一）	46.927 56	÷	9.068 4	=	
（二）	6 737 445	÷	715	=	
（三）	743 792	÷	1 832	=	
（四）	136.519 2	÷	5.07	=	
（五）	48 114 812	÷	739	=	
（六）	5 742 594	÷	6 402	=	

续表

除　算				
（七）	136 176.97	÷	89 364	=
（八）	617 747	÷	2 501	=
（九）	2 964 060	÷	396	=
（十）	1 422.956 9	÷	4.58	=

表 C-7 《全国珠算技术等级鉴定标准》鉴定练习试卷（七） 全卷限时 20 分钟

加减算				
（一）	（二）	（三）	（四）	（五）
705 824	40 295	1 803 947	17 524 836	459 168
9 648 317	5 639	725 619	−60 315	6 734 012
26 581	7 169 408	93 586	4 793	92 370 851
53 679 048	25 793 061	8 402	−9 487 206	−84 590
8 213	327 814	21 354 076	850 912	5 702
16 307 459	12 605 347	4 920 361	−2 589	−3 726 814
420 518	9 854 126	3 580	57 249 168	269 381
36 029	67 809	501 472	73 601	−12 796 035
6 394 170	834 915	67 983	−315 047	7 341
8 527	1 720	89 504 162	1 247 965	85 960
4 289 715	28 349 506	1 475 890	53 806	−762 513
56 370	931 728	2 631	9 420	69 430 852
7 016	4 506	64 708	3 096 587	−9 408
30 198 254	73 420	532 096	−47 812 693	3 987 156
632 489	3 761 598	93 728 451	284 731	21 704
（六）	（七）	（八）	（九）	（十）
96.82	72 461.50	45 186.27	6 723.98	5 062.79
234 710.56	839 012.75	2 934.05	850.41	981 206.54
495.08	243.98	70.36	279 014.63	738.41
7 340.12	4 685.09	893.61	−95 182.07	−67.18
69 185.37	93.76	952 708.14	15.36	12 698.40
812 479.53	510.34	10 826.49	549 872.03	−405.93
1 648.90	31.26	57.30	−3 415.96	3 679.85
50 274.36	1 780.59	619 428.75	79.41	−851 702.49
39.84	628 457.90	3 904.28	−463.78	27 034.51

续表

加减算				
（六）	（七）	（八）	（九）	（十）
750.62	97 328.64	562.73	36 852.90	12.67
81.57	41.85	324 871.60	–20.59	680.35
435 102.69	73 015.68	89.17	801.35	–8 236.09
63 947.80	6 429.01	16 032.49	–483 712.06	95.47
5 876.24	273.58	9 650.82	51 480.27	–43 256.71
192.03	173 459.06	714.53	6 743.92	298 104.63

乘、除小数题要求保留小数二位，第三位四舍五入。

乘算				
（一）	8 159	×	4.760 3	=
（二）	5 603	×	7 921	=
（三）	19 724	×	0.536 8	=
（四）	6 038	×	2 479	=
（五）	13 427	×	0.605 8	=
（六）	2 574	×	8 901	=
（七）	0.390 6	×	4 158.2	=
（八）	9 842	×	3 075	=
（九）	457.6	×	0.120 8	=
（十）	7 018	×	9 634	=

除算				
（一）	992 580	÷	932	=
（二）	3 346 636	÷	6 107	=
（三）	23.433 131	÷	3.258 4	=
（四）	2 805 044	÷	407	=
（五）	306.072 4	÷	75.96	=
（六）	26 029 296	÷	801	=
（七）	3 913 953	÷	28 569	=
（八）	0.290 404	÷	0.104 3	=
（九）	49 454 268	÷	543	=
（十）	78 317.69	÷	921	=

表 C-8 《全国珠算技术等级鉴定标准》鉴定练习试卷（八） 全卷限时 20 分钟

加 减 算

（一）	（二）	（三）	（四）	（五）
638 729	2 863	8 276	75 034	524 307
7 904	7 015 496	21 964	–9 210	–6 953
34 815 069	54 179 380	9 057 386	128 936	9 864 137
90 752	87 612	50 374 168	3 984 015	36 859
2 145 683	605 234	425 091	59 670 248	16 982 507
8 265	93 105	6 380	87 123	8 421
103 794	14 925 678	15 279	–4 376 851	–24 017
58 026	4 813	748 612	69 527 410	73 169 204
41 520 973	327 056	39 065 248	2 378	–4 831 796
5 391 748	4 271 890	4 937 501	–376 849	928 075
164 203	8 703	70 468	8 913	50 346
71 538 946	3 524 961	291 534	–60 725	–40 312 857
2 879	52 690 478	6 753	704 653	3 148
90 638	12 764	3 205 891	–23 045 918	–258 960
6 072 451	953 801	84 971 260	1 952 406	7 812 096

（六）	（七）	（八）	（九）	（十）
70 169.25	7 902.13	96 812.37	653.84	732 218.05
5 734.91	46.58	405.19	513 749.02	56 392.87
960.25	18 492.60	36.27	–27.10	–1 057.32
38.42	875.36	6 510.84	8 206.91	491 60
807 416.53	673 209.41	209 358.47	–45 368.19	–89.46
4 371.68	35.18	702.13	1 243.95	3 798.54
625 098.47	5 029.47	561 847.09	78 402.61	20 679.13
25.90	941.32	10.36	935 720.86	61.08
176.34	24 583.76	8 295.07	–345.72	957.84
60 389.25	748 065.19	52 368.49	18.29	–761 023.59
541 793.80	94 327.06	6 254.03	–407 289.65	36.74
487.12	35.81	21 893.76	65.30	–487.32
8 152.36	821 567.04	789.01	–8 609.13	231 790.56
19 520.73	493.58	945 870.16	57 038.64	–56 018.94
94.06	1 970.26	35.42	274.91	8 142.50

乘、除小数题要求保留小数二位，第三位四舍五入。

乘算					
（一）	50 243	×	0.617 8	=	
（二）	1 897	×	2 534	=	
（三）	8 306	×	52 749	=	
（四）	12.76	×	49.03	=	
（五）	48 259	×	7 106	=	
（六）	9 701	×	0.856 3	=	
（七）	3 456	×	78 021	=	
（八）	69.25	×	34.08	=	
（九）	2 804	×	1 369	=	
（十）	78.31	×	92.45	=	

除算					
（一）	1 174 828	÷	139	=	
（二）	1 052 502	÷	2 586	=	
（三）	2 101.715 7	÷	4.07	=	
（四）	2 414 748	÷	798	=	
（五）	1.447 561	÷	0.510 36	=	
（六）	5 851 894	÷	9 274	=	
（七）	49 802 106	÷	86 014	=	
（八）	107.851 5	÷	15.23	=	
（九）	6 431 096	÷	328	=	
（十）	553.126 6	÷	6.04	=	

表 C-9 《全国珠算技术等级鉴定标准》鉴定练习试卷（九）　　全卷限时 20 分钟

加减算

（一）	（二）	（三）	（四）	（五）
81 649	65 987	4 081 625	194 360	95 732
3 027 495	3 241	17 934	7 582	2 486 051
716 528	972 850	72 639 581	8 570 194	7 693
2 036	1 385 604	2 074	−39 052	80 275 341
45 719 308	23 019 467	813 956	26 743 590	649 810
54 629	53 029	93 256 804	−5 467	−54 798
1 980	87 120 564	67 192	60 829 341	415 679

续表

加减算				
（一）	（二）	（三）	（四）	（五）
915 326	436 798	548 071	–481 092	–3 164 702
6 847 039	7 691 235	3 864 157	90 275	10 573 948
40 253 781	3 408	8 039	–7 359 861	–6 039
5 672 143	184 752	6 049 125	98 654	5 821 360
8 019	20 167	37 215 049	817 263	–286 105
69 503	7 510	2 367	–40 732 681	49 657
948 027	93 462 871	589 470	3 658 402	–72 594 831
72 836 154	4 685 309	18 362	1 073	8 302
（六）	（七）	（八）	（九）	（十）
137.28	95.68	79 436.02	350.62	15 943.80
49 620.73	8 140.23	582 609.13	67 183.94	–70.42
65.49	179 324.06	28.37	–4 850.69	872 503.91
791 428.60	27 540.19	415.70	240 196.57	3 468.27
9 028.53	385.67	6 831.59	–87.13	–235.69
528.31	69.43	84.67	78 064.21	59.01
240 931.67	40 217.58	91 058.23	–126.74	684.27
3 857.46	760.84	143.65	53.29	–48 310.96
80.17	592 014.38	304 698.27	901 536.84	9 603.15
60 491.25	3 796.52	5 719.02	3 745.16	742 356.98
3 150.49	915.40	807.19	879.20	940.82
56 327.80	182 403.67	43.25	–530 428.97	–8 597.61
147 682.95	79.56	96 384.07	46.50	41 738.25
90.41	28 341.09	782 601.35	–25 603.91	–304 281.57
263.78	6 812.57	6 254.91	1 839.27	17.60

乘、除小数题要求保留小数二位，第三位四舍五入。

乘算					
（一）	69.85	×	70.14	=	
（二）	80 431	×	9 752	=	
（三）	76.52	×	403.91	=	
（四）	1 327	×	8 956	=	

续表

乘 算					
（五）	90 453	×	1 286	=	
（六）	0.406 7	×	831.2	=	
（七）	3 289	×	50 476	=	
（八）	261.9	×	0.354 8	=	
（九）	5 081	×	2 476	=	
（十）	0.284 7	×	609.3	=	
除 算					
（一）	667 704	÷	1 032	=	
（二）	4 645 542	÷	649	=	
（三）	49 322.67	÷	97.8	=	
（四）	1 967 056	÷	5 018	=	
（五）	377.659 5	÷	237.64	=	
（六）	3 294 720	÷	715	=	
（七）	27 331 200	÷	325	=	
（八）	255.076 4	÷	4.89	=	
（九）	75 474 602	÷	82 306	=	
（十）	1.960 801	÷	0.967 4	=	

表 C-10 《全国珠算技术等级鉴定标准》鉴定练习试卷（十） 全卷限时 20 分钟

加减算				
（一）	（二）	（三）	（四）	（五）
27 531	9 541	7 459	195 378	134 576
5 864 097	5 268 703	10 952 637	–8 790	–8 790
149 368	852 347	83 716	27 810 649	27 491 805
7 025	69 714 235	6 409 127	–35 264	–35 264
39 620 184	28 190	328 450	5 302 648	5 021 893
96 530	76 809 415	5 692	–417 309	–417 309
8 271 409	13 624	904 817	79 126	79 084
628 073	4 589 306	4 130 765	94 582 013	91 208 463
4 130	3 721	28 639	6 835 402	6 317 592
61 982 547	780 569	72 413 058	2 168	4 205
9 035 784	80 451 396	40 527	347 095	716 358

续表

加减算				
（一）	（二）	（三）	（四）	（五）
2 691	37 285	1 869	−6 251 834	−8 251 764
14 386	6 972 401	24 163 590	98 760	92 480
420 517	5 734	8 036 417	−59 016 287	−30 215 698
52 037 689	962 180	382 579	1 354	1 367
（六）	（七）	（八）	（九）	（十）
6 257.41	580 923.16	375 249.68	826.71	832 495.70
29 368.05	4 037.61	41 063.85	6 203.45	3 146.08
79.34	325.79	21.79	−48.70	−291.56
580.67	68 593.12	503.47	732 894.15	17 569.28
413 692.80	24.78	1 069.82	50 481.37	−98.07
9 576.23	806.51	74 503.28	−174 359.62	763.95
891 704.35	19.30	96.12	962.04	−4 317.06
32.64	9 723.64	8 017.45	20 876.35	639 042.71
108.57	78 495.02	694 253.70	−3 962.01	−58 460.32
52 480.69	931 780.56	369.48	91.28	29.84
840 613.92	17 306.24	406 821.57	−51 639.84	74 031.65
−21.87	759 634.08	5 208.91	347 061.95	90.18
40 967.53	8 512.34	71 346.29	−287.50	−539 217.84
619.34	284.57	865.93	48.23	4 581.76
7 108.52	61.90	14.07	6 571.09	320.59

乘、除小数题要求保留小数二位，第三位四舍五入。

乘算					
（一）	4 865	×	0.210 9	=	
（二）	90 231	×	7 568	=	
（三）	1 273	×	5 048	=	
（四）	794.08	×	61.53	=	
（五）	2 675	×	29 134	=	
（六）	4 035	×	0.976 8	=	
（七）	3 961	×	80 274	=	
（八）	6 278	×	0.134 5	=	

续表

乘　算					
（九）	8 501	×	4 923	=	
（十）	51.94	×	36.07	=	
除　算					
（一）	13 174.07	÷	936	=	
（二）	395 395	÷	1 027	=	
（三）	36 793 728	÷	684	=	
（四）	87 533.79	÷	40 598	=	
（五）	5 895 806	÷	8 351	=	
（六）	5 933 088	÷	972	=	
（七）	1 528 125	÷	3 125	=	
（八）	226 968.39	÷	27 046	=	
（九）	6 473 735	÷	701	=	
（十）	91 238.64	÷	534	=	

表C-11 《全国珠算技术等级鉴定标准》鉴定练习试卷（一）答案

加减算				
（一）	（二）	（三）	（四）	（五）
159 571 127.00	158 839 360.00	212 189 498.00	62 406 820.00	7 808 439.00
（六）	（七）	（八）	（九）	（十）
1 742 917.29	1 920 638.94	1 948 858.77	1 025 261.09	1 291 311.46
乘　算				
（一）	（二）	（三）	（四）	（五）
57 899 556.00	52 086.93	97 919 316.00	995.57	224 889 390.00
（六）	（七）	（八）	（九）	（十）
6 111.23	256 067 522.00	860.44	13 419 505.00	2 273.78
除　算				
（一）	（二）	（三）	（四）	（五）
708.00	60 917.00	43.25	328.00	7.96
（六）	（七）	（八）	（九）	（十）
2 604.00	159.00	94.58	504.00	837.16

表 C-12 《全国珠算技术等级鉴定标准》鉴定练习试卷（二）答案

加减算				
（一）	（二）	（三）	（四）	（五）
125 898 794.00	211 419 703.00	201 197 657.00	79 698 697.00	51 333 604.00
（六）	（七）	（八）	（九）	（十）
2 675 185.85	2 354 920.17	1 554 315.69	748 842.22	1 052 215.01
乘算				
（一）	（二）	（三）	（四）	（五）
49 527.85	29 623 489.00	22 962.53	9 966 216.00	27 044.48
（六）	（七）	（八）	（九）	（十）
50 341 434.00	2 072.08	62 257 784.00	34 856 750.00	57.41
除算				
（一）	（二）	（三）	（四）	（五）
7 623.00	389.01	254.00	7.56	501.00
（六）	（七）	（八）	（九）	（十）
8 962.00	127.43	9 308.00	401.00	6.78

表 C-13 《全国珠算技术等级鉴定标准》鉴定练习试卷（三）答案

加减算				
（一）	（二）	（三）	（四）	（五）
226 831 814.00	151 841 386.00	177 058 437.00	83 507 475.00	34 790 129.00
（六）	（七）	（八）	（九）	（十）
1 672 655.77	1 523 331.34	2 313 692.75	1 333 690.04	24 668.41
乘算				
（一）	（二）	（三）	（四）	（五）
22 603.54	38 583 176.00	236 472 795.00	183.43	374 079 475.00
（六）	（七）	（八）	（九）	（十）
652.47	60 532 736.00	138.82	15 996 354.00	475.75
除算				
（一）	（二）	（三）	（四）	（五）
2 935.00	704.00	645.81	573.00	92.01
（六）	（七）	（八）	（九）	（十）
618.00	8.07	34 829.00	4 603.00	1.97

表 C-14 《全国珠算技术等级鉴定标准》鉴定练习试卷（四）答案

加减算				
（一）	（二）	（三）	（四）	（五）
241 170 938.00	173 674 873.00	113 134 224.00	9 892 446.00	117 490 918.00
（六）	（七）	（八）	（九）	（十）
1 960 250.81	1 699 878.95	1 570 651.21	169 513.90	278 627.33
乘　算				
（一）	（二）	（三）	（四）	（五）
2 079.83	37 144 275.00	518 170 593.00	1 488.14	580 112 846.00
（六）	（七）	（八）	（九）	（十）
1 121.72	736 724 950.00	633.39	5 764 590.00	198.36
除　算				
（一）	（二）	（三）	（四）	（五）
601.00	970.13	7 245.00	6.34	1 258.00
（六）	（七）	（八）	（九）	（十）
349.00	260.85	5 908.00	8.21	473.00

表 C-15 《全国珠算技术等级鉴定标准》鉴定练习试卷（五）答案

加减算				
（一）	（二）	（三）	（四）	（五）
112 020 652.00	137 374 586.00	193 601 323.00	30 038 993.00	82 584 023.00
（六）	（七）	（八）	（九）	（十）
1 528 033.09	2 397 493.93	1 904 344.79	296 364.79	1 038 329.99
乘　算				
（一）	（二）	（三）	（四）	（五）
67 622.55	6 164 448.00	55 982.38	66 000 765.00	170 880 983.00
（六）	（七）	（八）	（九）	（十）
1 082.69	166 823 356.00	418.84	79 963 290.00	39.92
除　算				
（一）	（二）	（三）	（四）	（五）
4.58	8 516.00	203.00	5.93	91 247.00
（六）	（七）	（八）	（九）	（十）
1 706.00	476.00	70.92	328.00	681.09

表 C-16 《全国珠算技术等级鉴定标准》鉴定练习试卷（六）答案

加减算				
（一）	（二）	（三）	（四）	（五）
224 782 055.00	187 028 452.00	213 958 006.00	92 871 848.00	30 372 060.00
（六）	（七）	（八）	（九）	（十）
1 476 784.68	1 639 240.54	1 561 192.04	823 804.34	1 175 503.36
乘算				
（一）	（二）	（三）	（四）	（五）
45 416.68	17 853 060.00	3 667.59	23 078 367.00	35 614.82
（六）	（七）	（八）	（九）	（十）
5 132 504.00	486 676 782.00	11.01	67 554 652.00	139.33
除算				
（一）	（二）	（三）	（四）	（五）
5.17	9 423.00	406.00	26.93	65 108.00
（六）	（七）	（八）	（九）	（十）
897.00	1.52	247.00	7 485.00	310.69

表 C-17 《全国珠算技术等级鉴定标准》鉴定练习试卷（七）答案

加减算				
（一）	（二）	（三）	（四）	（五）
122 418 530.00	89 820 892.00	214 786 964.00	22 717 969.00	155 992 767.00
（六）	（七）	（八）	（九）	（十）
1 682 221.53	1 897 824.99	1 987 930.59	349 639.80	425 645.22
乘算				
（一）	（二）	（三）	（四）	（五）
38 839.29	44 381 363.00	10 587.84	14 968 202.00	8 134.08
（六）	（七）	（八）	（九）	（十）
22 911 174.00	1 624.19	30 264 150.00	55.28	67 611 412.00
除算				
（一）	（二）	（三）	（四）	（五）
1 065.00	548.00	7.19	6 892.00	4.03
（六）	（七）	（八）	（九）	（十）
32 496.00	137.00	2.78	91 076.00	85.04

表 C-18　《全国珠算技术等级鉴定标准》鉴定练习试卷（八）答案

加减算				
（一）	（二）	（三）	（四）	（五）
162 650 060.00	138 703 834.00	193 205 811.00	108 271 563.00	63 944 517.00
（六）	（七）	（八）	（九）	（十）
2 144 429.07	2 397 574.75	1 911 188.66	1 133 734.54	235 892.28
乘　算				
（一）	（二）	（三）	（四）	（五）
31 040.13	4 806 998.00	438 133 194.00	625.62	342 928 454.00
（六）	（七）	（八）	（九）	（十）
8 306.97	269 640 576.00	2 360.04	3 838 676.00	7 239.76
除　算				
（一）	（二）	（三）	（四）	（五）
8 452.00	407.00	516.39	3 026.00	2.84
（六）	（七）	（八）	（九）	（十）
631.00	579.00	7.08	19 607.00	91.58

表 C-19　《全国珠算技术等级鉴定标准》鉴定练习试卷（九）答案

加减算				
（一）	（二）	（三）	（四）	（五）
177 153 617.00	219 112 792.00	219 173 806.00	52 392 581.00	24 277 098.00
（六）	（七）	（八）	（九）	（十）
1 363 684.92	1 070 896.87	1 957 115.42	732 798.16	1 325 819.81
乘　算				
（一）	（二）	（三）	（四）	（五）
4 899.28	784 363 112.00	30 907.19	11 884 612.00	116 322 558.00
（六）	（七）	（八）	（九）	（十）
338.05	166 015 564.00	92.92	12 580 556.00	173.47
除　算				
（一）	（二）	（三）	（四）	（五）
647.00	7 158.00	504.32	392.00	1.59
（六）	（七）	（八）	（九）	（十）
4 608.00	84 096.00	52.16	917.00	2.03

表 C-20 《全国珠算技术等级鉴定标准》鉴定练习试卷（十）答案

加减算				
（一）	（二）	（三）	（四）	（五）
178 161 961.00	246 498 647.00	127 889 342.00	69 525 109.00	92 138 998.00
（六）	（七）	（八）	（九）	（十）
2 293 211.93	2 460 528.62	1 679 405.41	935 718.95	969 686.89
乘算				
（一）	（二）	（三）	（四）	（五）
1 026.03	682 868 208.00	6 426 104.00	48 859.74	77 933 450.00
（六）	（七）	（八）	（九）	（十）
3 941.39	317 965 314.00	844.39	41 850 423.00	1 873.48
除算				
（一）	（二）	（三）	（四）	（五）
14.07	385.00	53 792.00	2.16	706.00
（六）	（七）	（八）	（九）	（十）
6 104.00	489.00	8.39	9 235.00	170.86

附录 D　全国珠算技术等级鉴定能手级试题及答案

表 D-1　全国珠算技术等级鉴定能手级试题

加减算				
（一）	（二）	（三）	（四）	（五）
1 709.73	43 058.17	341 068.95	6 351 098.42	23 814 057.69
96 278.15	26 805 741.39	68 951.47	8 451.79	8 374.05
28 057 493.64	8 594.62	7 409 285.13	–203 716.79	–163 209.84
5 314 829.07	920 176.83	2 307.26	89 540 172.36	7 380 965.21
863 940.31	1 379 605.24	54 726 190.28	76 230.89	56 751.92
6 057.94	72 056 413.98	13 542.79	4 923 758.01	40 931 278.16
790 431.82	5 367.04	850 619.43	–30 621.74	3 406.25
37 205 196.43	640 928.71	49 068 357.12	10 659 347.28	–95 761.38
41 902.76	3 291 840.67	9 278.06	5 036.42	6 204 187.93
9 514 063.27	74 156.23	2 601 483.75	–307 851.96	–741 602.12
2 380.64	48 706 312.95	786 015.43	7 240 697.35	85 914 629.37
72 139 645.02	7 643.18	5 237 106.94	56 038 724.19	–39 476.28
56 728.93	953 260.87	16 450 839.27	–1 982.93	2 863 015.94
825 194.76	5 261 038.74	9 582.63	465 581.23	–5 230.78
3 097 521.58	26 914.05	84 370.19	–90 175.64	914 758.06
（六）	（七）	（八）	（九）	（十）
3 514	26 145	8 460 917	70 891 426	8 530 267
682 079	3 807	8 264	26 297	–617 982
16 452	62 940 531	907 351	4 508 135	4 312
71 540 392	789 064	329 076 495	–5 762	24 158 096
8 079 638	5 132 789	51 823	143 809	72 509
92 354	4 613	394 172	–24 581	–1 842
4 106	81 590 274	6 085	12 380 964	3 764 035
26 805 731	127 356	70 635 419	5 673	15 802 697
5 361 097	9 804 612	18 254	–8 012 765	95 274

续表

加减算				
（六）	（七）	（八）	（九）	（十）
798 246	39 508	2 870 963	939 047	–681 703
6 723	2 143	506 431	–63 184	26 017 438
40 153 869	50 986 712	9 287 506	51 682 703	–8 593
845 092	803 476	4 932	7 209 657	890 147
78 541	59 368	71 685	–4 985	–3 674 302
9 603 182	2 045 971	37 892 104	–340 219	35 921
20 938	69 524	56 741	9 107	–17 394
53 418 107	14 703 958	9 203	19 065 382	–584 687
4 576	2 396	18 392 056	47 625	90 235 025
972 013	7 810 423	470 825	3 812 546	9 483 162
6 541 862	856 107	3 148 397	–978 403	6 901
（十一）	（十二）	（十三）	（十四）	（十五）
3 518.04	605 271.84	23 065.14	43 081 596.72	5 306 192.87
52 946 073.15	39 658.02	40 528 971.47	–956 278.03	70 436.52
7 302 461.59	1 342 786.95	8 240 317.96	14 325.68	–698 209.14
481 790.62	3 019.83	5 290.87	7 235 940.81	1 827.45
28 357.96	75 014 962.24	182 639.45	6 257.19	32 549 761.08
16 093 846.27	82 435.06	9 854.02	–987 064.25	5 971 084.36
6 015.42	2 531 780.49	64 290 781.53	30 529 817.64	–23 938.72
937 562 13	9 163.71	743 296.18	8 145.73	43 258 761.38
82 970.58	745 218.02	35 027.64	–53 602.19	–607 154.29
4 203 718.96	67 902 345.81	2 806 351.97	2 916 780.34	9 602.01
5 136.07	4 537.65	3 582.48	2 965.71	89 075 341.62
62 038 549.71	3 865 092.18	73 958 216.02	69 038 419.28	–360 295.38
710 284.53	51 840.76	5 320 147.86	–495 037.63	–74 123.94
89 362.69	95 083 216.49	97 601.38	3 761 581.02	1 480.78
5 041 713.48	376 179.24	609 172.54	–14 736.54	7 506 152.65
（十六）	（十七）	（十八）	（十九）	（二十）
41 978	629 184	5 430 918	26 801 954	38 590 478
28 096 315	3 705	368 072	–625 439	–137 652
3 528 047	15 840 293	1 349	7 281	4 284 367

续表

加减算				
（十六）	（十七）	（十八）	（十九）	（二十）
5 392	4 376 519	61 072 465	−50 327	95 041
674 903	80 617	59 823	5 079 168	−6 539
1 243 579	29 038 546	4 394 168	624 917	69 503 912
75 106 328	713 602	216 095	19 380 564	−786 045
90 864	9 175	72 945 432	29 703	2 517
863 052	5 140 832	6 284	−4 396 145	3 915 675
4 719	37 498	2 870 963	−8 907	−70 849
506 143	60 392 265	51 482	32 891 465	28 627 105
9 678	806 712	9 023 516	32 703	39 816
82 085 346	2 543 967	398 732	−569 214	−451 702
47 128	5 382	86 605 194	4 083 972	3 506 294
3 715 867	19 701	4 532	−1 058	−8 763
603 914	76 134 859	72 641	7 954 263	10 263 857
8 013	403 962	7 350 962	−810 382	−5 739 264
16 370 562	2 952 714	14 486 075	47 675	4 981
95 816	6 823	8 491	38 512 309	80 513
7 284 093	52 107	26 237	6 483	652 947

乘、除小数题要求保留小数四位，第五位四舍五入。

乘算					
（一）	6 714	×	9 208	=	
（二）	13.408 5	×	4.620 8	=	
（三）	20 938	×	4 975	=	
（四）	37.62	×	8.156 93	=	
（五）	4 872	×	9 264	=	
（六）	851 296	×	61 043	=	
（七）	0.438 2	×	74.068 9	=	
（八）	7 608	×	5 493	=	
（九）	8.306 9	×	0.714	=	
（十）	62.095	×	18.379 2	=	
（十一）	35.79	×	8.409 7	=	

续表

乘算				
（十二）	6 982	×	40 716	=
（十三）	7.891 3	×	290.786	=
（十四）	1 826	×	4 587	=
（十五）	0.741 95	×	0.098 4	=
（十六）	54 026	×	98 073	=
（十七）	928 504	×	3 517	=
（十八）	3 956	×	26 714	=
（十九）	380 371	×	6 092	=
（二十）	91 483	×	17 562	=
除算				
（一）	14 212 664	÷	6 158	=
（二）	1 074 422 052	÷	130 756	=
（三）	376.918 7	÷	5 813.06	=
（四）	254 146 333	÷	2 947	=
（五）	62.450 389 8	÷	0.724 9	=
（六）	1 951 295 407	÷	2 713	=
（七）	1.877 262 83	÷	0.048 5	=
（八）	4 616 761 264	÷	859 412	=
（九）	78 413 235	÷	9 305	=
（十）	55.388 5	÷	617.83	=
（十一）	69 454 896	÷	3 928	=
（十二）	0.370 418 54	÷	0.746 3	=
（十三）	3.524 745	÷	5.710 4	=
（十四）	3 289 630 968	÷	71 604	=
（十五）	6 189.438 14	÷	825.1	=
（十六）	2 658.980 315	÷	963.28	=
（十七）	23 989 882	÷	6 482	=
（十八）	55 896 120	÷	38 952	=
（十九）	150 932 245	÷	1 609	=
（二十）	327 126 156	÷	45 906	

表 D-2　全国珠算技术等级鉴定能手级试题答案

加减算				
（一）	（二）	（三）	（四）	（五）
158 013 374.05	160 181 052.67	137 658 998.70	174 674 748.88	167 046 144.18
（六）	（七）	（八）	（九）	（十）
225 028 512	237 798 777	482 269 623	161 292 472	173 509 281
（十一）	（十二）	（十三）	（十四）	（十五）
149 033 799.07	247 657 508.29	196 854 316.51	154 089 111.48	181 986 919.25
（十六）	（十七）	（十八）	（十九）	（二十）
220 381 737	199 188 463	265 393 431	128 990 985	152 366 689
乘算				
（一）	（二）	（三）	（四）	（五）
61 822 512	61.958 0	104 166 550	306.863 7	45 134 208
（六）	（七）	（八）	（九）	（十）
51 965 661 728	32.457 0	41 790 744	5.931 1	1 141.256 4
（十一）	（十二）	（十三）	（十四）	（十五）
300.983 2	284 279 112	2 294.679 6	8 375 862	0.073 0
（十六）	（十七）	（十八）	（十九）	（二十）
5 298 491 898	3 265 548 568	105 680 584	2 317 220 132	1 606 624 446
除算				
（一）	（二）	（三）	（四）	（五）
2 308	8 217	0.064 8	86 239	86.150 4
（六）	（七）	（八）	（九）	（十）
719 239	38.706 5	5 372	8 427	0.089 7
（十一）	（十二）	（十三）	（十四）	（十五）
17 682	0.496 3	0.617 3	45 942	7.501 4
（十六）	（十七）	（十八）	（十九）	（二十）
2.760 3	3 701	1 435	93 805	7 126

参考文献

[1] 迟荣．珠算与点钞技术[M]．北京：冶金工业出版社，2008．

[2] 周建强．计算技术[M]．北京：中国商业出版社，2003．

[3] 刘太安．珠算与点钞[M]．北京：中国财政经济出版社，2006．

[4] 世界珠心算网．http://www.waama.org.cn/．

[5] 詹树惠．财经珠算技术[M]．北京：中国经济出版社，1993．

[6] 韩芙蓉．点钞技术与反假货币知识[M]．北京：国防工业出版社，2010．

[7] 史悠祺．珠算方法汇编[M]．上海：立信会计出版社，2009．